使命与责任

——感悟新常态下的"向污染宣战"

李 剑◎编著

内蒙古出版集团
远方出版社

图书在版编目(CIP)数据

使命与责任：感悟新常态下的"向污染宣战"/李剑编著.—呼和浩特：远方出版社，2015.1（2015.4重印）
ISBN 978-7-5555-0384-2

Ⅰ.①使… Ⅱ.①李… Ⅲ.①污染防治—研究—中国 Ⅳ.①X505

中国版本图书馆CIP数据核字(2014)第313697号

使命与责任——感悟新常态下的"向污染宣战"

编　　著	李　剑
责任编辑	董美鲜　于丽慧
装帧设计	韩　芳
出版发行	内蒙古出版集团　远方出版社
社　　址	呼和浩特市乌兰察布东路666号　邮编 010010
电　　话	（0471）2236471 总编室　2236460 发行部
经　　销	新华书店
印　　刷	内蒙古爱信达教育印务有限责任公司
开　　本	710×1000　1/16
字　　数	330千
印　　张	22
版　　次	2015年2月第1版
印　　次	2015年4月第2次印刷
标准书号	ISBN 978-7-5555-0384-2
定　　价	49.00元

如发现印装质量问题，请与出版社联系调换

人类爱自然，

自然就回馈人类。

——作者

在一次大型的环保公益活动中，有一个测试很耐人寻味。三个展板上各有一个问题：

谁污染了环境？

谁在遭受环境污染之苦？

谁该保护环境？

测试者提醒，旋转展板，答案就在其中。结果旋转展板后，却是一面镜子，照出的是自己。

想一想，这个独特的设计告诉了我们什么？

劳动首先是人和自然之间的过程，是人以自身的活动来引起、调整和控制人和自然之间的物质交换过程。

——马克思

我们不要过分陶醉于人类对自然界的胜利。对于每一次这样的胜利，自然界都会对我们进行报复。

——恩格斯

序

习近平总书记指出，良好的生态环境是最公平的公共产品，是最普惠的民生福祉，决不以牺牲环境、浪费资源为代价换取一时的经济增长，决不走"先污染后治理"的老路，探索走出一条环境保护新路，实现经济社会发展与生态环境保护的共赢，为子孙后代留下可持续发展的"绿色银行"。李克强总理强调，坚决"向污染宣战"，用硬措施完成硬任务，努力建设生态文明的美好家园。

当前，我国经济社会发展进入新常态。这是中央在深刻认识我国经济发展呈现增长速度换挡期、结构调整阵痛期、前期刺激政策消化期"三期叠加"的阶段性特征后作出的重大判断。与此同步，生态文明建设和环境保护也进入新常态，出现一些新的阶段性特征和趋势性变化。其中，最重要的是环境与经济关系发生根本性的变化。新修订的《环境保护法》明确要求"经济社会发展与环境保护相协调"，集中体现了国家对环境保护从认识到实践发生质的飞跃。

适应新常态要有新状态。这就要求我们必须站在推动国家生态环境治理体系和治理能力现代化的高度，着力构建、主动实践生态文明建设和环境保护的"四梁八柱"，坚决"向污染宣战"。一是把握"向污染宣战"的行动指南，以积极探索环保新路为实践主体，进一步丰富环境保护的理论体系；二是锻造"向污染宣战"的有力武器，以新修订的《环境保护法》实施为龙头，形成有力保护生态环境的法律法规体系；三是强化"向污染宣战"的体制保障，以深化生态环境保护体制改革为契机，建立严格监管所有污染物排放的环境保护组织制度体系；四是落实"向污染宣战"的重大举措，以打好大气、水、土壤污染防治三大战役为抓手，构建改善环境质量的工作体系。

"向污染宣战"是探索环保新路的主战场，是当前和今后一个时期环境保护的动员令、集结号和宣战书。李剑同志长期战斗在环保工作第一线，富有挚爱环保、发展环保的强烈情怀。他撰写的《使命与责任——感悟新常态下的"向污染宣战"》一书，以我国经济发展新常态下如何探索环保新路为主线，对"为什么战"、"战什么"、"怎么战"等问题进行深入分析和阐述，提出许多建设性的观点主张和对策建议。该书的出版对广大环保工作者和关心环保的人士主动适应新常态，积极探索环保新路，奋力推进污染防治攻坚战、持久战，将会有所启迪。

是为序。

2014年12月18日

前 言

党的十八大提出以"五位一体"总揽全局,强调要牢固树立尊重自然、顺应自然、保护自然的生态文明理念,坚持节约资源和保护环境的基本国策,坚持节约优先、保护优先、自然恢复为主的方针,把生态文明建设放在突出的地位,融入经济建设、政治建设、文化建设、社会建设的各方面和全过程,标志着我国经济社会发展的转型已经进入到一个新的历史阶段。党的十八届三中全会提出,要紧紧围绕建设美丽中国深化生态文明体制改革,加快建立生态文明制度,健全国土空间开发、资源节约利用、生态环境保护的体制机制,推动形成人与自然和谐发展现代化建设新格局。习近平总书记指出,保护生态环境就是保护生产力,改善生态环境就是发展生产力;既要绿水青山也要金山银山,绿水青山就是金山银山。要正确处理经济发展与资源环境的矛盾,决不以牺牲环境、浪费资源为代价换取一时的经济增长,决不走"先污染后治理"的老路,而是探索走出一条环保新路,实现经济社会发展与生态环境保护共赢。

不走老路,走新路,为切实解决突出环境问题、全面推进经济社会可持续发展指明了方向。探索环保新路,是主动适应经济社会发展新常态的具体体现,打好"向污染宣战"的三大战役,努力改善环境质量,既是不断探索环保新路的实践形式，也是不断探索环保新路的内在要求。

保护环境是满足广大人民群众生产生活需求和改善民生的根本利益，是保证经济长期稳定增长和实现可持续发展的基本国家利益，是全社会共同的现实使命，是一代又一代中华儿女传承的历史责任。记得在一次大型的环保公益活动中，有一个测试很耐人寻味。三个展板上各有一个问题：谁污染了环境？谁在遭受环境污染之苦？谁该保护环境？测试者提醒，旋转展板，答案就在其中。结果旋转展板后，却是一面镜子，照出的是自己。这一精巧的设计，可谓用心良苦，寓意深刻。独特的设计理念折射出，人类的实践活动具有主体和客体的双重性，揭示了二者相互变换的关系，人类既是导致环境污染的责任者，又是环境污染的受害者，同时还是保护环境的主体。

环境问题是我国在21世纪面临的最严峻的挑战之一。环境问题解决得好坏，关系到我国的国家安全、人民福祉，关乎子孙后代和民族的未来。我国的环境问题是在发展中产生的，解决环境问题，还需要用发展的办法来解决。一个国家保持经济社会的高速运行，如同一辆快速奔驰的汽车，其经济建设就好像是汽车的发动机，主要功能是产生动力，作用在于引擎；而环境保护就好像是汽车的刹车系统，主要功能是调节速度，作用在于安全。试想，一辆高速行进的汽车，如果没有刹车系统，其后果如何？由此可知，对于一辆汽车来说，发动机和刹车系统是两个不可或缺的重要部件，具有同等重要的地位和功能。如果只有发动机没有刹车系统，就意味着只有速度没有安全；如果只有刹车系统没有发动机，意味着只有安全没有速度，这二者缺少一个或失灵一个，汽车就不能正常、安全地行进。对于一个国家来说，经济建设和环境保护就如同一辆汽车的发动机和刹车系统，各有功能，各有作用，同等重要，必须保持平衡、协调地发展。如果只重视经济增长忽略了环境保护，就意味着我们将抱着金砖、银砖而呼吸的、吃喝的却是有毒的东西。满足了财富，失去了幸福，这不是我们向往的美好生活！如果一味地只重视环境保护而忽略了经济发展，就意味着我们守着绿水青山而被冻死、饿死。过着贫穷潦倒的日子，同样不是我们向往的美好生活！可见，经济建设和环境保护同样不能缺少一个或失灵一个，否则，国家就不能科学、可持续地发展。因此，要切实解决影响人民群众生产生活、制约经济社会可持续发展的突出环境问题，就必须从如何确立科学发展的执政理念来入手。在兼顾发展速度和发展质量的同时，如何实现经济社会又好又快的发展，是各级党委、政府和全国各族人民必须面对的一个重大课题，也是必须齐心协力解决好的一个重大问题。

新一届党中央领导集体审时度势，高瞻远瞩，立足世情、国情、党情的新变化，提出了人民对美好生活的向往，就是我们的奋斗目标。要实现这个伟大的目标，就必须坚持经济社会科学发展，要注重经济增长的转型升级；要加快建设生态文明，不能以国内生产总值的增长率论英雄，要改进对干部政绩的考核标准和办法，更多地关注民生和生态环境保护，努力满足人民的需求。这些治国理政的新论断、新思想，是新一届中央领导集体应时代、顺民意的创举，是党的执政理念的创新和升华。党的十八届四中全会提出，全面推进依法治国、依法执政、依法行政，坚持法治国家、法治政府、法治社会一体建设，促进国家治理体系和治理能力现代化。依法治污是依法治国的重要组成部分，以壮士断腕的气魄"向污染宣战"，用硬措施完成改善环境质量的硬任务，要求我们必须清醒认识保护生态环境、治理环境污染的紧迫性和艰巨性，清醒认识加强生态文明建设的重要性和必要性，以对人民群众、对子孙后代高度负责的态度，真正下决心把环境污染治理好、把生态环境建设好。一分部署，九分落实，空谈误国，实干兴邦，乃为政之要、从政之本。注重抓落实，是我们党执政能力的重要体现，也是对各级领导干部工作能力的重要检验。

呼吸新鲜的空气、喝干净的水、吃放心的食品，是各级党委、政府的基本责任与义务。采取切实措施防治污染和保护生态，促进生产方式和生活方式的转变，下决心解决好关系群众切身利益的大气、水、土壤等突出环境污染问题，改善环境质量，维护人民健康，用实际行动让人民看到希望、感到幸福，是各级党委、政府"以人为本、执政为民"的真实写照。党和国家把生态文明建设和环境保护上升到前所未有的国家战略高度，其重大意义就在于要加快建设生产发展、生活富裕、生态良好的文明社会。正因为有这样的伟大目标，就要求全党和全国各族人民紧密团结在以习近平同志为总书记的党中央周围,统一思想,开拓创新,真抓实干,治理污染,保护生态,改善环境,建设美好家园,建设美丽中国,实现中华民族永续发展的伟大中国梦。

当前,推进社会主义现代化建设已进入了重要的战略转型期,以全面深化改革推动各项工作,在创新宏观调控思路和方式、积极破解经济社会发展难题、着力保障和改善民生、促进国家治理体系和治理能力现代化等方面都在发生着深刻的变化,使经济社会发展迈入新常态。尤其是及时转变了以GDP论英雄的发展观,更加注重将经济发展的速度和质量相结合。经济增长速度放缓的理性回归,使经济发展呈现了新常态。改善环境质量与经济发展速度紧密相连、息息相关。当经济发展进入新常态,环保工作也必将进入新常态。一是"五位一体"总布局和加强生态文明建设的总要求,使环境保护成为生态文明建设的主阵地和根本措施,要求环境保护要以新常态适应生态文明建设;二是经济增长的换挡减速、经济结构的优化升级、拉动经济的要素驱动和投资驱动转变依靠创新驱动,成为缓解环境压力的重要机遇期,经济发展的新常态促进了环境保护的新常态;三是随着全面推进依法治国和新《环保法》的实施,依法治污、依法行政的力度不断加大,要求环保工作必须以新常态来面对机遇和挑战;四是随着民主决策、民主参与意识的增强,新闻媒体、社会舆论监督和公众参与环境保护的不断深入,要求环保部门必须创新环境管理机制和手段,以新常态适应新形势和新要求;五是"向污染宣战"的号令和最典型的令人深恶痛绝的雾霾污染,使所有的环保工作者面对严峻的现实和巨大的压力,必须摈弃常规打法,以壮士断腕的勇气和严格执法的震慑形成环境保护的新常态,才能实现"宣战必胜"。

笔者从事基层环保工作20年,见证了环保事业由弱到强、由小到大的渐进发展历程,亲历了环保工作者的艰辛与欣慰,体味了我国环保新道路的艰难与希望!特别是对近年来我国环保在总结发达国家"先污染后治理"教训的基础上,通过长期艰苦努力,不断地在实践中探索符合我国国情的环保新路,以生态环保体制改革为契机,以践行环境保护"四梁八柱"新体系为要求,认真贯彻执行新《环保法》，以铁面问责、铁腕执法的决心治理污染、保护生态的一系列行动，有了全新的认识，也有了更多的思考。坚决"向污染宣战"，是我国政府在社会主义现代化建设新的历史时期作出的重大抉择；"宣战必胜"，既是对环保工作成果的检验，也是对还老百姓蓝天碧水庄严承诺的兑现。当前，环保工作处于关键时期，也处于负重爬坡的转型时期，作为环保工作者，如何能跟上党中央、国务院的总体战略部署，深入研究环保工作面临的新常态，努力适应新形势，积极主动地做好环保工作，是摆在每个环保人面前不容回避的课题。

20年，弹指一挥间。在感叹时间飞逝的同时，笔者也深感保护环境的使命与责任所在。回顾20年的基层环保工作，笔者有许多的学习心得、实践体会、真心感悟，尤其是在认真学习和深刻领会习近平总书记有关生态文明建设的一系列重要论述、2014年李克强总理的政府工作报告和新《环保法》后，深感环保事业大发展的春风催生了无限生机，充满了无限活力。笔者作为环保工作者备感振奋，于是萌生了一种想法，把党中央、国务院生态文明建设和加强环境保护的新理念、新思想、新要求与《环保法》修订后的新规定、新制度以及与之相配套的各项环境保护行政规章、政策措施进行了综合、归纳和梳理，在此基础上，学习和借鉴了环保战线上一些领导同志的重要论述和专家学者、有关人士对加强环境保护的思想观点，并融合了自己从事20年基层环保工作的实践感悟，整理出版《使命与责任——感悟新常态下的"向污染宣战"》一书。本书综述了我国政府"向污染宣战"的新常态，旨在为环保同仁和关心支持环保事业的广大读者，提供一些参考和借鉴。如果能对读者有些启迪，便是笔者拙笔耕耘的初衷和最大的欣慰！

笔者以我国政府"向污染宣战"的决心和措施为核心，以如何理解和把握"为什么战？""战什么？""怎么战？"为切入点，以思考和解析当前"向污染宣战"提出的背景与现实、"三大战役"的组织实施、五套"组合拳"会战环境污染为主要内容和基本结构，按篇、章、节分别进行阐述。

第一篇的主题是表述我国政府对环境污染"为什么战"。重点阐述了我国政府"向污染宣战"提出的五个方面的背景与现实：一是突出的环境问题与环境污染事件频发，形成了必须"向污染宣战"的倒逼态势；二是我国在经济发展中对资源环境承载力形成了巨大的消耗，难以为继的增长方式要求我们必须"向污染宣战"；三是人民群众对改善环境质量的期盼和呼声日益高涨，改善民生的诉求要求我们必须"向污染宣战"；四是探索符合我国国情的环保新路已取得实践经验，创新和建立环境保护的一系列制度措施，为"向污染宣战"奠定了坚实的基础；五是新一届中央领导集体执政理念的创新，为全面实施"向污染宣战"提供了坚强的政治保障。

现实中，令人担忧的环境质量，一幕又一幕令人不安的环境纠纷闹剧，日复一日令人窒息的雾霾，侵蚀着人们脆弱的心灵。在环境污染形势日趋严峻、环境问题日趋突出的背景下，人们不得不深刻反思，不得不立刻惊醒，追求发展是为了什么？什么样的社会才是我们向往的？为此，笔者应用了一些反映环境污染的数据、国内外环境污染的一些案例，来剖析我国经济发展中造成的严重环境污染和资源的大量消耗，对人民群众的生产生活造成的巨大危害，以及给经济社会可持续发展形成的巨大阻碍。特别是应该看到，我国政府"向污染宣战"，是新一届中央领导集体"立党为公、执政为民"的具体体现，是全面建成小康社会的客观要求，是推进经济社会可持续发展的现实需要，是保障人民群众身心健康的正确抉择。这样就更容易理解和把握我国政府"向污染宣战"的紧迫性和必要性。

第二篇的主题是表述我国政府对环境污染"战什么"。按照"以问题为导向"的思路，找准了问题，就等于找到了解决问题的突破口。目前，空气污染、水污染和土壤污染是我国环境污染防治工作的三大重点，于是就将其作为"向污染宣战"的三大战役。为了便于读者更好的理解，本篇内容侧重从两个方面进行解析。一是重点叙述了我国政府"向污染宣战"产生的历史时期，中共中央、全国人大、国务院、最高人民检察院和最高人民法院集中一段时间，密集研究制定加强环境保护的一系列新方针、新政策、新措施，为"向污染宣战"号令的发出奠定了历史基础。2014年，全国两会正式发出"向污染宣战"

的号令，表明战幕已经拉开，这是对人民的承诺，对世界的宣示。二是重点叙述了"向污染宣战"三大战役的主要内容。第一战役：以改善空气环境质量为目标，以$PM_{2.5}$和PM_{10}为治理雾霾的突破口，全面推进大气污染防治行动计划，切实解决城市空气污染，努力让城市居民呼吸上新鲜空气；第二战役：以改善水环境质量为目标，以重点流域水污染治理和保护饮用水水质为突破口，全面推进清洁水行动计划，切实解决一些地区"逢水必臭"的问题，保障人民群众喝上干净的水；第三战役：以改善土壤环境质量为目标，以大力整治农业面源污染和实施土壤修复工程为突破口，全面推进土壤污染防治行动计划，切实解决并改善土壤环境质量，保障农畜、水产品不受环境污染，让人民群众吃上放心的食品。"三大战役"的全面打响，标志着我国政府采用"海、陆、空"的立体作战方式，坚持源头严防、过程严管、后果严惩，用铁规铁腕强化三大污染防治。通过实施"三大战役"，着力解决损害群众健康的突出环境问题，逐步改善环境质量，促进经济社会可持续发展。

　　第三篇的主题是重点表述我国政府对环境污染"怎么战"。围绕"向污染宣战"打出的五套"组合拳"来解析和回答怎么战，分别以"法治惩处、行政监管、经济调节、社会监督、文化引领"形成"五拳同出、五拳并进、五拳共击"的态势，采用多种措施、分路出击、分工合作、多管齐下的方法"向污染宣战"。第一拳：重点解析如何通过强化法治惩处措施"向污染宣战"，主要体现应用"依法治污"的方略。以生态文明的新理念，引领和推动环境保护法制建设和发展，根据经济社会可持续发展的实际需求，通过《环保法》的修订，调整环境保护与经济社会发展的关系，树立环境保护是全社会的共同责任的意识，突出强化各级政府、环保部门、企业保护环境的责任与义务；通过对环境污染犯罪典型案例的分析，展现应用严厉的法治措施，对打击环境违法行为产生的强有力的震慑效果。第二拳：重点解析如何通过加强行政监管措施"向污染宣战"，主要体现应用"行政手段"的重要性。一是实行环境保护目标考核制度。把环境保护纳入地方党政领导班子和各级领导干部实绩考核目标，是纠正地方盲目追求GDP增长速度的重要组织措施，这是从发展理念上解决环境污染和生态破坏的根本性措施。现实中，对领导班子的目标考核就是领导干部前进的航标，就是"指挥棒"。有人形象地比喻，对于学生来说，"考试"就是指挥棒，考试的内容就是学生学习的重点；对于干部来说，"考核"就是指挥棒，上级考核什么指标内容，这些指标内容就是地方党政领导班子抓工作、用力气的重点，考核指标完成得好坏，就是衡量领导干部和领导班子业绩好坏的标准，自然也成为提拔干部的重要条件。这些年来，GDP一直是考核地方党政领导班子和主要领导干部业绩的主要指标，因而如何促进GDP的快速增长便是各级地方领导干部工作的重中之重，是一直以来领导干部秉承的政绩观。为此，只有转变畸形的政绩观，才能转变畸形的发展观；只有地方党政领导干部转变发展观，重视经济建设、社会发展与环境保护相协调，采取措施减少企业污染物排放，才能促进城市空气质量改善、重点流域水质改善和重金属污染防治目标任务的完成，才能提升资源环境的承载能力，实现经济社会可持续发展。二是积极实施环境保护行政监管手段。通过应用"区域限批"制度、总量控制制度、排污许可证制度、环境监察制度、"按日计罚"制度、生态红线制度等综合监管措施，限制高耗能、高污染的产业发展，从而实现促进区域产业结构的调整；通过加大对违法排污企业和违规建设项目实施现场检查、查封扣押、限制生产、停产整治、停业关闭、停止建设、行政拘留等措施，加大处罚力度，提高环境违法成本，遏制屡禁不止的环境违法行为，减少区域主要污染物的排放量；通过完善配套措施，推进排污权交易，划定生态保护红线区域，落实地方政府生态红线的职责，促进生物多样性保护，努力改善环境质量。第三拳：重点解析如何应用环境经济政策措施"向污染宣战"，主要体现"经济调节"功能。一是如何充分发挥环境资源税收、价格机制的杠杆作用，优化经济增长，遏制资源损耗，促进节能减排，激励新兴产业加快发展；二是加大环境保护的财政投入，拓宽环境投融资渠道，整合环境保护专项资金，提高环境保护投资绩效；三是不断健全和完善生态保护补偿修复制度，积极实施绿色贸易、绿色采购的政策措施，发挥绿色信贷、环境责任保险等金融政策对环境保护的调节功能。第四拳：重点解析如何应用增强社会监督措施"向污染宣战"，主要体现"公众参与"的强大作用。一是要搭建社会监督的平台，及时公开环境管理信息、企业污染物排放和违法行为信息，便于社会监督，接受社会监督；二是引导公众参与环境保护的重点领域，把握推进环境保护公众参与的方式，发挥环境保护公众参与监督作用；三是建立环境公益诉讼制度，推动环境保护公益诉讼，发挥其监督作用；四是构筑新闻媒体参与环境保护的平台，发挥新闻媒体对环境保护的监督作用。第五拳：重点解析如何发挥环境文化引领作用"向污染宣战"，主要体现树立环境文化道德的必要性。一是以弘扬环境文化促进社会公众环境意识的提高，引导经济社会发展理念的转变；二是以环境文化引领生态优先，推进生态文明建设；三是注重环境道德教育，提高环境道德意识，构建人与自然和谐的生态系统，实现中华民族的永续发展。

登高望远，方能行之久远。作为环保人，保护环境是笔者崇尚的职业和神圣的使命。面对日趋严峻的环境形势，每个环保工作者都承载着党和人民的殷切期望，是"向污染宣战"的主力军，我们必须要以持之以恒的精神，以改革创新的勇气，以抓铁有痕的干劲，主动参与，勇于担当，奋力争先，打一场治理污染的攻坚战和持久战。同心而共进，同力而必胜。以更大的勇气和决心，改善环境质量，建设美丽中国，让人民群众早日享有优美的生产生活环境，为实现伟大的中国梦奉献自己所有的智慧和力量，这既是使命，更是责任！

contents 目 录

第一篇 探索环保新路
简析"向污染宣战"的现实需求

第一章 环境问题倒逼 / 005
　第一节　环境问题产生的根源　/ 006
　第二节　环境质量现状堪忧　/ 013
　第三节　环境污染事件和环境纠纷频发形成倒逼　/ 020

第二章 对"先污染后治理"的反思 / 033
　第一节　发达国家"先污染后治理"的代价与教训　/ 034
　第二节　我国工业发展对资源环境承载力的消耗　/ 036

第三章 社会各界对改善环境质量的期盼 / 047
　第一节　两会代表委员们要求加强环境保护　/ 047
　第二节　社会公众对治理环境污染的期盼　/ 051

第四章　总结环境保护实践经验　/054

第一节　简要回顾我国环境保护的发展历程　/055

第二节　探索环保新路是客观需要　/057

第三节　探索环保新路已取得实践经验　/058

第五章　执政理念的创新　/062

第一节　从"五位一体"的高度把握生态文明建设　/062

第二节　以生态文明建设统领经济社会可持续发展　/069

第二篇　践行环保新路
　　　　打响"向污染宣战"的三大战役

第一章　"向污染宣战"提出的历史时期　/076

第一节　为"向污染宣战"提供了组织保障　/076

第二节　全国两会发出"向污染宣战"的号令　/078

第三节　"四梁八柱"新体系为宣战奠定了基础　/080

第二章　"向污染宣战"的三大战役　/083

第一节　全面实施《大气污染防治行动计划》（第一战役）　/084

第二节　全面实施《水污染防治行动计划》（第二战役）　/089

第三节　全面实施《土壤污染防治行动计划》（第三战役）　/089

第三篇　主动适应新常态
　　　　打好"向污染宣战"的组合拳

第一章　关于应用法治惩处措施（第一拳）　/093

第一节　以生态文明推动环境保护法制建设　/095

第二节 《环保法》强化了政府保护环境的责任 / 102

第三节 《环保法》规定保护环境是全社会共同的责任 / 140

第四节 "两高司法《解释》"加大了惩处环境违法的力度 / 184

第二章 关于加强行政监管措施（第二拳） / 196

第一节 实行严格的环境保护目标考核 / 196

第二节 实行严格的"区域限批"制度 / 210

第三节 实行严格的污染物排放总量控制制度 / 215

第四节 实行严格的排污许可证制度 / 220

第五节 实行严格的环境监察制度 / 224

第六节 严格执行"按日计罚"制度 / 243

第七节 实行严格的生态保护红线制度 / 248

第三章 关于强化环境经济政策调节措施（第三拳） / 254

第一节 充分发挥环境资源税收的杠杆作用 / 256

第二节 充分发挥价格机制的调节作用 / 261

第三节 加大环境保护的财政投入 / 263

第四节 建立健全生态保护补偿修复制度 / 267

第五节 积极实施绿色贸易、绿色采购的政策措施 / 274

第六节 发挥金融政策对环境保护的调节功能 / 278

第四章 关于增强社会监督措施（第四拳） / 280

第一节 发挥环境信息公开的监督作用 / 281

第二节 发挥环境保护公众参与的监督作用 / 292

第三节 发挥环境公益诉讼对环境保护的监督作用 / 297

第四节 发挥新闻媒体对环境保护的监督作用 / 302

第五章　关于增强环境文化的引领作用（第五拳）　/ 310

第一节　以环境文化引导经济社会发展理念的转变　/ 311
第二节　以环境文化引领和推进生态文明建设　/ 315
第三节　以环境道德的提升来推动中华民族永续发展　/ 320

参考文献　/ 329

后记　/ 331

第一篇
探索环保新路
简析"向污染宣战"的现实需求

探索走出一条环保新路,在保护环境中实现经济发展和民生改善的良性循环,是提高经济发展质量、全面建成小康社会的现实需求。2013年12月,习近平总书记在中央城镇化工作会议上强调,在我们这样一个拥有13亿多人口的发展中大国实现城镇化,在人类发展史上没有先例。粗放扩张、人地失衡、举债度日、破坏环境的老路不能再走了,也走不通了。从客观上来讲,治理污染、改善民生、共同富裕,是人类共同的追求,是社会主义本质的要求,是新一届中央领导集体立党为公、执政为民的伟大实践。探索环保新路,核心在于正确处理经济发展与环境保护的关系,要树立在发展中解决环境问题的观念,坚持在保护中发展、在发展中保护的总要求,大力推进发展方式转变和经济结构调整,有效控制污染物排放总量。探索环保新路,关键在于充分发挥环境保护优化经济发展的综合作用,把资源环境的承载压力传导到经济增长方式的转型上来,以此推进传统产业的改造提升和新兴产业的培育发展。探索环保新路,本质在于树立环保为民的根本宗旨,切实解决关系民生的突出环境问题。"国以民为上,民以生为先。"环境保护是重大的民生问题,这就要求我们必须齐心协力"向污染宣战",通过打好治理环境污染的攻坚战,来不断丰富和完善适合我国国情的环保新路。环保工作者是"向污染宣战"的排头兵、先锋队，更肩负着当之无愧的使命与责任！

环境污染是伴随着粗放的工业经济发展而产生的。污染就像一个肿瘤在危害着人类的繁衍生息，侵蚀着我们美好的家园，阻碍着社会的文明与进步。当前，贫困和污染是我们国家全面建成小康社会所面临的巨大挑战。然而，贫困与污染的最大不同之处在于，贫困是客观形成的，是因自然环境恶劣所致，而不以人的意志为转移；污染是主观形成的，是人们为获取利益不计环境成本所致。因此，与"向贫困宣战"一样"向污染宣战"，就是向自己宣战，就是向人们的思维模式和行为方式宣战，就是向传统的消费方式宣战，就是向粗放的经济增长方式宣战。

环境问题与贫困问题已成为重大的社会问题，是近年来社会公众普遍关注和热议的话题，是我国实现全面建成小康社会目标必须解决好的两个重大问题。这两个问题，既是一种经济现象，也是一个社会问题。环境问题在当今世界各国的表现形式各有不同，但从总体上来看，也各有鲜明的特征。发达国家的环境问题主要是工业排放造成的环境污染，而发展中国家的环境问题既有环境污染，也有对自然资源、生态环境的严重破坏。二者相比，前者比较容易得到防治和恢复，而后者的防治和恢复则困难多、代价大。

在我国西部相对贫困的地区，环境污染和资源不合理开发引起的生态环境恶化十分严重，呈现出环境问题与贫困问题交叉在一起，又有形成恶性循环的趋势。事实上，越是贫困的地区，生态环境越是脆弱，生存条件越是艰苦，脱贫难度就越大，保护和改善生态环境的任务也更加艰巨繁重。在一些地区，改善和治理生态环境就是实现脱贫致富的重要途径。因此，既"向贫困宣战"又"向污染宣战"，是我国政府推进经济社会可持续发展、实现中华民族伟大复兴中国梦的必然选择，充分体现了新一届中央领导集体的政治责任、历史担当、为民情怀和坚定决心！

环境问题就是最大的民生问题。所谓环境，就是影响人类生存的所有自然因素，它是人的生存之本、发展之基。所谓民生，即《左传·宣公十二年》

第一篇 探索环保新路 简析"向污染宣战"的现实需求

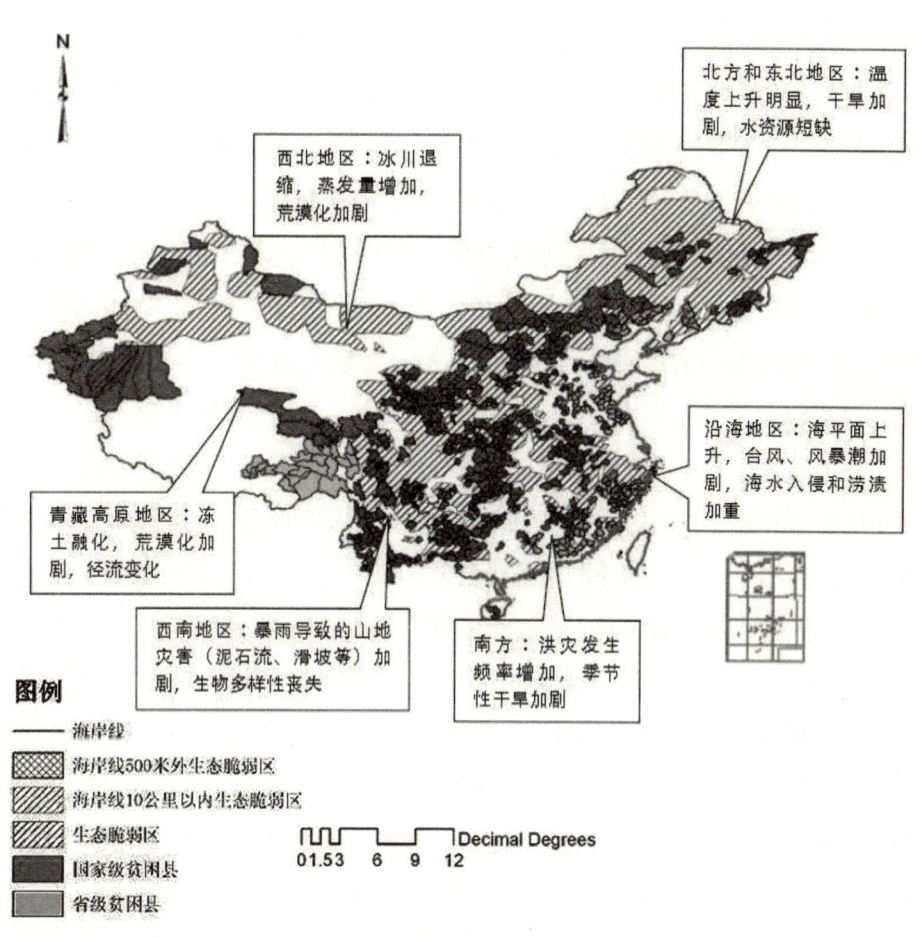

图1 中国生态脆弱区与贫困县位置关系

所称,"民生在勤,勤则不匮"。在我国传统社会中,民生就是指老百姓的基本生计。呼吸新鲜的空气、喝干净的水、吃放心的食物、在良好的环境中生产和生活,就是人民群众的最基本生计和最基本要求。强调环境保护是重要的民生问题,首先在于环境保护是惠及全体人民的伟大事业,改善环境是实现全面建成小康目标的重要任务。地不分东西南北,人无论老幼贫富,作为人民群众生活的基本条件和社会生产的基本要素,环境是人民群众基本生存状态的底线。拥有了良好的生态环境,才能保障人民群众基本的生存状态。保障民生离不开环境保护，改善民生也离不开环境保护。环境质量如何，直接影响着人们的生存状态和生活质量，影响着社会的发展水平，并最终决定着国家和民族的兴衰成败。在维护人民群众的生存条件和生产能力的基础上，在不断满足人民群众物质财富需求的同时，还要不断提高人民群众良好的生活质量。要实现上述目标，环境依然是不可或缺的基本要素。拥有了良好的生态环境，人民群众的生存和发展才能获得更加广阔的空间，才能在物质水平不断改善和提高的同时，充分享受到优美的生活环境。因此，把环境保护作为重要的民生问题，深刻揭示出环境保护的本质内涵和最终目标，是以人为本的执政理念的具体体现。

环境问题也是发展方式问题。环境是国民经济可持续发展的基础条件，30多年的改革开放，我国国力得以明显提升，成绩举世瞩目。我国的经济增长速度居全世界第一，我国的外汇储备居全世界第一，我国引进的外资居全世界第一。与此同时，我国的煤炭、石油、钢等资源的消耗居全世界第一，建材消耗居全世界第一，原材料进口居全世界第一。单位GDP能耗是发达国家的8到10倍，污染程度是发达国家的30倍，劳动生产率是发达国家的1/30。我国的化学需氧量排放居全世界第一，二氧化硫排放量居全世界第一，碳排放量居全世界第二。由此可见，我国在加快经济增长、积累巨大财富的同时，自然资源的大量消耗、日趋严重的环境污染等问题也日益凸显。

我国经济社会经过几十年的发展，特别是改革开放以来经济持续高速发展带来的环境问题，需要采取措施加以解决。我国政府代表最广大人民群众的利益，"向污染宣战"不是偶然的，而是必然的。虽然治理环境会付出经济上的巨大代价，但是我国政府必须要像"向贫困宣战"一样"向污染宣战"。

坚决"向污染宣战"，是推进生态文明建设的迫切需要。党的十八大把生态文明建设纳入中国特色社会主义事业"五位一体"总布局，十八届三中全会对加快生态文明制度建设作出进一步部署。没有良好的生态环境，全面建成小康社会、建设生态文明的美丽中国、实现中华民族复兴就无从谈起。"向污染宣战"有利于形成对转方式、调结构的倒逼机制，促进产业升级和生态化，推动绿色发展、循环发展、低碳发展。

坚决"向污染宣战",是提高人民群众生活质量的内在要求。良好的生态环境是最公平的公共产品,是最普惠的民生福祉。我们践行党的宗旨、坚持党的群众路线,必须切实加强污染治理,着力解决损害群众健康的突出环境问题,不断改善生态环境质量,以实际成效取信于民。

坚决"向污染宣战",表明了我国政府防治污染的坚定态度和坚强决心。中华民族的伟大复兴是我们的百年梦想和不懈追求,改善环境是民族复兴的重要前提。环境安全是国家安全的重要组成部分,解决环境问题是保障国家安全、维护社会稳定、树立负责任大国形象的必然要求。我们要坚持改革开放的正确方向,敢于啃硬骨头,敢于涉险滩,既要勇于冲破思想观念的障碍,又要勇于突破利益固化的藩篱。

改革开放,造就了历史的巨变;改革创新,引领着我国的未来。党的十八大报告中提出,到2020年我国要全面建成小康社会,实现国内生产总值和城乡居民人均收入比2010年翻一番的目标。要实现这个宏伟目标,要兑现这个庄严承诺,我国政府就必须下力气解决制约经济和社会全面、协调、可持续发展的环境问题,就必须汲取"先污染后治理"的沉痛教训,就必须回应社会各界对治理污染、建设美好家园的期盼,总结环境保护实践中已取得的经验,进一步转变发展观念、创新执政理念,打好治理污染的攻坚战。

第一章　环境问题倒逼

环境问题,是不合理的资源利用方式和经济增长模式的产物,从根本上反映了人与自然的矛盾冲突,究其本质是经济结构、生产方式和消费模式的问题。在我国,突出的环境问题倒逼政府必须"向污染宣战",这是背景之一。

第一节 环境问题产生的根源

每一种人类文明都代表着不同特征的社会生产能力和生产方式,反映了不同的人与自然和人与人的关系状态。人类迄今为止经历了原始文明、农业文明和工业文明,正迈向生态文明。原始文明时期是人类崇拜自然、敬畏自然的早期文明阶段。农业文明时期人类对自然敬畏的成分渐渐消失,驾驭自然的能力逐步增强。这个阶段人类改造自然、占有自然的盲目性和随意性的后果已经开始显现。从世界范围看,尼罗河、底格里斯河和幼发拉底河、印度河和恒河流域的人类文明也都曾因生态环境良好而兴旺,随生态环境恶化而衰败。我国古代楼兰王国的迁都,宋朝时期北方游牧民族不断向南侵袭,也与当时自然环境的异常改变有着千丝万缕的联系。农业文明替代原始文明之后,工业文明开始替代农业文明。作为西方启蒙运动的产物,发源于西欧并源源不断地向世界其他地方扩展的工业文明是一种无视自然、主宰自然、征服自然的文明形态。

环境问题自古有之,它是随着社会生产力的发展而产生发展的,不同的历史时期其环境问题也不相同。依据历史时期的不同,我们可以把环境问题分为两种。一种是传统农业文明带来的环境问题,主要是指农业革命对自然资源的不合理开发、利用所导致的环境破坏和资源浪费。主要包括由于过度开垦荒地、滥伐林木、过度放牧、掠夺式捕捞等而引起的水土流失、土地沙化、草原退化、生物资源多样性减少、自然灾害频发等。另一种是现代工业文明带来的环境问题,主要是指随着工业革命的蓬勃发展,尤其是化石、能源工业的加速发展和城市化急剧扩张,消耗大量的自然资源,引发了"三废"(废气、废水、固体废弃物)污染、噪声污染、放射性污染和农药污染,以及由此带来的环境问题。从20世纪中叶开始,人类社会进入一个大变革的时期。人类的工业文明达到鼎盛时期,而与工业文明成就相伴随的是,环境污染和生态破坏第一次成为全球性问题全面凸显出来,尤其在发达国家,"环境公害"事件频频上演,给人们敲响了环境公害的警钟。

人类要想实现可持续发展，就必须正确处理人与自然的关系，而不能盲目地陶醉于征服自然界的暂时胜利之中。人类必须能够认识到，一方面，自然条件是人类社会存在和发展的基础与前提，人类必须保护自然环境，对自然资源进行合理开发和利用；另一方面，人们可以运用已经获得的对自然界的真理性的认识来指导我们的实践活动，从而达到对自然界的有效改造。曾记得在一次大型的环保公益活动中，有一个测试很耐人寻味。三个展板上各有一个问题："谁污染了环境？""谁在遭受环境污染之苦？""谁该保护环境？"测试者提示，旋转展板，答案就在其中。结果旋转展板后，是一面镜子，照出的是参观者自己。这一精巧的设计，可谓用心良苦，寓意深刻。独特的设计理念折射出人类的实践活动具有主体和客体的双重性，揭示了互相变换和双向互动的关系，人类既是导致环境污染的责任者，又是环境污染的受害者，也是保护环境的主体。

我国第一起环境污染事件发生在北京。1971年3月，北京菜市场出售官厅水库的鲜鱼，人们吃了这种鱼后感到全身无力，出现头痛、胃痛、恶心、呕吐等一些中毒的症状。卫生部门把这个情况向国务院做了报告。在周总理的指示下，国家计委、国家建委组织开展了调查。调查结果是宣化、张家口、大同等一些地方的污水排入官厅水库，造成了库区水质污染。之后，总理批示成立了领导小组，万里担任组长，主抓此项工作，会同北京、河北、山西三省市联动，经过几年的分期分批治理，官厅水库的污染被控制住了。这是在我国历史上，国家组织进行的第一项环境污染治理工程。

改革开放以后，随着经济建设的快速发展，我国环境问题也日益增多，造成这些问题的主要原因有两方面。一方面，由于长期以来粗放的生产方式累积了大量的环境问题，形成了"旧账未还，又欠新账"的态势；另一方面，重视经济增长，忽视环境保护，过分追求GDP快速增长的发展理念，形成了"一条腿长一条腿短"的现实，环境保护"短板"效应越来越显现。这些因素从而导致环境污染和生态破坏的问题越来越突出，突发性的严重污染事件时有发生。下面，笔者对其作简要的分析。

一、环境问题由于历史"欠账"所致

我国环境问题形成的一个重要的原因，就是长期累积的环境问题没有及时得到解决，形成了历史"欠账"。从理论上讲，社会经济活动的外部不经济性和环境公共物品提供不足，是造成环境问题的主要原因；从实践上看，工业化发展特别是重化工业发展是污染物密集化产生的历史阶段。同时，由于一些地方片面追求经济增长，忽视环境保护，导致环境问题不断加剧。环境问题长时间的累积并形成了历史"欠账"，因素是多方面的，但其主要因素有以下几个。

1. 根本性因素。粗放式的经济增长方式是加速环境恶化的根本性因素。我国的经济体制改革是对社会生产力的极大解放。这种解放刺激了国民经济的高速增长，但与此同时，对资源的开发利用规模和各行业污染物排放量也会随之增加。然而，由于国民经济尚处在从粗放型向集约型转变的转型时期，人们只关注经济增长的数字，却往往忽略了其背后所付出的沉重代价。经济发展多以粗放式的原材料加工为主，资源、能源消耗过大。

2. 直接性因素。企业大多为了快速发展而对资源采用掠夺式开发，甚至以牺牲环境为代价追求高额利润，以不投入或少投入治理污染的设施、设备来降低生产成本，把污染物肆意排放在自然环境之中，减少了企业运行费用，从而获取丰厚的红利，把治理污染的责任和投入转嫁给社会，形成了环境污染蔓延的趋势。

3. 内在性因素。公众环境意识不强是造成环境问题的直接性因素。所谓环境意识，是指人们在认知环境状况和了解环保规则的基础上，根据自己的基本价值观而发生的参与环境保护的自觉性，它最终体现在有利于环境保护的行为上。目前我国的大多数人对于环境问题的客观状况缺乏一个清醒的认识。我国公众环境意识中具有很强的依赖政府的特征，政府对于强化公众环境意识具有决定性的作用。实践证明，一个国家的国民环保意识不强，这个国家的环境问题必然会突出。

4. 无序性因素。城市扩张的无序化导致城市环境问题更加突出。城市是

一个以人类生产和生活活动为中心的、由居民和城市环境组成的自然、社会、经济综合生态系统。城市是人口最集中、经济活动最频繁的地方，也是人类对自然环境干预最强烈、自然环境变化最大的地方。城市集中了大量的工矿企业，人类的生产和生活活动消耗了大量的能源和物质，伴随生成大量废弃物，远远超出了自然净化能力。而城市环境基础设施建设往往滞后于城市建设，尤其是房地产开发先行，然后才是供热锅炉跟进，点多面广，造成城市大气污染日趋严重，破坏了整个城市生态系统的平衡。

5. 管理性因素。环境保护体制和制度不完善是环境退化的管理性因素。环境质量还没有纳入到国家可持续发展宏观调控体系，预警机制不到位，环境管理体系还是基于"先污染后治理、边污染边治理"的被动监管模式，环境法制建设滞后于经济发展，执法手段软弱单一，监管能力不强，排放标准未能有效执行，污染物排放总量居高不下。

6. 技术性因素。科技能力不足导致环境绩效差是环境退化的技术性因素。所有的技术都具有两面性，技术本身会产生正、负两种效应。比如，人类发明农药的目的是捕杀害虫，但它同时会伤害人类本身而且还产生持续污染；人类发明了塑料，却又增加了白色污染等。所有这些都是因为科技异化，使科技应用不当或滥用对环境产生了破坏作用。从另一个角度看，环境问题也是一个科技问题。随着科学技术的飞速发展，一些行业产生的污染物将会得到回收和利用，环境污染也会迎刃而解。

7. 诱导性因素。不可持续的消费方式已成为目前影响环境问题的诱导性因素。人口问题导致了我国资源的相对短缺，加之为早日实现脱贫致富和追求财富的快速积累，一些地区采取了"杀鸡取卵"、"竭泽而渔"的方法，因而出现了对自然资源无节制的开发现象，伴随而来的是资源惊人的浪费和大量的消费，从而产生和累积形成了生态破坏和环境污染，"欠账"由此而形成，且呈逐年加重的态势。

二、环境问题由于"短板"突出而形成

我国环境问题产生的另一个主要原因，就是长期以来经济建设和环境保

护不同步，形成"一条腿长一条腿短"、"一条腿快一条腿慢"的现象，"短板"问题突出，造成了环境问题不断产生并日趋严重。回顾30多年走过的历程，在发展理念、发展方式、环境成本、消费方式和体制机制等方面存在严重的偏差和不足，可能是形成"短板"的几个原因。具体分析如下：

在发展理念上，重经济增长、轻环境保护是造成环境问题"短板"突出的最主要的原因。从客观上分析，改革开放前，我国一直处于生产力落后、经济基础薄弱的状态，改变贫穷落后的面貌，需要发展生产力，需要加快经济建设步伐。改革开放后，我国经济发展突飞猛进，取得了举世瞩目的成就，人民生活由温饱走向小康，但环境污染也由此而生。由于在发展理念上没有及时作出调整，一味盲目追求GDP的快速增长，致使环境问题越来越多，资源环境对经济社会可持续发展的承载能力大大削弱，经济发展与资源环境处于失衡状态。

在发展方式上，我国的经济增长是以透支生态环境为代价的，其资源的大量消耗和浪费，注定使经济社会可持续发展面临巨大的挑战。从20世纪90年代开始，以消费资源、能源为特征的高耗能、高排放的产业比重过大，产业结构单一且不合理，其主要表现形式是以牺牲环境、消耗资源换取粗放式的经济增长，一些地区GDP增长的数据实质上是带污染的数据。由于资源环境与经济发展越来越不和谐，环境保护政策长期滞后于经济发展，加之环境保护投入严重不足，环境治理技术落后，致使经济发展与资源环境的矛盾越来越突出，因而我国在这一时期承受的生态环境压力会更为沉重。

在环境成本上，据《2012年中国环境经济核算研究报告》表明，"十一五"以来，我国环境退化成本伴随经济发展呈同步增长的趋势，经济发展造成的环境污染代价持续上升，环境污染治理压力也日益增大。基于退化成本的环境污染代价从2006年的6507.7亿元上升到2012年的13357.7亿元，增长了107%，年均增长12.7%。2012年，环境退化成本和生态破坏损失合计18103.5亿元，约占当年GDP的3.1%。生态环境退化成本的空间分布差异趋势加剧。生态破坏经济损失主要分布在西部地区，西部地区的生态破坏经济损失占全国生态破坏经济损失的比重约为55.3%，较2011年比重下降了0.6个百分点。青海、内蒙古、黑龙江、西藏、四川和甘肃等是生态破坏经济损失较大的省份。环境退化成本主要分布在东部地区，约占全国环境退化成本的55.6%，较2011年上升了2.5个百分

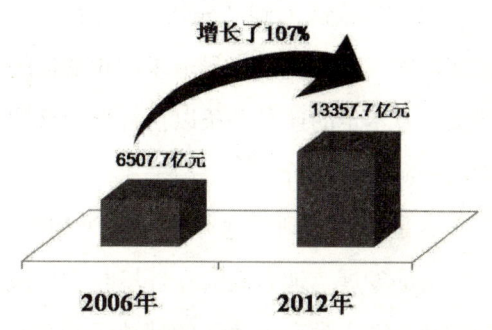

图2 基于退化成本的环境污染代价增长趋势

点。河北、江苏、河南、山东和广东等5个省份的生态环境退化成本最高，占全国生态环境退化成本比重的34%。由此看出，资源环境在经济发展过程中付出了昂贵的代价，令人震惊！

在消费方式上，一些超前、奢侈、过度和浪费性消费等不可持续的消费行为还比较盛行，全社会的资源节约、环境友好意识亟待加强。

在体制机制上，长期以来部门本位主义、地方保护主义等顽疾仍然不同程度地存在着。个别地方政府甚至成为企业环境违法行为的保护伞，一些地方"以权代法"、"以言代法"的现象时有发生。在一些地方，为追求短期政绩而急功近利，甚至为经济发展不惜以牺牲环境为代价的问题还很严重。由于经济增长本身就是政府主导的，环保部门无力抗衡地方政府的投资冲动。

我国的环境问题伴随着经济发展而产生，加强环境保护在社会主义建设的历程中都取得了长足的发展，既有经验，又有教训。当把经济发展与环境保护放在一个平台上衡量对比时，"短板"就更加清晰，"失衡"就更加明显，地位次属就更加凸显。笔者深入思考，有以下几点认识和体会，供借鉴。

一是应该看到我国人口众多、资源缺乏、环境脆弱、灾害多发的基本国情。当前经济社会又处在工业化、信息化、城镇化、市场化、国际化加速发展的历史进程中，仍然没有摆脱资源高消耗、环境重污染、偏离国情的粗放型发展模式，资源环境面临的压力比世界上任何国家都大，资源环境问题比任何国家都要突出，解决起来也比任何国家都要困难。

二是应该认识到"先污染后治理"是一条教训深刻、代价高昂的弯路。长期以来,不少地区盲目追求GDP增长的惯性依然存在,急功近利的思想还很严重,基本走的还是一条以牺牲环境换取经济增长的传统发展道路,付出了过大的资源环境代价。

三是应该看到对地方领导班子和领导干部实绩考核机制、内容。随着经济社会的发展,地方政府在环境与发展决策方面长期背离,行政意志大于法律规定和行政干预环境执法的现象仍然存在,引领科学发展的干部考核机制,还没有从根本上扭转一些地方政府单纯追求GDP政绩的倾向。

四是应该看到在全面建设社会主义法治国家的过程中,环境法制建设有了较大进展,但由于长期以来环境保护立法薄弱、处罚过轻、惩戒不力、执法地位模糊、执法操作性不强,导致守法成本高、违法成本低的问题还很突出,实施环境质量标准的管理战略和体系尚未整体形成。

五是应该认识到环境经济政策在经济快速增长中对资源消耗和环境保护发挥了抑制和鼓励的作用,但是资源低价、环境廉价甚至无价的现状始终没有得到根本改变,导致污染治理、生态保护与环境经济背离,价格、税收、信贷、贸易、收费等手段对污染防治、生态保护的调节作用没有得到充分发挥,仍然使用传统的行政手段来管理环境,效果并不明显。

六是应该看到我国财政收入大幅度增加,环保投入也逐年有所增加,但有利于科学发展和环境保护的长效稳定的财政投入机制仍然没有建立,环保投入占GDP比重偏低,中央与地方在环保方面的财权和事权不匹配,地方环保责任大、事权大而财权小,环保投融资市场化机制不健全、不完善。由于环境基础设施建设工程大部分在地下,既看不到,也没有建筑形象艺术,与城市建设相比,长期滞后,有时修修补补,也是小马拉大车,不堪重负。

七是应该看到近年来环保地位不断提升,环境管理制度不断完善,监管手段不断强化,但在制定环境规划、环境目标、环境措施的过程中仍有急于求成的问题。有的环境目标过高、总量目标与环境质量脱钩的问题没有得到解决,重治标、轻治本的做法尚未得到根本扭转。另外,由于环境保护的职能交叉，部门职权制约，管理体制机制不健全，推诿扯皮时有发生，环保部门常常处于力不从心和尴尬境地的情况还没有得到根本改变。

纵观我国经济发展与环境保护相伴的历程，由于环境保护历史"欠账"和"短板"效应突出，经过30多年的积累，使生态破坏和环境污染的问题更加凸显和叠加。此外，还呈现出在一定的时期内集中爆发的趋势，对人民群众的生产、生活和经济社会发展形成了巨大的社会危害，并威胁着人类的生存和发展。有预言家告诫我们，如果让环境污染肆虐下去，地球上最后一滴水将是人类的最后一滴眼泪！

第二节　环境质量现状堪忧

我国作为世界上最大的发展中国家，在经济快速发展的同时，也面临着前所未有的资源环境问题挑战。发达国家一两百年工业化进程中分阶段出现的环境问题，在我国30多年的快速发展中集中显现，呈现出明显的结构型、压缩型、复合型特点。老的环境问题尚未得到解决，新的环境问题日益凸显，环境质量现状与公众期待仍有较大差距。总的来看，全国环境质量状况依然严峻，还面临不少困难和挑战。

一、全国水环境污染形势严峻

为什么说全国水环境质量不容乐观呢？我们从构成水环境的三大类水质的现状对比来分析。

一是河流、湖泊等地表水水质总体较差。**河流**：据《中国环境质量状况公报》监测结果显示，2012年，长江、黄河、珠江等十大流域的国控断面中，劣Ⅴ类水质断面比例为10.2%，其中，黄河、松花江、淮河和辽河为轻度污染，海河为中度污染。2013年，长江、黄河、珠江等十大流域的国控断面中，劣Ⅴ类水质断面比例为9.0%，其中，黄河、松花江、淮河和辽河的水质与上年一样均为轻度污染，海河仍为中度污染。主要污染指标为化学需氧量、高锰酸盐指数和五日生化需氧量。总的来看，2013年，全国地表水总体为轻度

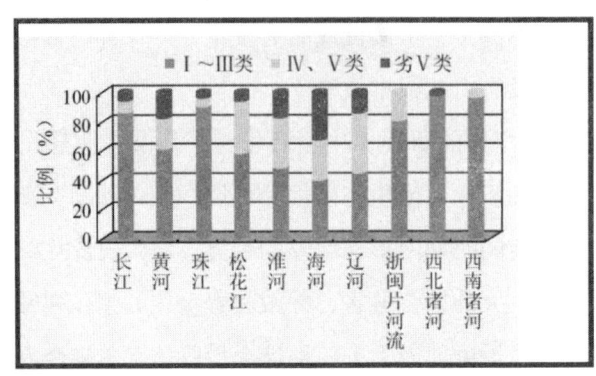

图3　2012年全国十大流域水质类别比例

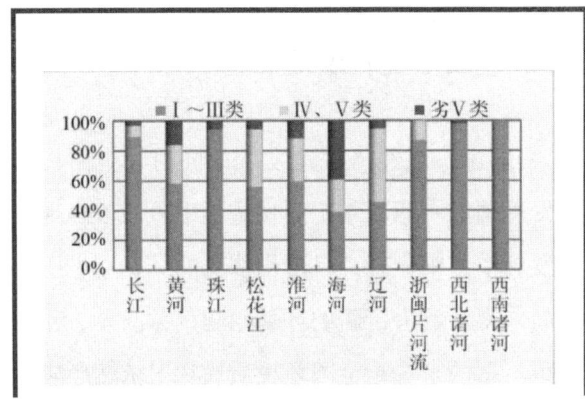

图4　2013年全国十大流域水质类别比例

污染，部分城市河段污染较重。**湖泊（水库）**：2012年，在监测营养状态的62个湖泊（水库）中，富营养污染状态的湖泊（水库）占25.0%，其中轻度污染和中度污染的湖泊（水库）比例分别为18.3%和6.7%。2013年，在监测营养状态的61个湖泊（水库）中，富营养状态的湖泊（水库）占39.3%，其中轻度污染、中度污染和重度污染的湖泊（水库）比例分别为26.2%、1.6%和11.5%。主要污染指标为总磷、化学需氧量和高锰酸盐指数。从两年的对比数据分析，2013年比2012年富营养污染状态的湖泊（水库）数量仍在增加，比上一年增加了14.3个百分点，污染状况在加重。

二是地下水水质现状更令人担忧。据《中国环境质量状况公报》环境统计数据显示，2011年监测的200个城市4727个地下水点位中，较差、极差水质比例为55.0%。2012年，全国198个城市4929个地下水监测点位中，较差、极差水质的监测点比例为57.3%，比上一年增加了2个百分点。2013年监测的4778个地下水监测点位中，较差、极差水质的监测点比例为59.6%，比上一年又增加了2个百分点。地下水水质主要超标指标为总硬度、铁、锰、溶解性总固体、亚硝酸盐、硝酸盐、氨氮、硫酸盐、氟化物、氯化物等。从近3年地下水监测数据表明,地下水水质持续恶化,且每年以2个百分点的速度在递增。

三是全国近岸海域水质总体一般。2012年,全国近岸海域水质一般,Ⅰ、Ⅱ类海水点位比例为69.4%,Ⅲ、Ⅳ类海水点位比例为12.0%,劣Ⅳ类海水点位比例为18.6%。2013年,全国近岸海域水质与上年相同总体一般,Ⅰ、Ⅱ类海水点位比例为66.4%,Ⅲ、Ⅳ类海水点位比例为15.0%,劣Ⅳ类海水点位比例为18.6%。主要污染物为无机氮和活性磷酸盐。

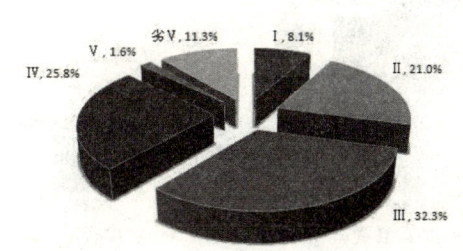

图5 2012年全国62个湖泊(水库)水质类别比例

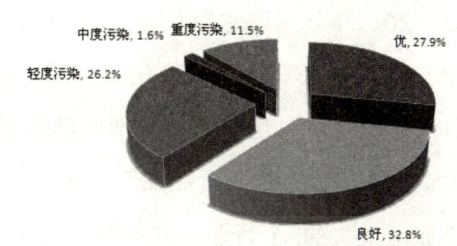

图6 2013年全国62个湖泊(水库)水质类别比例

四大海区中,黄海和南海近岸海域水质良好,渤海近岸海域水质一般,东海近岸海域水质极差。9个重要海湾中,辽东湾、渤海湾和胶州湾水质较差,长江口、杭州湾、闽江口和珠江口水质极差。

水是生命之源,是生命存在与经济发展的必要条件。我国是一个水资源短缺、水灾害频繁的国家,水资源总量居世界第6位,大小河川总长为42万公里,湖泊面积为7.56万平方公里,占国土总面积的0.8%,人均占有量只有2300立方米,约为世界人均水量的1/4,在世界排第121位,已被联合国列为13个贫水国家之一。我国640个城市中有300多个缺水,有2.32亿人年均用水量严重不足。

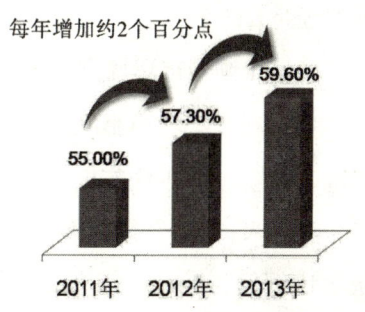

图7 地下水较差、极差水质比例

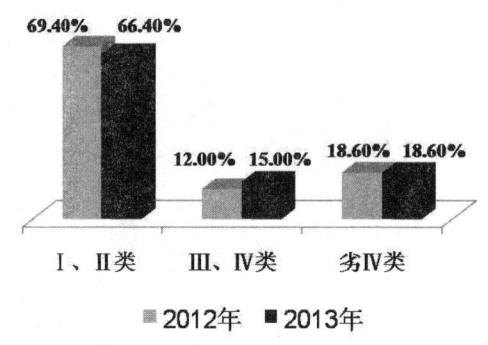

图8 全国近岸海域海水不同水质点位占比

多年来，我国水资源质量不断下降，水环境持续恶化，由污染所导致的缺水和事故不断发生，不仅使工厂停产、农业减产甚至绝收，而且造成了不良的社会影响和较大的经济损失，严重地威胁着经济社会的可持续发展，威胁了人类的生存。2011年我国废水排放量为874亿吨，2012年为925亿吨，较上一年增加5.8%。从行业来看，农业是化学需氧量排放的主要来源，2012年农业源化学需氧量排放量占总化学需氧量排放量的48%，生活源占38%，工业源占14%。在工业行业中，造纸、食品加工、化工、纺织以及饮料制造业是工业化学需氧量排放量最大的5个行业，其化学需氧量排放量之和占工业化学需氧量总排放量的65.4%。因而，抓住水污染治理的重点，加快治理进程刻不容缓。

从水污染治理投入来分析，虽然近几年国家加大了对"三河"（淮河、海河、辽河）、"三湖"（太湖、巢湖、滇池）及松花江流域的水污染防治近千亿元的投入，但与全国江河、湖泊、水库和地下水的水污染治理需求相比，差距依然很大。2012年，我国废水实际治理成本占GDP比重的0.28%，与12年前的美国相比，投入差距就更加明显。美国在2000年废水治理成本占GDP比重就已经是1.13%。

二、全国城市环境空气污染突出

依据新的《环境空气质量标准》（GB 3095-2012），将根据SO_2、NO_2、PM_{10}、$PM_{2.5}$、CO和O_3六项污染物指数，对城市空气质量进行评价。

2013年，74个新标准监测实施的第一阶段中，城市环境空气质量达标城市比例仅为4.1%，其他256个城市执行空气质量旧标准，达标城市比例为69.5%。473个监测降水的城市中，出现酸雨的城市比例为44.4%，酸雨频率在25%以上的城市比例为27.5%，酸雨频率在75%以上的城市比例为9.1%。酸雨分布区域主要集中在长江沿线及中下游以南，酸雨区面积约占国土面积的10.6%。从达标的天数分析，74个城市的平均达标天数仅为221天，达标率占60.5%。从污染物的浓度分析，74个城市中，$PM_{2.5}$的浓度年均值是72微克每立方米，

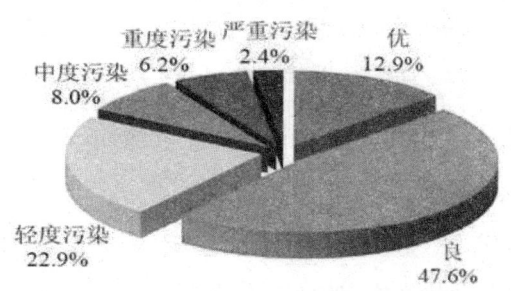

图9 2013年新标准第一阶段监测实施城市不同空气质量级别天数比例

超过了二级标准1.1倍（我国的二级标准年均值是35微克每立方米），仅有拉萨、海口、舟山3个城市完全达标。而在空气质量相对较差的前10个城市中，有7个在河北省，河北是将北京环抱在内的工业大省，冬季空气污染指数频频"爆表"。另有4个省会城市在较差的10个城市之中。从污染的区域分析，京津冀、长三角、珠三角是空气污染相对较重的区域。京津冀13个地级以上城市中，空气质量平均达标天数比例为37.5%，比74个城市的平均达标天数低了23个百分点；长三角参加监测的20多个城市中，空气质量平均达标天数比例为64.2%，高于74个城市平均比例3.7个百分点；珠三角9个地级城市平均达标天数比例达到76.3%。从以上数据分析，京津冀地区要比长三角和珠三角地区空气污染更为严重。从污染的特征分析，复合型的污染特征突出，传统煤烟型的污染、机动车尾气污染与二次污染相互叠加，部分城市不仅$PM_{2.5}$和PM_{10}超标，二氧化硫、氮氧化物和一氧化碳也存在不同程度的超标。从污染的季节分析，空气污染呈现明显的季节特征。第一季度和第四季度是空气重污染高发季节，74个城市的第一季度和第四季度的$PM_{2.5}$季浓度分别为96微克每立方米和93微克每立方米，是第二、三季度的2倍，尤其在冬季的发生率最高。

2014年2月20日至26日，我国京津冀及周边地区发生了大面积的空气污染，危害严重。从污染的范围分析，一共波及15个省，面积达181万平方公里，其中空气污染较重的面积超过了98万平方公里。从污染的程度分析，属于空气重度污染，主要污染物是$PM_{2.5}$和PM_{10}。邢台、石家庄和北京的$PM_{2.5}$的小时

浓度值超过了500微克每立方米，北京25日$PM_{2.5}$的最高日均值达到356微克每立方米，石家庄26日中午1点的$PM_{2.5}$浓度高达612微克每立方米。20日至26日，石家庄和邢台有6天重污染、1天的重度污染，北京有5天严重污染。从污染的时间分析，污染持续时间较长，这次重污染过程持续时间多达7天，河北和石家庄连续7天均为重度以上的污染级别。从污染物的积累速度分析，这次区域性的空气污染发生突然，速度较快。19日至20日，北京的$PM_{2.5}$的日均值由90微克每立方米迅速增长至267微克每立方米。京津冀及周边地区的39个城市中，重污染城市由4个迅速增加到16个。

总的来看，全国大气污染物减排形势严峻，空气质量严重影响人体健康。我国大气污染物核算结果显示，2012年，我国二氧化硫排放量为2117.4万吨，是美国2012年排放量的4.0倍；氮氧化物排放量为2337.4万吨，是美国的1.7倍。我国与美国的国土面积相差不大，大气污染物的排放量却比美国大很多，部分地区的$PM_{2.5}$浓度甚至是其10倍以上。在高强度的大气污染物排放下，雾霾已经成为重大的社会公害之一。

当前，我国空气质量改善工作任重道远，和人体健康关系较大的指标PM_{10}年平均浓度与世界卫生组织推荐的健康指标差距明显。2012年，全国仅3.9%左右的城市达到年均PM_{10}一级标准，尤其是在2013年1月的灰霾污染事件中，我国35%的监测城市空气质量为严重污染或重度污染。华北地区是雾霾污染重灾区，61%的城市空气质量为严重污染或重度污染。治理大气污染，需要巨大的投入，虽然近两年投入有所增加，但与治理需求相比，依然差距很大。2012年，我国废气实际治理成本投入占GDP比重的0.54%，与12年前的美国相比，投入差距依然很明显。美国2000年废气治理成本占GDP比重就已经是0.77%。

三、土壤环境质量不容乐观

全国土壤污染总体状况不容乐观，耕地土壤环境质量堪忧，区域性退化问题较为严重，局部地区的土壤存在恶化趋势。据《全国土壤污染状况调查公报》表明，全国年内净减少耕地面积为8.02万公顷；全国现有土壤侵蚀总面积为2.95亿公顷，占国土面积的30.7%。

全国土壤总超标率为16.1%，其中重度污染点位比例为1.1%。土壤污染以无机型为主。南方土壤污染重于北方，长三角、珠三角、东北老工业基地等部分区域土壤污染问题较为突出，西南、中南地区土壤重金属超标范围较大。镉、汞、砷、铅4种无机污染物含量分布呈现从西北到东南、从东北到西南方向逐渐增加的态势。

全国耕地土壤点位超标率为19.4%，其中轻微、轻度、中度和重度污染点位比例分别为13.7%、2.8%、1.8%和1.1%。主要污染物为镉、汞、砷、铜、铅、铬、锌、镍、六六六、滴滴涕和多环芳烃，其中镉、汞、砷、铜、铅、铬、锌、镍8种无机污染物点位超标率分别为7.0%、1.6%、2.7%、2.1%、1.5%、1.1%、0.9%、4.8%，尤其是镉重度污染点位比例为0.5%，六六六、滴滴涕、多环芳烃3类有机污染物点位超标率分别为0.5%、1.9%、1.4%。

全国林地点位超标率为10.0%，草地点位超标率为10.4%，未利用地点位超标率为11.4%。

污染物	镉	汞	砷	铜	铅	铬	锌	镍	六六六	滴滴涕	多环芳烃
点位超标率	7.00%	1.60%	2.70%	2.10%	1.50%	1.10%	0.90%	4.80%	0.50%	1.90%	1.40%

图10　全国耕地土壤点位主要污染物超标情况

在被调查的690家重污染企业用地及周边土壤点位中，超标点位占36.3%，主要涉及黑色金属、有色金属、皮革制品、造纸、石油煤炭、化工医药、化纤橡塑、矿物制品、金属制品、电力等行业。在被调查的工业废弃地中超标点位占34.9%，工业园区中超标点位占29.4%。在被调查的

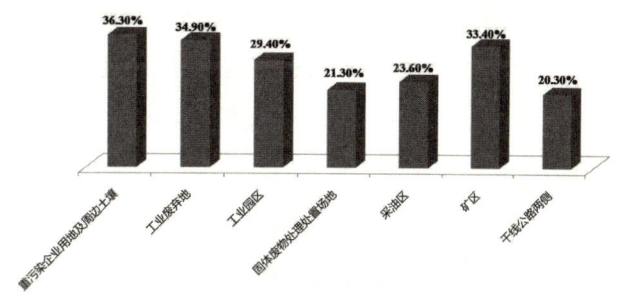

图11　全国各类土地的点位超标率

188处固体废物处理处置场地中，超标点位占21.3%，以无机污染为主，垃圾焚烧和填埋场有机污染严重。在被调查的采油区中超标点位占23.6%，矿区中超标点位占33.4%，55个污水灌溉区中有39个存在土壤污染，267条干线公路两侧的1578个土壤点位中超标点位占20.3%。

上述数据表明，土壤污染与水污染、空气污染已成为我国经济社会发展中三大严重的社会公害。土壤污染不仅危害植物的多样性，也危及食品安全和人体健康，威胁人类的生存和繁衍。因而，没有优质的土壤，就不可能有洁净的水、空气和安全的食物，人类也就失去了生存的条件。总之，我国环境问题已经进入集中爆发的时期，已经严重地危害着人们的身体健康和经济社会可持续发展，因而，加快解决环境问题已经是我国经济社会发展中的一件急迫大事，是"向污染宣战"的客观要求。

第三节　环境污染事件和环境纠纷频发形成倒逼

近年来，随着经济增长的不断加速，我国进入了环境高风险时期，各种环境污染事件层出不穷，尤其是最近10年，环境污染事件的爆发规模、损害后果、污染类型等都日趋扩大，对人的生存已构成严重威胁。笔者搜集整理了2003年至2013年发生的重大环境污染事件，希望能以这些沉重的记录，打捞那些并不遥远的惨痛记忆，催生人们共同保护家园的意识和行动。

一、反思近10年发生的环境污染事件

2003年至2013年，这10年全国共发生比较严重的环境污染事件43起，涉及24个省市，其中2009年至2013年这5年间就发生了26起，呈现出较为集中的爆发态势。43起事件中属于水污染的有28起，其他均为重金属污染和大气污染。频发的环境污染造成了严重的社会公害，不仅使当地老百姓的生产生活难以为继，也给身体健康带来了严重威胁，甚至有些受害者已造成终身残疾，环境纠纷、环境损害激发了更多的社会矛盾，成为新的社会不稳定因素。下面，我们选择10起环境污染典型案例作简要的分析，之所以有典型性，就是因为每一

起案例发生之后，都会从事件中引发人们更多的思考。比如，有的案例中的环境损害让人备感震惊，有的案例警示我们对发展理念和发展方式需重新考量，有的案例推动了环境司法的实践，有的案例推动了环境监管制度的创新，有的案例促进了公众环境意识、维权意识的提高。

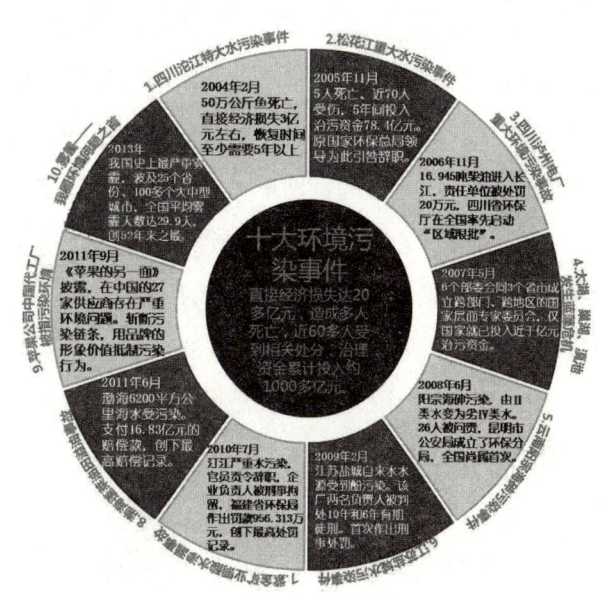

图12　十大环境污染事件

1. 四川沱江特大水污染事件。2004年2月底至3月初，四川化工股份有限公司第二化肥厂将大量高浓度氨氮废水排入沱江支流毗河，导致沱江江水变黄发臭，氨氮超标竟达50倍之多。污染发生后，50万公斤网箱鱼死亡，直接经济损失达3亿元左右。沿江的简阳、资中、内江三地饮用水被迫停用4周，影响百万群众的生产生活，当地纯净水被抢购一空。当地政府从宜宾、成都紧急调集消防车送水，依然无法满足居民日常生活用水。为缓解灾情，当地政府还从都江堰、三岔湖紧急调水稀释2000吨氨氮，但为时已晚。事后，据专家测算，要恢复沱江被破坏的生态环境，除了需要耗费大量的财力、人力之外，仅治理恢复时间至少需要5年以上，一次污染事件将让社会付出如此昂贵的代价，真可谓得不偿失！

2. 松花江重大水污染事件。2005年11月13日，中石油吉林石化公司双苯厂苯胺车间发生爆炸事故，造成5人死亡、1人失踪、近70人受伤。爆炸发生后，约100吨苯、苯胺和硝基苯等有机污染物流入松花江，导致江水严重污染，沿岸数百万居民的生活受到影响，吉林省松原市、黑龙江省哈尔滨市停水多日。被污染后的江水顺流而下，甚至威胁到俄罗斯哈巴罗夫斯克边疆区的用水，造成严重的国际负面影响。此次事件还暴露出信息不公开、危机处理能力不足等弊端，如哈尔滨曾出现谣言四起、抢购饮用水等恐慌局面。事后，国务院调查组认定这是一起特别重大的水污染责任事件，对12名事故责任人作出党纪、政纪处理，原国家环保总局领导为此引咎辞职。5年间，国家为松花江流域水污染防治累计投入治污资金78.4亿元。

3. 四川泸州电厂重大环境污染事故。2006年11月15日，四川泸州川南电厂工程施工单位在污水处理设施尚未建成的情况下，开始燃油系统安装调试，造成柴油泄漏，混入冷却水管道并排入长江。当天，该企业报告进入长江的柴油为0.38吨，经环保部门督察，次日再报进入长江的柴油实为16.945吨。这起事故导致泸州市城区停水，被污染的江水进入重庆境内形成跨界污染。事后，国家环保总局认定这是一起重大环境污染事件，四川泸州川南发电有限公司被处20万元人民币的经济处罚，公司相关责任人分别被处以扣减奖金、撤销职务等处罚。2007年5月15日前，四川环保局暂停审批泸州市除污染治理项目外所有新建项目。这是继环保部2007年1月对4个行政区域的3大电力行业采取"区域限批"和"行业限批"措施之后，省级环保部门首次启动应用了"区域限批"政策，具有一定的示范性。

4. 太湖、巢湖、滇池发生蓝藻危机。从2007年5月29日开始，江苏省无锡市城区大批市民家中的自来水水质突然发生变化，并伴有难闻的气味，无法正常饮用。原因是作为当地饮用水源的太湖出现了大面积蓝藻，这个年年侵扰太湖的"常客"，这一年来得更早、更凶。小小蓝藻一夜间打乱了数百万无锡市民的正常生活，超市内的纯净水被抢购一空，街头零售的桶装纯净水也价格猛涨，社会出现混乱局面。进入6月份，巢湖、滇池也出现蓝藻。安徽巢湖西半湖出现了5平方公里左右的大面积蓝藻。随着持续高温，巢湖东半湖也出现蓝藻，威胁到当地的饮水安全。云南昆明滇池也因连日天气闷热，蓝藻大量繁殖。在滇池海埂一线的岸边，湖水如绿油漆一般，并伴有阵阵腥臭。这是我国湖泊长期以来承接大量的污水，造成水体严重污染的典型缩影。为加快"三湖"污染治理，国务院决定建立高层次的组织协调机制，加强协作配合。由国家发改委牵头，环保、建设、水利、农业、财政等部门参加，会同江苏、浙江、上海等地方相关部门编制《太湖流域水污染综合治理方案》，并成立跨部门、跨地方的专家委员会提供技术支持。10多年来，仅国家就已投入近千亿元治污资金。"先污染后治理"的教训使人心痛之余，更值得我们反思过去！

5. 云南阳宗海砷污染事件。2008年6月以来，云南九大高原湖泊之一的阳宗海被测出水体中的砷浓度严重超出饮用水安全标准，直接危及2万人的饮水安全。从7月8日起，沿湖周边民众及企业全面停止从中取水，致使生活饮用水长期中断。9月12日，云南省政府决定对阳宗海实施"三禁"，即禁止饮用、禁止游泳、禁止捕捞水生产品，并决定采取措施查处污染企业，启动综合治污措施，争取用3年左右的时间使阳宗海水质恢复正常。因这起污染事件，云南省对26名政府工作人员实施了行政问责，其中12人予以免职处分。为强化环境执法，昆明市公安局成立了环境保护分局，这一机构设置在全国尚属首次，引起了社会上强烈的反响和有关部门的高度关注。

6. 江苏盐城水污染事件。2009年2月20日，因自来水水源受到酚类化合物污染，江苏省盐城市大面积断水近67小时，20万市民饮用水被迫中断，该市市区2/5的居民生活受到严重影响。调查结果表明，这起污染事件的制造者竟是被评为当地标兵企业的盐城市标新化工厂。该厂为减少治污成本，居然趁大雨天偷排了30吨化工废水，最终污染了水源地。事后，该厂两名负责人因"投放危险物质罪"分别被判处10年和6年有期徒刑。这是我国首次对严重的环境污染违法行为作出刑事处罚，为环境司法实践开了先河。

7. 紫金矿业铜酸水渗漏事故。2010年7月3日，福建省紫金矿业集团有限公司紫金山铜矿湿法厂发生铜酸水渗漏，9100立方米的污水顺着排洪涵洞流入汀江，导致汀江部分河段严重污染，当地渔民养殖的数百万公斤网箱鱼死亡，直接经济损失达3187.71万元人民币。但紫金矿业却将这起污染事故隐瞒9天后才进行公告，并因应急处置不力，导致7月16日再次发生污水渗透。9月21日，位于茂名市的信宜紫金矿业有限公司银岩锡矿高旗岭尾矿库还发生溃坝事件，造成重大人员伤亡和财产损失。事发后,当地多名官员被停职检查或责令辞职,相关企业负责人被刑事拘留。2010年10月8日,福建省环保局对紫金矿业作出罚款956.313万元人民币的行政处罚决定,创下了全国环保系统对污染企业的最高罚款纪录。

8. 渤海蓬莱油田溢油事故。2011年6月4日,中海油与康菲石油合作的蓬莱19-3油田发生漏油事故。截至12月29日,这起事故已造成渤海6200平方公里海水受污染,大约相当于渤海面积的7%,其中大部分海域水质由原来的Ⅰ类沦为Ⅳ类,所波及地区的生态环境遭到严重破坏,河北、辽宁两地大批渔民和养殖户损失惨重。事故发生后,中海油和康菲公司因信息披露不全、推诿卸责、处置不力等而饱受舆论批评,索赔工作进展艰难,直到次年才有所突破。其中,国家海洋局于2012年4月27日宣布,康菲公司和中海油将支付总计16.83亿元的赔偿款。截至目前,此事件的赔偿数额创下了我国生态索赔的最高纪录。

9. 苹果公司中国代工厂被指污染环境。2011年9月,公众环境研究中心、"自然之友"等36家环保组织发布题为《苹果的另一面》的调查报告,披露苹果公司在中国大陆的27家疑似供应商存在严重的环境问题。随后,环保组织与苹果公司展开了一系列关于净化产业链的谈判。同年10月,苹果中国江苏代工厂因污染环境被勒令停产整顿。这一事件不仅引发了人们对国际大品牌环保责任的讨论,也反映了我们在创新环境管理的理念和手段等方面尚有很多空白,需要建立新机制、新制度。从大公司品牌形象和社会责任入手,从源头上斩断原材料生产的污染链条,用品牌的形象价值抵制环境污染的行为,这不愧为一种强化环境管理的新理念、新方法,很值得回味和总结。

10. 雾霾——我国环境问题之首。2013年,我国遭遇史上最严重的雾霾天气,雾霾波及25个省份、100多个大中型城市,全国平均雾霾天数达29.9天,创52年来之最。有报告显示,我国最大的500个城市中,只有不到1%的城市达到世界卫生组织推荐的空气质量标准,与此同时,世界上污染最严重的10个城市有7个在我国。1月,全国出现4次较大范围的雾霾天气,多个城市$PM_{2.5}$指数"爆表",白天能见度不足几十米,中小学停课,航班停飞,高速公路封闭,公交线路暂停营运。中东部大部分地区出现持续时间最长、影响范围最广、强度最强的雾霾天气。环保部1月的调查数据显示，江苏、北京、浙江、安徽、山东月平均雾霾日数分别为23.9天、14.5天、13.8天、10.4天、7.8天，均为1961年以来同期最多。中东部地区大部分站点$PM_{2.5}$浓度超标日数达到25天以上，有些地区的$PM_{2.5}$达到5年来最高值。尤其进入冬天供暖季节，燃煤量迅速增加，虽然人们已经预计到雾霾可能会出现，但是雾霾真正到来时的严重程度仍超出人们的想象。供暖第一天，长春、沈阳、哈尔滨出现重度雾霾，局部地区能见度不足10米。哈尔滨$PM_{2.5}$高达1000微克每立方米，空气质量达到"严重污染"级别，整个城市沦为"雾城"。东北三省交通受到严重影响，一些城市交通瘫痪，各大医院呼吸系统疾病患者激增两成以上，数千所学校停课。

北京市的雾霾再次成为社会公众热议的焦点。北京市《社会建设蓝皮书（2013）》（以下简称《蓝皮书》）指出，2012、2013年成为北京市60多年来雾霾最多、最频繁的年份。2013年1月，雾霾天气一直笼罩着北京，雾霾天数达到29天。而雾霾预警信号的数量也居其他气候预警信号之首，达到30次，相当于北京市民每隔一天就要经历一次雾霾天气。《蓝皮书》分析，大气污染的深层次原因是，快速工业化和城镇化过程积累的高耗能、高排放行业产能过剩和布局不合理；能源消费量过大以及以煤为主的能源结构持续强化；城市机动车保有量快速增长、油品质量不高；建筑工地遍地开花、污染控制力度不够等。主要大气污染物排放总量超过环境容量。大面积雾霾集中出现是大自然发出的警告，昭示我们发展需要转型，增长需要升级，环境需要修复，生态需要休养，决策需要理性，社会需要文明。

近年来，频频发生的环境污染公共事件，不仅让人们感受到喝上干净的水、看到蓝天白云也可能成为我们生活的一种奢望，也让人们看到高污染、高消耗的经济发展带来的环境污染令人触目惊心，更让人们看到地方追求经济增长与社会公众环境维权的博弈和治理环境污染的艰难。

二、环境污染纠纷突起引发了诸多的社会矛盾

日趋严重的环境问题，导致了环境损害频发、环境纠纷突起、环境矛盾

升级，给社会稳定带来了巨大的压力。这些问题、这些矛盾，对如何处理好经济快速发展与环境保护和资源综合利用的关系提出了新的挑战，对如何推进生态文明建设提出了新的挑战，对如何建立政府决策与公众良性互动机制、提高执政能力提出了新的挑战。下面，我们通过5起PX事件及3起群体性环境维权事件，来回顾分析近几年因环境污染纠纷频发给社会带来的严重负面影响。

（一）对5起PX事件的反思

1. 厦门海沧PX项目事件。厦门海沧PX项目是2004年2月经国家批准立项、投资百亿生产二甲苯的化工项目。由于选址距离居民区过近，造成了居民的恐慌。2007年3月，由全国政协委员、中国科学院院士、厦门大学教授赵玉芬发起，有105名全国政协委员联合签名建议项目迁址，6月1日市民集体抵制PX项目。之后厦门市政府宣布项目暂停，通过二次环评、公众投票，最后决定项目迁址漳州古雷。地方政府与公民，从博弈到妥协，再到充分互动合作，成为政府顺应民意、公众参与环境保护的经典范例。

2. 大连PX项目事件。大连PX项目于2005年12月通过国家发改委核准并被列为"大连市政府六大重点工程"之一，投资95亿元人民币，年产70万吨芳烃，年产值约260亿元。2007年10月项目开始建设，2009年6月正式运营，2010年4月才经辽宁省环保厅核准进行试生产。2011年8月，受台风海水冲击，

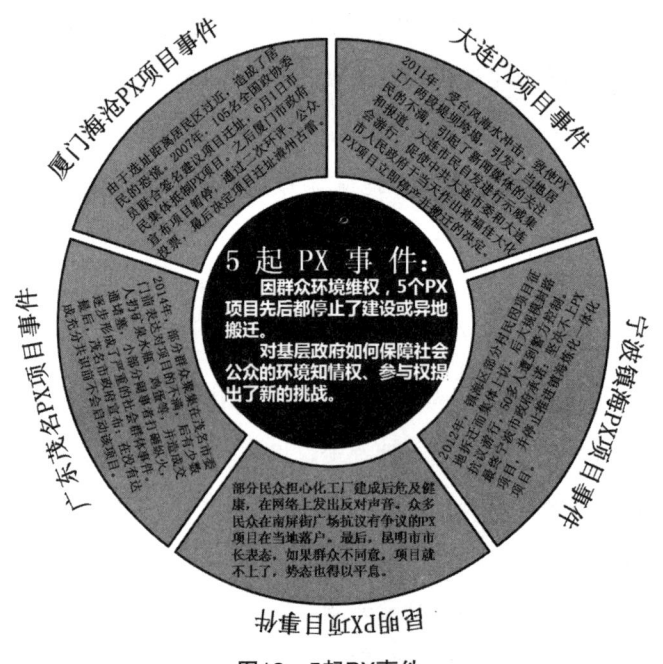

图13　5起PX事件

PX工厂两段堤坝垮塌，引发了当地居民的不满，引起了许多新闻媒体的关注和报道。2011年8月14日，大连市民自发组织在市政府前进行示威集会，随后展开游行。该事件促使中共大连市委和大连市人民政府于当天作出将福佳大化PX项目立即停产并搬迁的决定。

3. 宁波镇海PX项目事件。镇海炼化一体化项目由中国石化和浙江省人民政府于2009年确立，总投资558.73亿元人民币，年产1500万吨炼油、120万吨乙烯，其中包含PX装置。有评论认为，如果该项目投产将给宁波带来近千亿的年产值。2012年10月，镇海区部分村民因镇海炼化一体化项目征地拆迁而集体上访，后因该项目中包含PX生产装置，在10月25日、26日引起镇海区大规模封路抗议游行，27日和28日，抗议游行活动蔓延至宁波市中心的天一广场和宁波市政府。最终宁波市政府承诺：坚决不上PX项目，并停止推进镇海炼化一体化项目。

4. 昆明PX项目事件。该项目是中石油云南石化规划年炼油1000万吨的项目，《项目可行性研究报告》在2013年1月获得国家的核准。计划年产100万吨对苯二甲酸（PTA）和65万吨对二甲苯（PX），投资额约200亿元，年产值约1000亿元。该项目选址距昆明市市中心45公里，部分昆明民众由于担心化工厂建成后危及民众健康，在网络上发出反对声音。5月4日下午，众多民众戴着写有黑色"PX"或红色"X"的口罩，举着"PX……滚出昆明"、"春城拒绝污染项目"等横幅走上昆明市街头，在南屏街广场抗议有争议的PX项目在当地落户。最后昆明市市长表态，如果群众不同意，项目就不上了，势态也得以平息。

5. 广东茂名PX项目事件。2012年10月，茂名芳烃（PX）项目正式获得国家发改委批准，新建年产60万吨芳烃，总投资350515万元。2014年3月30日，有部分群众聚集茂名市委门前表达对拟建芳烃（PX）项目的不满；后有少数人扔矿泉水瓶、鸡蛋等，并拦截车辆造成交通堵塞；随后小部分闹事者开始乘摩托车继续在市区多个地方打砸沿街商铺、广告牌，纵火烧毁多辆执勤警车及无线电通信车、拖车等，逐步形成了严重的社会群体事件。2014年4月3日下午

3点，茂名市政府召开茂名市PX项目新闻发布会，会上宣布：市委、市政府将尊重民意、民情，在没有达成充分共识前我们决不会启动该项目。

反思5起PX事件，留给我们的启示是什么呢？笔者认为，善于倾听群众的呼声、尊重民意是我们各级政府改进决策程序、切实转变工作作风的迫切需要。尤其是在基层政府引进工业项目建设的事前决策时，就工业项目建设是否会对周边群众的生产、生活产生不良的环境影响或环境危害，要通过必要的形式与社会公众加强沟通交流，要通过环境信息公开，积极引导社会公众参与政府的决策，争取社会公众的理解和支持。在没有取得社会公众的理解和支持时，政府不能不顾民意一意孤行，否则就会形成社会公众对政府决策的抵触，最终酿成影响社会稳定的群体性事件，不仅伤害了干群关系，也降低了政府的公信力。事件背后，折射出基层政府的执政理念与执政能力要适应时代发展的要求，需要改进与提升。

（二）对3起环境纠纷事件的反思

1. 内蒙古511、515事件。2011年5月11日、15日，在内蒙古锡盟西乌旗和阿巴嘎旗连续发生了2起因矿山企业运输车辆碾压破坏草场及带来扬尘污染、噪声污染等而与当地牧民引发了环境纠纷，进而演变成严重的刑事案件，分别造成当地牧民2人死亡、数人受伤的悲剧，矿企员工6人被刑事拘留。之后，这件事情又引发了一些社会不稳定因素，

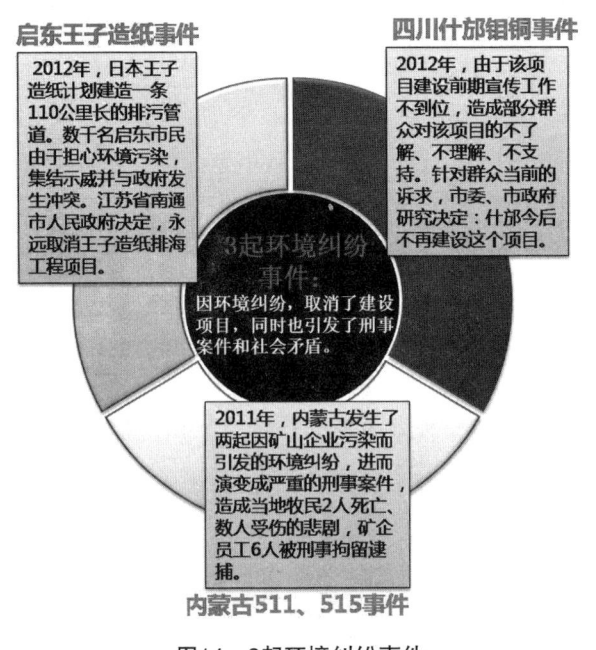

图14　3起环境纠纷事件

反响强烈。自治区党委、政府果断控制事态，及时引导当地群众正确对待环境纠纷等问题，有效地化解了不稳定因素。为引以为鉴，切实加强资源开发中的生态环境保护，2011年7月13日，自治区人民政府印发了《关于进一步规范矿业开发秩序、依法保护环境保障民生的指导意见》，作出保护生态环境的6条规定。

2. 启东王子造纸事件。日本王子造纸在南通设立了造纸厂，计划建造一条110公里长的排污管道，将南通、海门、启东沿线所有污水处理后，统一排放，称为"南通排海工程"。2012年7月28日，数千名启东市民由于担心该工程项目造成环境污染，于清晨在市政府门前广场集结示威，散发《告全市人民书》，抗议当地政府拟将造纸厂排污口选择在启东附近海域。针对群众当前的诉求，当天上午，江苏省南通市人民政府决定，永远取消王子造纸排海工程项目。

3. 四川什邡钼铜事件。宏达钼铜项目是"5·12"大地震后，四川省委、政府确定的灾区产业发展振兴的重大支撑性项目，于2012年3月26日通过了国家环保部的环评审批。然而就在项目平整场地前后，十几名市民到什邡市委集结，2012年7月1日晚，有几百名学生、市民因担心该项目引发环境污染问题，分别聚集在什邡市委门口和宏达广场，要求停建项目，聚集的群众还在横幅标语上签名。由于该项目建设前期宣传工作不到位，造成了部分群众对该项目的不了解、不理解、不支持。针对群众当前的诉求，2012年7月3日下午，经什邡市委、政府研究决定，停止该项目建设，什邡市今后不再建设这个项目。

回顾总结近几年发生的环境纠纷事件，留给人们很多的思考。为什么属地群众抵制新上马的建设项目？为什么当地老百姓宁愿付出生命代价也要来捍卫自己的环境权益？为什么每一起事件都伤害了干群关系？引发这些事件的根源在哪里？老百姓究竟需要什么？这些问题很值得地方当政者反思！

我们需要总结教训，找出根源。

当前，环境污染已成为继征地拆迁、劳资纠纷之后造成群体性事件的"第三驾马车"。这些环境纠纷频繁发生，表明了地方政府在重大经济建设项目决策中公众参与度不够。老百姓表达环境诉求的渠道不畅，甚至有些环境诉求根本没有引起当地领导的高度重视，造成了老百姓集体上访、集体围堵，以"闹事"的方式来扩大社会影响，引起当地领导的重视，于是就形成了小事变大事，事闹得越大影响就越大，影响越大就越好解决的局势。透过现象看本质，给我们一个重要的启示：环境污染已经让老百姓深受其害，其心理恐慌是正常的，承受能力也是有限的，在"环境敏感期"，凡涉及公众担心有环境污染的建设项目，地方政府和企业要倾听群众的呼声，要积极回应诉求，应通过召开听证会、论证会向群众说明控制环境污染的科学技术和预防措施，要公开环境评估报告信息，合理引导群众正确认识、正确对待，变被动为主动，变消极为积极，变抵制为支持，形成政府与社会公众的良性互动，从而提高决策的民主参与度、运行透明度。目前，这种"一闹就停"的决策执行方式，不仅损害了政府公信力，也不利于经济社会的和谐稳定发展。随着人民群众环境意识的日益提高，社会公众的环境维权行为会越来越多，地方领导如何在决策中注重民意，如何避免"一闹就停"，这既是对地方党委、政府公信力和发展观的挑战，也是对地方领导执政能力的考验。

（三）相继发生的"血铅事件"引发了严重的社会问题

据不完全统计，近年来已发生影响较大的"血铅事件"24起，涉及15个省市，直接造成身体严重损害的有6000多人，尤其是伤及无辜的儿童，更令人痛心和担忧。2008年，江苏省邳州市运河镇新三河村发生了一起铅中毒事件，全村100个14岁以下的儿童，铅中毒人数达到41人，其中最小的不到1岁。2009年8月，陕西凤翔县一家铅锌冶炼公司排放废水、废气，导致至少615名儿童血铅超标，166人属于中度、重度铅中毒；湖南武冈文坪镇一家精炼锰加工厂为血铅超标污染源，有1354人血铅超标，600名儿童住院医治；12月，广东清远市工业区内44名3个月至16岁的儿童被检查出血铅超标；福建上杭县被查出121名儿童血铅超标。2010年1月3日，被称为"麋鹿之乡"的盐城大丰市发生一起"血铅事件"，有51名儿童被查出血铅超标；2月，四川隆昌县"血铅事件"中，有94人血铅超标，其中儿童88人；湖南嘉禾"血铅事件"中，14周岁以下的儿童中有250人超标。2011年9月，上海康桥地区对当地1306名儿童进行血铅检测，发现49名儿童血铅超标，其中以1到3岁儿童为主；10月，甘肃徽县"血镉超标事件"中有266人血镉超标。2012年1月，安徽怀宁县高河镇新山社区检测出228名儿童血铅超标；3月，浙江台州市路桥区峰江街道上陶村检测出172人血铅超标，其中儿童53人；浙江湖州市德清新市的海久电池股份有限公司被曝造成332人血铅超标，其中儿童99人；5月，广东省紫金县的三威电池有限公司被曝造成136人血铅超标，其中儿童59人。

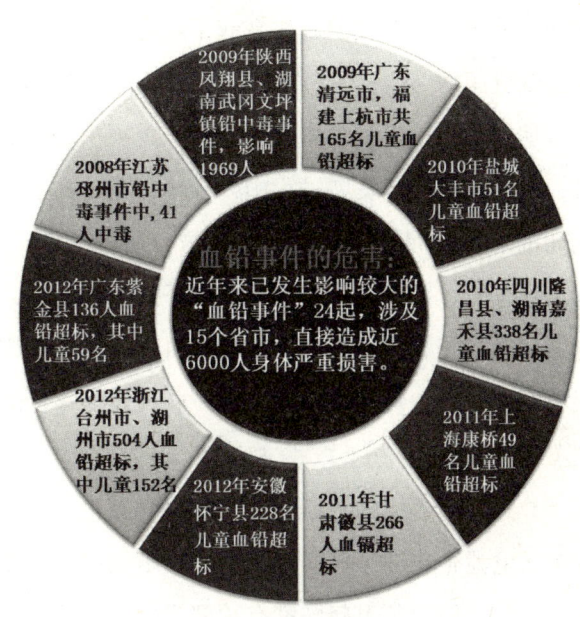

图15 血铅事件

血铅污染不仅摧残了无辜的百姓，也扰乱了社会的正常秩序。2012年1月15日，因广西某企业违法排放工业污水，致使广西龙江河突发了严重的镉污染，对龙江河沿岸众多渔民和柳州300多万市民的饮用水造成严重影响，一度出现市民哄抢矿泉水，引发举国关注的"柳州保卫战"。之后，肇事企业的10名责任人因涉嫌污染环境罪被逮捕。

"血铅事件"，就是血的教训。"血铅"已成为重金属污染的标识，成为社会的一大公害。短短几年，公害肆虐，伤残百姓，究其原因是什么？丰富的矿产资源，转化为有色金属行业的迅猛发展，以此来满足经济社会发展的需求，这毋庸置疑！但采取什么样的发展方式把资源优势转化为经济优势？在追求经济利益的同时，如何兼顾社会利益和环境利益？在追求地方GDP快速增长的同时，如何避免损害当地老百姓的身体健康？连续的"血铅事件"也给一些地区传统的经济发展模式亮起了红灯。一位教授坦言,为什么会出现严重损害公众健康的"血铅事件",这跟我们这些年的经济发展的指导思想有关系。单纯地追求快,强调了增长的速度,忽视了增长的质量,忽视了综合的社会利益,在经济的快速发展过程中,环境污染也在加剧,公众身心健康受到损害。正如前一段时间网上爆料一位地方官员的"雷人"之语:"经济越发达的地区,水越黑。"水是发展的一面镜子。以水为镜,不仅能照出环境污染与否,更能照出政绩观正确与否、发展观科学与否。同样,"血铅事件"的频发,其根源在于扭曲的发展观与政绩观。有人说,这样的发展观、政绩观是不是也遭到了"污染"?

导致血铅超标的污染源,几乎全是蓄电池企业。2011年3月,环保部对388家铅蓄电池企业进行督察时发现,大多数中小企业存在各种环境违法问题,由此重金属污染问题引起国家有关部门的高度重视,加强对铅蓄电池企业重金属污染整治工作迫在眉睫。2011年6月,环保部下发了《关于加强铅蓄电池及再生铅行业污染防治工作的通知》,用最严厉的手段来全面整治铅蓄电池行业、铅再生行业的环境污染,努力遏制铅污染事故多发的态势。应该说,经过这两年的严厉打击,血铅问题得到了有效控制。同时,频发的"血铅事件",倒逼了铅锌冶炼行业的转型升级。有官员形象地说,"血铅事件"给政府上了一堂教训深刻的环保课,"要钱不要命"的时代已经过去了。

频发的血铅问题,不仅使生态环境受到破坏、自然资源无限制的大量损耗、人与自然和谐相处的规则失衡,而且导致了当地老百姓与企业生产的矛盾,当地干群关系的紧张,进而引发了诸多的社会矛盾,形成了新的不稳定因素。这些问题,不仅对经济社会可持续发展形成了制约,也对我们党的执政能力、政府的公信力形成了新的挑战。发展是为了什么?如果人民群众都变成了抱着金砖、银砖的瘫子、拐子,这样的发展模式是我们追求的吗?这样的发展目标是我们期待的吗?

在血的教训面前,我们需要反思,需要总结,需要觉醒!

环境问题就是最大的民生问题,这早已成为大家的共识。悲观和消极是不能解决问题的，保护环境是全社会共同的责任。只要全社会行动起来，万众一心，众志成城，我们就会既有绿水青山，也会有金山银山。这就是我们必须"向污染宣战"的现实需求。

第二章 对"先污染后治理"的反思

发达国家"先污染后治理"的教训和我国经济发展中大量消耗资源使环境付出的代价，都值得我们深刻反思和认真总结。前车之鉴，后人汲取，这是我国"向污染宣战"的背景之二。

据有关资料介绍，"先污染后治理"这个说法是由美国经济学家G.Grossman和A.Kureger提出的，这种说法的理论基础是环境库兹涅茨曲线(Environmental Kuznets Curve)。库兹涅茨曲线是20世纪50年代诺贝尔奖获得者、经济学家库兹涅茨用来分析人均收入水平与分配公平程度之间关系的一种学说。研究表明，收入不均现象随着经济增长先升后降，呈现倒"U"形曲线关系。当一个国家经济发展水平较低的时候，环境污染的程度较轻，但是随着人均收入的增加，环境污染由低趋高，环境恶化程度随着经济的增长而加剧；当经济发展达到一定水平后，也就是说，到达某个临界点或称"拐点"以后，随着人均收入的进一步增加，环境污染又由高趋低，其环境污染的程度逐渐减缓，环境质量逐渐得到改善，这种现象被称为环境库兹涅茨曲线。它是关于经济增长与环境污染之间关系的一个理论，倒"U"形曲线就是对发达国家经过的经济增长与环境污染历程的基本描述。这个理论提出后，实证研究不断，结论呈多样化。有的专家认为，不同污染物的污染与收入间的关系呈现差异形态，不完全是倒"U"形曲线，对此提出了挑战，也展开了批评；有的专家研究表明，这个理论的适用性受到限制；有的专家研究认为，倒"U"形曲线只考虑了流量污染物，无法揭示存量污染物的危害影响，流量污染物减少不能代表所有污染物的减少,因此是不全面的。(在污染物的界定上,可分为存量污染物和流量污染物。两者的区分是由对环境影响时间长短而定的,存量影响时间长,流量影响时间短,流量污染物的控制见效快,存量污染物的削减短期难见成效)无论怎样研究,事实证明发达国家"先污染后治理"的传统经济增长模式虽然完成了资本的原始积累,创造了巨大的财富,但这些财富都是带血的财富,是人类不希望拥有的财富,应该摒弃这种模式!

第一节 发达国家"先污染后治理"的代价与教训

纵观发达国家工业革命以来,快速工业化在创造巨大物质财富的同时,也创造了骇人听闻的环境污染事件。生命与鲜血的逝去,残疾与病痛的折磨,像烟雾一样笼罩着后人,始终让活着的人难以释怀。工业化的不理性发展导致了环境问题突发,人类为此也付出了沉重的代价。世界著名的八大公害事件,都是因环境污染造成的轰动世界的公害事件,短期内人群大量发病和死亡就是"先污染后治理"的代价。

1. 马斯河谷烟雾事件。1930年,在比利时马斯河谷里有炼油厂、金属厂、玻璃厂等许多工厂。12月1日至5日,河谷上空出现了很强的逆温层,致使13个大烟囱排出的烟尘无法扩散,大量有害气体聚集在近地大气层,对人体造成严重伤害。一周内有60多人丧生,其中心脏病、肺病患者死亡率最

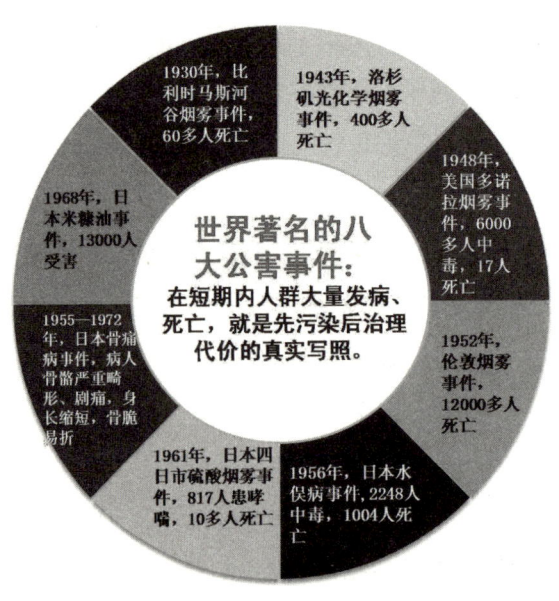

图16 世界著名的八大公害事件

高，许多牲畜死亡。这是20世纪最早记录的环境公害事件。

2. 洛杉矶光化学烟雾事件。1943年夏季，美国西海岸的洛杉矶市有250万辆汽车，每天燃烧掉1100吨汽油。汽油燃烧后产生的碳氢化合物等在太阳紫外光线照射下引起化学反应，形成浅蓝色烟雾，使该市大多数市民患了眼红、头疼病。后来人们称这种污染为光化学烟雾。1955年和1970年洛杉矶又两度发生光化学烟雾事件，前者有400多人因五官中毒、呼吸衰竭而死，后者使全市3/4的人患病。经过近40年的治理，尽管洛杉矶的人口增长了3倍、机动车增长了4倍多，但该地区发布健康警告的天数却从1977年的184天下降到了2004年的4天。

3. 多诺拉烟雾事件。美国宾夕法尼亚州的多诺拉城有许多大型炼铁厂、炼锌厂和硫酸厂。1948年10月26日清晨，大雾弥漫，受反气旋和逆温控制，工厂排出的有害气体扩散不出去，全城14000人中有6000人眼痛、喉咙痛、头痛、胸闷、呕吐、腹泻，17人死亡。

4. 伦敦烟雾事件。自1952年以来，伦敦发生过12次大的烟雾事件，祸首是燃煤排放的粉尘和二氧化硫。烟雾导致所有飞机停飞，汽车白天开灯行驶，行人走路都困难，烟雾事件使呼吸疾病患者猛增。1952年12月那一次，5天内有4000多人死亡，两个月内又有8000多人死去。这是历史上由于空气严重污染造成人员伤亡最严重的事件。

5. 水俣病事件。1953年至1956年，日本熊本县水俣镇一家氮肥公司排放了含有汞的废水，这些废水排入海湾后经过某些生物的转化，形成甲基汞。这些汞在海水、底泥和鱼类中富集，又经过食物链使人中毒。当时，最先发病的是爱吃鱼的猫。中毒后的猫发疯痉挛，纷纷跳海自杀。几年时间，水俣地区连猫的踪影都不见了。1956年，该地出现了与猫的症状相似的病人。因为开始病因不清，所以用当地地名命名此病。1991年，日本环境厅公布的中毒病人仍有2248人，其中死亡1004人。

6. 日本四日市硫酸烟雾事件。1955年以来，日本四日市石油冶炼和工业燃油产生的废气，严重污染城市空气。重金属微粒与二氧化硫形成硫酸烟雾。

1961年大量市民哮喘病发作，1972年该市共确认哮喘病患者达817人，死亡10多人。

7. 骨痛病事件。镉是人体不需要的元素。1955年至1972年，日本富山县的一些铅锌矿在采矿和冶炼中排放废水，废水在河流中沉积了重金属镉。人长期饮用这样的河水，食用含镉河水浇灌生产的稻谷，就会得骨痛病。病人骨骼严重畸形，感觉剧痛，身长缩短，骨脆易折。

8. 日本米糠油事件。1968年，先是几十万只鸡吃了有毒饲料后死亡，人们没深究毒的来源，继而在北九州一带又发现有13000多人受害。这些鸡和人都是吃了含有多氯联苯的米糠油而遭难的。病人眼皮发肿，手掌出汗，全身起红疙瘩，接着肝功能下降，全身肌肉疼痛，咳嗽不止。这次事件曾使整个西日本陷入恐慌中。

环境问题是全球问题。发达国家的工业化打开了人类环境的"潘多拉匣子"，给原本清洁的地球泼了第一桶污水，给原本蔚蓝的天空送上一股股浓雾。一些发达国家在第二次世界大战后飞速发展，但由于没有环境保护措施，工业污染和各种公害病泛滥成灾。经济虽然得到发展，但环境破坏和贻害无穷的公害病使当地政府和企业付出了极其昂贵的代价。日本的"水俣病"引发的环境污染诉讼旷日持久，时至今日依然在延续。"先污染后治理"的发展之路，使得发达国家付出了沉重的代价。前事不忘后事之师，回顾历史，回味教训，引以为鉴，悬崖勒马，亡羊补牢，为时未晚。

第二节 我国工业发展对资源环境承载力的消耗

我国经济的持续、高速增长创造了令世人瞩目、国人骄傲的奇迹，然而伴随经济高速增长，资源能源消耗、环境污染和生态破坏也引起了世人的关注、国人的焦虑。

改革开放以来，我国的经济总量快速增长，工业规模迅速扩大。经过30多年的高速增长，我国成为仅次于美国之后的世界第二大经济体。在为之兴奋、骄傲的同时，我们还要保持清醒的头脑，要深刻认识到在经济总量快速增长的同时，工业经济增长使得能源、资源的消耗过大，长时间高投入、高消耗、高排放的粗放型经济增长模式，对我国的资源、能源和环境承载能力造成了透支。

一、工业经济增长的同时付出昂贵的资源环境代价

2002年以来，我国工业生产要素投入与资源、能源生产和消耗的绝对量一直保持连年高位快速增长。粗钢产量快速增长，占全球比例不断增大。"十一五"期间，我国钢铁工业实现快速增长，有力地推进了我国国民经济的快速、健康发展。2005年，我国粗钢产量为3.53亿吨，占全球粗钢产量的30.8%。2009年，我国粗钢产量达5.68亿吨，占全球粗钢产量的46.6%，超过了排在我国之后的20个国家的粗钢产量之和。2010年，我国粗钢产量达到6.26亿吨，比上年增加5308.7万吨，增长9.26%。"十一五"期间，粗钢产量年均增幅达到12%左右，有色金属行业规模持续增加，产量稳步增长。"十一五"前4年，10种有色金属产量年均增速为12.28%，2010年10种有色金属产量达3152.77万吨，实现同比增长17.3%。煤化工行业快速发展。"十一五"期间，我国合成氨、甲醇、电石和焦炭产量分别占全球产量的32%、28%、93%和58%。在建材工业方面，我国已发展为全球最大的建材生产国和消费国，建材工业增加值年均增速达26.32%。建材工业的发展满足了我国经济建设和各项

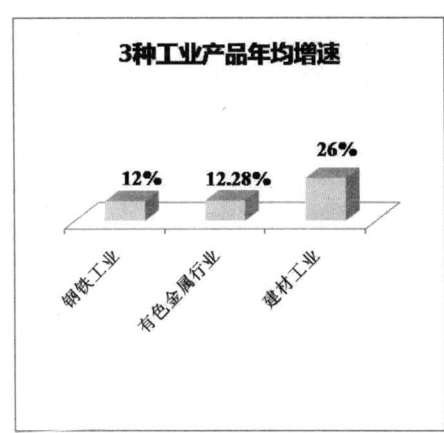
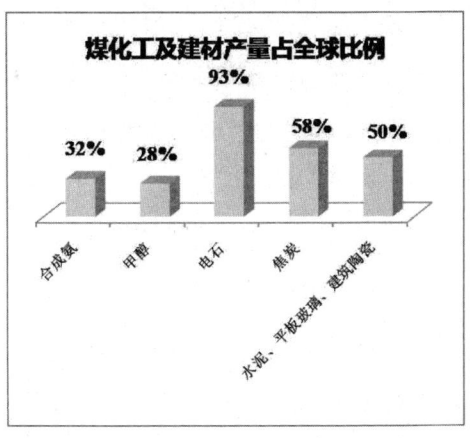

图17 "十一五"期间4种工业产品的增长速度

事业不断发展的需求。我国主要建材产品如水泥、玻璃、建筑卫生陶瓷、玻璃纤维等产品产量继续居于世界首位，全球近一半的水泥、平板玻璃和建筑陶瓷都在我国生产，如水泥的生产量和消费量达到全球生产量和消费量的50%左右。在主要原材料消费方面，2012年钢材需求量为6.46亿吨，其中建筑行业钢材需求量为3.5亿吨，占比为54.2%，比2011年增长5.9%；2012年水泥需求量为21.84亿吨，比2011年增长6%；2012年氧化铝需求量为1561万吨，增长21.7%。

由此看出，这种粗放型的工业经济快速增长方式，是建立在消耗大量资源和能源的基础上的，高消耗、低产出、高排放的发展模式使我们付出了巨大的代价。现实中，地方政府不惜"血本"盲目追求GDP增长，"上大项目、大上项目"导致一些地方降低投资门槛，引进了一批又一批高消耗、高污染的项目，这些辉煌的业绩背后，染黑的是良心。扭曲的发展观，致使"发展是硬道理"被片面理解为"经济增长是硬道理"，从而使被污染的食品、空气和水，吞噬了经济增长的成果。环境污染给经济增长罩上了浓浓的雾霾，也使人们付出了昂贵的代价。

据《2009年中国环境经济核算报告》显示，我国经济发展的环境污染代价持续上升，环境污染治理压力日益增大。自2004年以来基于退化成本的环境污染代价从5118.2亿元提高到9701.1亿元。2008年的环境退化成本为8947.6亿元。与此同时，2009年的环境退化成本和生态破坏损失成本合计达13916.2亿元，较上年增加9.2%，约占当年GDP的3.8%。另外该报告还显示，欠发达地区经济发展的生态环境投入产出效益相对较低。生态环境退化成本占GDP的比例与人均GDP之间呈现负指数关系，显示出经济发展越是落后的地区，经济发展的生态成本越高。据介绍，"十一五"期间我国资源产出率处于320～350美元每吨的水平，且有下降的趋势。目前先进国家已达到2500～3500美元每吨。《2009年中国环境经济核算报告》进一步显示，环境危机正越来越严重地制约着经济发展。在传统工业化模式下，不断增长的GDP，是建立在资源环境和公众健康不断透支的基础之上的。这种高消耗、高污染、高风险的发展方式是不可持续的。据调查，在黄河流域的一些地区，灌溉用的黄河水1吨的价格为

0.53元,2吨黄河水的价格等于1瓶普通500毫升矿泉水的价格。资源环境长期的廉价政策,致使人们肆意地消耗资源,不计代价地污染环境,最终结果一定难以为继。我国需要经济增长,也需要环境保护,因此环境的价值应当被重新审视。正如有人担心长此以往,这样的经济增长方式会造成"国在山河破"的尴尬境地。

二、能源结构与环境保护的矛盾尖锐

能源是工业发展的基本动力,经济快速发展必然增加能源消费。随着我国经济的飞速发展,能源的生产量与消费量也呈上升的态势,而在能源生产和消费结构中煤炭长期占绝对主导地位,形成结构单一、一煤独大的局面。以煤为主的能源消费结构是我国大气污染严重的重要原因。作为一次能源消费的主要来源,煤在燃烧的过程中释放出二氧化硫、氮氧化物、颗粒物等多种大气污染物。据有关统计数据表明,"十一五"以来,我国在能源生产方面,煤炭约占76.5%,原油约占12.6%,水电约占6.7%,天然气约占3.2%,核电约占0.9%。在能源消费方面,煤炭约占69.1%,比世界平均水平高42个百分点;原油占21%;水电占6.2%;天然气约占2.8%;核电约占0.8%。煤炭在能源消费中占最大比例,然后是石油、水电、天然气、核电。全国总的能源消费仍在伴随着经济发展而逐年增长。目前,我国煤炭入洗率为22%,动力煤洗选厂的洗选设备利用率仅为69%,洗煤能力远远落后于实际需要。

长期以来,我国的经济发展形成了以第二产业为主体的经济结构。这种结构特征决定了能源消费主要是工业发展所需。2007年工业能源消费占能源消费总量的71.6%。而其中的高耗能产业则是能源消费的主要产业,比如,钢铁、化工原料、建材水

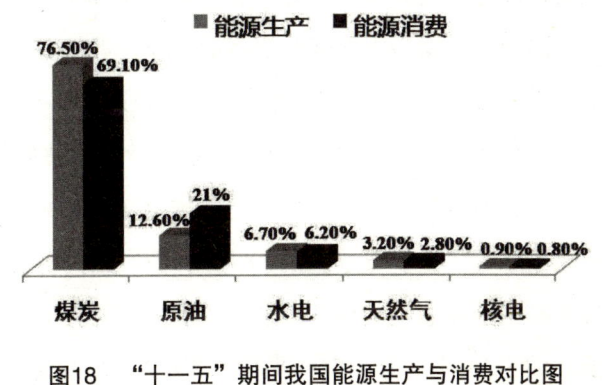

图18 "十一五"期间我国能源生产与消费对比图

泥、电力、采掘、石油加工、有色冶炼等。从《中国环境统计年鉴》的数据来看，2005年，这7个行业增加值仅占全部工业增加值的37%和GDP的15.6%，而能源消费量却占工业能源消费量的64.4%和总能源消费量的45.6%。统计显示，1990年至2007年，水泥、机制纸、平板玻璃、生铁、钢材、粗钢这6种高耗能产品的产量一直处于迅速增加的态势，尤其是水泥行业。与发达国家相比，我国的能源消费强度仍然很高，据《中国环境宏观战略研究》中的有关数据表明，2006年我国每创造1万美元GDP所消耗的能源数量，是世界平均水平的2.82倍，是美国的3.61倍、英国的6.59倍、日本的5.31倍，甚至是印度的1.36倍。

由于我国的工业是以能源消费为主体的产业结构所致，在高增长、高消耗的背景下，必然导致污染物高排放的现实。据《中国环境统计年鉴》表明，2012年我国仅工业废气排放量就达635519亿立方米，比2005年和2001年分别增加了497374亿立方米、474656亿立方米。2012年，我国二氧化硫排放量为2117.63万吨，其中工业排放量为1911.71万吨；氮氧化物排放量为2337.76万吨，其中工业排放量为1658.05万吨；烟（粉）尘排放量为1234.31万吨，其中工业排放量为1029.31万吨。

碳排放是在化石能源转化过程中产生的，煤炭、石油和天然气在转化的过程中，最终都将转化为二氧化碳。所以，一个国家的碳排放量就是化石能源消耗量各自乘一个系数而得出的。燃烧每吨（标准的）煤炭、石油和天然气排放的二氧化碳量分别为0.7吨、0.54吨、0.39吨，单位热量燃煤引起的二氧化碳排放比使用石油和天然气分别高出36%和61%，水电和核电无二氧化碳排放。因此，以煤为主导能源消费的工业发展特征，也使我国成为二氧化碳排放强度高的大国之一。据《中国环境宏观战略研究》初步估算，2005年仅电力、钢铁、化工、石化和建材这5个工业行业二氧化碳排放总量就达40亿吨，其中由于化石燃料消耗引起的二氧化碳排放量约为36亿吨，约占全国化石燃料燃烧引起的二氧化碳排放总量的70%。有关研究机构表明，2005年，我国二氧化碳排放量占全球总量的18%，居全球第二，仅次于美国；人均二氧化碳排放量较低，约为3.9吨，低于世界平均水平4.2吨，不到OECD国家人均二氧化碳排放量（11吨）的2/5。2006年，我国的二氧化碳排放总量是62亿吨，已超美国列世界第一。从排放强度来看，由于技术和设备相对陈旧落后、能源消费强度大，我国单位GDP的温室气体排放量也居世界前列，因此，未来我国面临的温室气体减排压力会越来越大。

应该说，这几年来，我国政府在节能减排上已采取了很多的有效措施，也下了很大力气，污染物排放有了大幅度的下降，节能减排取得了阶段性成果。但能源消费在工业中的比重依然占主导，这种产业结构导致的污染物排放仍然是居高不下，而且越往后减排的难度越大，压力也越大。《中国能源发展报告》数据表明，2012年，全国煤炭产量为36.6亿吨，比上年增长4%左右，与2005年相比，增产了14.55亿吨；我国生产原油2.07亿吨，同比增长了2%；石化产业累计完成工业总产值108585亿元，同比增长12.9%，其中化工行业72036亿元，同比增长14.2%，炼油行业33501亿元，同比增长9.7%；全社会用电量累计达到49591千瓦时，同比增长5.5%，与2005年相比，用电量增加了24588千瓦时。从以上数据不难看出，要想缓解环境污染的压力，必须从我国的产业结构、能源结构调整入手，不断加大调整力度，才能逐步从根本上解决环境问题。国务院印发了《"十二五"节能减排综合性工作方案》。该方案提出，到2015年，全国万元国内生产总值能耗下降到0.869吨标准煤（按2005年的价格计算），比2010年的1.034吨标准煤下降16%。同时还提出，到2015年，服务业增加值和战略性新兴产业增加值占国内生产总值比重分别达到47%和8%左右。应该说，目标已经明确，只要运用强劲的政策措施来抓落实，节能减排的任务就一定能完成，资源环境的消耗就会大幅度减少。

三、环境经济政策对资源环境利用的保护和调节力度不够

我国现行的环境经济政策主要是排污收费、征收资源税、固体废弃物综合利用产品税收减免等，在对资源的开发利用和环境保护方面发挥了一定的作用。但从提高资源利用和治理环境污染的现实要求来看，目前涉及资源利用和环境保护的税种过少，应用环境经济政策来调节资源合理利用和环境保护的力度亟待加强。1978年，我国开始实施排污收费政策，此项环境经济政策实施30

多年来，不仅推动了环境污染的治理，也使全国环保系统的监测、应急、信息等监管能力建设有了较大提升。但是，该项政策与严峻的环境形势不相适应，调节作用显现不强。一是排污收费标准低于治理成本，对污染者的刺激作用很小，污染者宁可缴纳排污费也不去治理污染的现象依然存在。二是排污费不能做到全面足额征收。一方面，受污染源监测技术水平和监测能力的限制，在核定排污费时很难做到全面足额收取，有的还存在协商收费现象；另一方面，企业长期欠缴排污费，环保部门无能为力，只能移送法院执行，常常是久拖无果，有的因企业经营困难，地方领导打招呼缓交或免交。三是排污收费征收率不高，对畜禽养殖业和第三产业排污费的征收更是微乎其微，达不到以高费用的代价来遏制环境污染的目的。

与此同时，我国现行的环境保护税收政策尚未形成体系，税收措施不健全，税制绿色化程度比较低，多数税种的税目、税率和税基选择都没有直接考虑环境保护和可持续发展。现行的资源税收政策形式比较单一，缺乏针对性，调节面窄，力度不够，措施效果不明显，不足以对能源生产、消费和环境污染控制产生应有的调节作用。有资料表明，2005年以来，国家先后提高了煤炭、石油和天然气资源税的税额标准，提高后的煤炭资源税为每吨在2~4元之间，石油资源税每吨在14~30元之间，天然气资源税在每千立方米7~15元之间，多数资源的资源税额在产品销售价格的1%以下。从1994年开征资源税以来至2005年，我国共征收资源税869.2亿元，仅占各项总税收163976.8亿元的0.53%。由于现行资源税税费标准过低，使国家对矿产资源经济租金的分享比例过低，对矿产资源合理开发的调节作用很弱。相反，企业为了谋求短期内最大利润，不惜进行掠夺式开采，择肥而噬，采富弃贫，"吃白菜心丢白菜帮"，导致我国矿产资源在开采过程中被严重浪费，生态环境遭到严重破坏。如此低的税率和税额根本起不到促进资源合理利用和保护环境的作用。

四、区域环境承载能力倒逼区域经济发展方式转型

随着我国工业化的快速推进，自然资源的大量消耗，随之产生的污染物排放量也快速大幅度增加，且污染物的构成日趋复杂，往往一次污染还没有得

到解决，二次污染又出现了，形成了复合型和压缩型的特征。工业废气、废水的排放量和一般工业固体废弃物、工业危险废物的产生量对工业发展的制约越来越突出，污染控制和生态保护的任务更加艰巨和繁重。

据《中国环境宏观战略研究》的有关资料表明，1995年、2000年、2005年，石油、冶金、纺织、轻工、化学、机械、建材、热电等主要工业行业的废水排放量分别占当年工业废水总排放量的81.50%、82.71%、79.43%。1995年，废气、二氧化硫、烟尘、粉尘排放量分别占工业总排放量的93.30%、91.52%、89.74%、97.84%，固体废物排放量占工业总排放量的44.79%。2000年，废气、二氧化硫、烟尘、粉尘排放量分别占工业总排放量的95.83%、86.94%、76.68%、94.80%，固体废物排放量占工业总排放量的16.11%。2005年，废气、二氧化硫、烟尘、粉尘排放量分别占工业总排放量的94.93%、95.00%、92.72%、99.09%，固体废物排放量占工业总排放量的65.51%。

2001年至2006年，虽然单位GDP主要工业污染物的排放强度有所下降，但是工业废水及二氧化硫排放量、工业固体废物产生总量仍在增加，年均增长率分别为3.66%、5.81%、10.96%。工业污染物排放量的增长率仍以较高水平增长：工业废水、化学需氧量、氨氮、二氧化硫和烟尘排放量占全国总排放量的比重分别在45%、38%、30%、80%和79%以上，工业污染物排放总量减少的任务仍然十分艰巨。

从污染物的单位排放量看，与发达国家相比，我国单位GDP二氧化硫排放量是美国的6倍、德国的26.4倍、日本的68.7倍。其中，重工业的污染排放强度更大，以化学工业为例，我国单位产值二氧化硫、工业粉尘和污水中悬浮物的排放量分别是美国的9.2倍、5.4倍和78.1倍，说明我国工业污染以结构型为主要特征，工业整体仍处于较低水平。

污染物排放集中在一些工业领域。2006年，在统计的39个工业行业中，废水排放量居前5位的行业依次是造纸、化工、电力、纺织和钢铁。这5个行业排放的废水占统计的工业行业废水排放量的61.6%；二氧化硫废气排放量居前5位的行业依次是电力（电力热力的生产和供应业）、建材（非金属矿物制品业)、钢铁(黑色金属冶炼及压延加工业)、化工(化学原料及化学制品制造业)和有色金属,这5个行业排放的二氧化硫占统计的工业行业二氧化硫排放量的84.3%;从化学需氧量排放看,造纸行业排放的化学需氧量约占全国工业化学需氧量排放量的1/3,而其他污染物排放与化工、农药、发电等行业比较,就非常少或没有。对于造纸工业,控制其化学需氧量、生化需氧量的排放量是主要目标。

从2012年《中国环境统计年鉴》的有关数据分析,2012年工业废水、工业废气、工业固体废弃物3种污染物排放量与2005年相比,工业废水排放量呈下降趋势,下降了8.8%,但全年排放了2215857万吨,排放量依然很大;工业废气排放量呈上升趋势,增长了136.2%;工业固体废弃物呈上升趋势,增长了144.7%。以上数据表明,"十一五"以来,尽管通过加快工业污水处理厂的建设、提高工业废水回用率、严格达标排放等措施,使工业废水排放量有所下降,但工业发展中对水资源的消耗依然很大。工业废气的排放量连年上升,造成大气污染日趋严重,局部地区持续雾霾。

从2012年《中国环境经济核算研究报告》的数据分析,我国环境退化成本呈逐年增长的趋势,2006年以来,以年均10.9%的速度在增加。其中,2006年为6507.7亿元,2007年为7397.9亿元,2008年为8947.6亿元,2009年为9701.1亿元,2010年为11032.8亿元,2011年为12512.7亿元,2012年为13357.6亿元。在总环境退化成本中,大气环境退化成本和水环境退化成本是主要的组成部分。2012年这两项损失分别占退化成本的50.5%和45.4%,固体废弃物侵占土地退化成本和污染事故造成的损失分别为457.3亿元和85亿元,分别占总退化成本的3.4%和0.36%。

通过环境经济核算综合分析,我国处于经济增长与环境成本同步上升阶段。从2004年至2012年连续9年的核算表明,我国经济发展的同

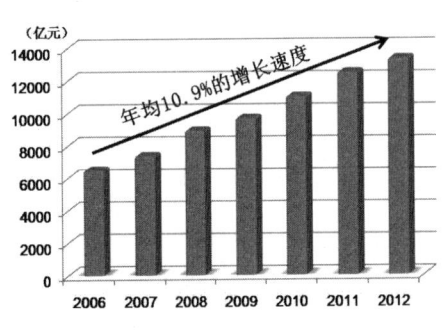

图19 环境退化成本统计图

时造成的环境污染代价也在持续加大。9年间环境污染代价从2004年的5118.2亿元上升到2012年的13357.6亿元，增长了161%，年均增长12.4%。以上的核算结果表明，我国现阶段的经济发展

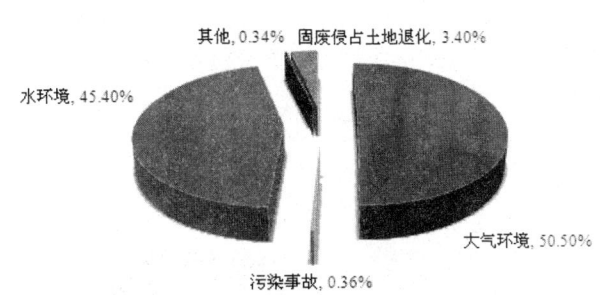

图20　各类环境损失占退化成本比例

速度和付出的环境污染代价是正比例关系。如果不转变这种发展方式，有多快的发展速度，就会产生多大的环境污染代价，环境问题阻碍经济社会可持续发展的负效应就会更加突出和显现，并会逐步走向难以为继的地步。

近年来，一些地区为了GDP的增长，加大了工业园区或经济技术开发区场地的"四通一平"（通路、通电、通水、通讯和平整场地）的投资建设，为引进项目创造条件。但经过几年的发展来看，地方政府的投资远远大于企业上缴的税收，投资与回报大大失衡，甚至有些地方政府为引进项目还制定了优惠的税收政策，他们的收获是花了纳税人的钱买了GDP增长，且留下的污染问题，不仅损害了当地百姓的生存环境，最终政府还要买单处理环境污染遗留问题，得不偿失的案例比比皆是。2014年国庆前夕，被媒体炒得沸沸扬扬的腾格里沙漠巨型排污池事件，引发了社会公众的广泛关注，引起了中央领导的高度重视。在习近平总书记和其他中央领导作出重要批示后，环保部紧急调度，部署整改。内蒙古自治区党委、政府的主要领导和阿拉善盟的领导认真落实中央领导批示，紧急召开会议研究部署，工作组迅速行动，现场调查核实，果断研判处置，及时回应媒体关切，司法部门介入调查，立即启动问责程序。有24名党政干部受到严厉问责，其中有6名领导干部被免职和撤职，18名受到党纪政纪处分。到12月底，沙漠腹地巨型排污池的废渣已按环保要求得到安全填埋处置，环境污染风险隐患得到彻底消除。

腾格里工业园区始建于1999年，2013年经内蒙古自治区人民政府批准，

图21 腾格里园区重新建设新的危废填埋场

成立腾格里经济技术开发区，园区规划面积为85平方公里，近期规划建设面积为12平方公里。该园区共注册涉水化工企业25家。为解决企业高盐水排放问题，经自治区环保厅的环评批准，园区管委会于2009年和2012年分两次建成4个11.5万立方米的高盐水晾晒池，通过蒸发来解决企业外排的高盐水问题。据园区管委会负责人介绍，工业园区累计工业总产值为72亿元，累计上缴税收为3.34亿元。为建设该园区，地方各级政府对基础设施累计投入15.89亿元，政府的投入和企业上缴的税利相比，投入是收益的近5倍。这就是10年之久的工业园区为地方经济发展作出的贡献？投入与收益竟有如此大的差距又引起了谁在关注？另外，为严格落实中央和内蒙古自治区的整改意见，腾格里园区又拆除12家规模较小的污染企业，地方政府补偿1.2亿元；为重建园区工业固体废物填埋场和增加其他污染处理设施，2014年地方政府又投资2.89亿元。大投入换来小收益，还要搭上环境污染和生态破坏，这种经济增长方式究竟是为了什么？

仅从此例不难看出，现实中，一些地方政府为盲目追求GDP的高速增长，不惜以有限的财政收入，投巨资修建园区，提供"四通一平"的场地，为招商引资搭建平台。有的园区管委会还要为企业提供"保姆式"服务，许诺企业"先上车后补票"，甚至还承诺污染治理设施由园区投入承建，致使污染治理设施往往滞后于生产设施建设，环境污染自然不能禁止。这其中的道理就在于"引凤筑巢"换取GDP的增长，而引进的项目不是"金凤凰"而是"黑乌鸦"，有许多都是污染转移项目，其结果必然是以牺牲环境换取暂时的经济发展，畸形的发展观导致片面追求发展速度，酿成了"唯GDP"论英雄的诟病。

辉煌业绩的背后，养肥了个体老板，损害了资源环境，浪费了纳税人的钱，造成了干群矛盾以及政府公信力的丧失。这种得不偿失的发展方式，教训是深刻的，代价是昂贵的，需要总结和反思！

什么时候经济快速发展，付出的环境污染代价反而较小，就说明我国的经济发展真正走上了可持续发展的道路。由此可见，"向污染宣战"，最重要的举措和最关键的环节，就是加快转变经济增长方式和调整经济结构，只有这样才能从根本上解决环境问题，改善环境质量，实现经济社会协调发展。

第三章 社会各界对改善环境质量的期盼

为人民服务，不是抽象行为，而是要体现在为人民谋福祉的具体行动上。治理环境污染、改善老百姓的生活质量，这是我们国家在全面建成小康社会过程中必须解决的重大民生问题。社会各界对改善环境质量的期盼，是我国提出"向污染宣战"的背景之三。

第一节 两会代表委员们要求加强环境保护

近年来，两会代表委员们一直呼吁我国不要"带毒GDP"。环境恶化，生存威胁，以往经济发展模式难以为继。一些海外媒体评价，这样的快速GDP增长是"有毒的增长"。淮河流域1500多个小造纸厂曾让1.2亿人喝不上干净的水。要恢复淮河本来面貌，成本超过造纸厂创造GDP的数万倍！山清水秀不复存在，到底谁是"带毒GDP"的背后推手？日益恶化的环境问题，成为每年参加全国两会的代表委员们关注的焦点。

一、代表委员们要求治理污染的呼声强烈

官方数据表明，2014年全国两会上，人大代表提出的468件议案中，涉及环保方面的较为集中，有54件议案交由环资委审议。而在政协委员总共提交的5875件提案中，有596件是围绕加强污染防治和生态建设提出的。由此可以看出，无论是议案还是提案，涉及资源环境保护方面的分别占议案、提案总数的1/10以上，主要内容是以治理大气污染、水污染、土壤污染为重点，加快推动生态文明建设。

中央委员、环保部部长周生贤多次指出，解决我国环保问题的关键，在于首要解决认识问题。在建设生态文明的进程中，首要任务就是要正确处理好发展和环境之间的关系。发展是第一要务，环境是重要支撑。环境与发展密不可分，环境问题究其本质，是经济结构、生产方式、消费模式和发展道路问题。正确的经济政策就是正确的环境政策，正确的环境政策也是正确的经济政策。离开经济发展谈环境保护必然是"缘木求鱼"，离开环境保护谈经济发展也必然是"竭泽而渔"。当前，我国经济社会发展面临的压力之大前所未有，环境保护面临的压力之大也前所未有。只有正确处理环境与经济的关系，科学把握两者之间的"度"，遵循环境与发展规律，做到环境保护与经济发展相协调、相融合，生态文明建设才能真正落到实处。全国政协委员、环保部副部长吴晓青认为，"当前治污的关键，就是要把环保投入变成'硬约束'"。我国经济总量大，但环保投入小，应提高环保投入占GDP的比例。要调整和完善我国官员考核体系，将生态指标纳入政绩考核体系。全国人大代表黄文武提出，我国的《大气污染防治法》规定，对造成大气污染的企业事业单位处以直接经济损失50%以下的罚款，限定最高不超过50万元人民币。但是在实际操作中，更多的是采取批评教育等方式，处罚无关痛痒，违法成本很低，造成各种污染越来越严重。他建议，对现行的环保法律法规进行修订，大幅提高违法处罚力度和对行政责任主体的处罚力度，使人人都对法律存有敬畏之心。全国政协委员王承德呼吁，国家和地方政府应立即限制或停止地下水开采。地下水普遍超采，是水资源危机的标志。全国政协委员、中国侨联副主席朱奕龙表示，一方面是对清洁空气和水的期待，一方面是对污染情况层出不穷的失望，"环境焦虑症"的背后，是多年来生态赤字、环境长期"欠账"的结果。全国人大代表、海南大学校长李建保提出，世界污染最严重的50个城市中，7个位于中国，有的长期占据这份"榜单"。何不做个"黑色GDP"排行榜，让这些污染大户能时刻警醒？全国政协委员、山西大学副校长刘滇生疾呼，环保立法执法不硬，怎能对污染企业形成震慑力？

另外，九三学社中央委员会向大会提交了《关于实施三峡库区及其上游流域水污染防治重大工程的建议》，呼吁国家、地方政府尽快实施库区及其上游流域水污染防治工程，以持续保障流域水环境安全。致公党中央委员会的提案称，草原是我国面积最大的陆地生态系统，也是我国最重要的生态功能保护地。但是从整体上看，我国草原生态功能减弱的态势不容乐观，草原保护和建设面临的问题依然十分严峻，特别是草原土壤退化、沙化问题，已成为制约草原生态功能稳定维持的关键因素。致公党中央委员会建议，尽快制定《草原法实施细则》，实行最严格的草原开发环境准入制度，严格控制矿产开采、水资源开发利用等建设项目，积极开展草原生态旅游，加快草原牛羊肉等双优产品鉴定评估，为草原牧区牧民找到脱贫致富的新路。

全国政协委员、国家环境保护部南京环境科学研究所所长高吉喜在接受记者采访时曾建言：治理雾霾，需要采用"中西医结合疗法"。"所谓利用西医的手段，就是对现存突出的环境问题，我们要马上开刀进行治理。"比如，解决雾霾，首先要减少工业废气污染物的排放量；通过更高标准的燃油等一系列措施，减少汽车尾气的排放；加快治理扬尘等，这些就是西医的做法。而中医的做法就是要审视我们的环境污染到底是什么原因造成的，要从根本上解决可能产生污染排放的问题，重点是从调整增长方式和产业结构上入手，需要一个调整期，才能解决资源消耗的问题。其实，治理所有环境污染和生态破坏都需要采取综合治疗的思路。比如，对企业通过暗管、渗井、渗坑、灌注或者篡改、伪造监测数据逃避监管，偷排、超排或恶意排污者，随意倾倒危险废物的任何单位和个人，都适宜"西医"疗法。这就好比通过下猛药、开刀动手术来治理环境污染，严厉打击环境违法行为，及早清除害群之马，这是立竿见影的治标之术。用"中医"解除病痛，主要是找到病灶的出处和根源，通过一定的时间来调节和调整，以达到整治效果。用"中医"解决环境问题，同样也要找到产生环境问题的根源，对症下药，才有疗效。比如，怎么进行空间结构的优化，怎么进行更好的产业结构布局，选择什么样的产业，选择什么样的发展方式，选择什么样的消费模式，选择什么样的生活方式，怎样提高节俭意识，怎样顺应自然规律，怎样遵循经济发展规律等。解决这些问题，不是一天两天就能完成的，也不是一蹴而就的，需要一段时间并下力气来调整。通过转变发展理念、发展方式、消费方式、生活方式，资源消耗就会大量减少，污染物排放也会相应地减少，改善环境质量的目标就会早日实现。总的来看，转变发展理念，统筹兼顾，综合治理，完善环境法治，强化政府责任，严惩环境违法行为，基本是两会代表委员们比较一致的呼吁和共同的心声。

二、环境保护议案、提案与年俱增

据《中国环境统计年鉴》显示，近年来，关于环境保护的建议案、提案的数量明显增多。2010年，全国各级环保系统承办环境保护议案、提案共计约1.2万件，其中，承办的人大建议数为4971件，承办的各级政协提案数为6918件。2011年，全国各级环保系统承办环境保护议案、提案共计约1.3万件，其中，承办的人大建议数为5522件，承办的各级政协提案数为7452件，与上年相比增长8.3%。2012年，全国各级环保系统承办的环境保护议案、提案共计约2万件，其中，承办的人大建议数为6093件，承办的政协提案数为13374件，与2011年相比增长了53.8%。以上数据表明，环境保护议案、提案的件数一年比一年多，反映了人大、政协委员要求加强环境保护的呼声一年比一年强烈。这为全国人大加快《环保法》和其他环境保护专项法的修订奠定了基础，为我国政府下决心

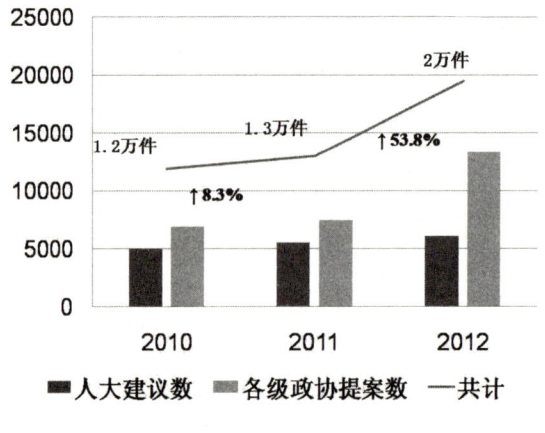

图22 环境保护议案、提案与年俱增

"向污染宣战"奠定了基础。

当前，呼吸新鲜的空气、喝干净的水、吃放心的食品已越来越成为社会各界关注的公共话题。在2013年刚刚结束的全国两会上，习近平总书记在与两会代表讨论时就曾说："现在网民检验湖泊河流水质的标准，是市长敢不敢跳下去游泳。"全国人大常委会委员长张德江也曾回忆道："我在农村插队的时候，在地里干活儿渴了，就到小河沟，把水噗噜、噗噜就喝。现在，恐怕没有人敢直接喝了。"风趣的语言，蕴含着无限的期待。日趋严重的环境污染不仅降低了生态系统的使用功能，进一步加剧了资源短缺的矛盾，还严重威胁到民众的身体健康和生存安全。产生这些问题的根源在于，一些地方仍然在因袭传统的发展模式，靠拼资源、拼环境维持生存和发展，走的是"先污染后治理"的老路子。这种对自然资源的掠夺式开发和过度消耗，以及粗放的经济增长方式带来的巨额生态赤字，已经日渐凸显，以致环境质量"局部好转、整体恶化"的局面迟迟得不到根本转变，环境污染的历史"欠账"越来越重，环境危机仍呈加剧之势。

第二节 社会公众对治理环境污染的期盼

随着社会的快速发展，人们的生活水平也有了显著的提高，民众要求改善生存环境的呼声与愿望也随之持续高涨，民间环保组织和环保志愿者参与环境保护的实践也越来越多，人民群众对好的环境质量、好的生存环境的向往，更加增大了环境保护的压力，"向污染宣战"已成为公众的诉求。

一、环保民间组织、志愿者广泛参与环境保护

我国环保民间组织为保护祖国的大江、大河、大山、野生动植物以及赖以生存的环境，四处奔走呼吁，建议有关部门和社会公众，要珍爱资源，要敬畏自然、保护自然。反对污染环境、破坏生态的呼声日益高涨。比如，保护藏羚羊，在长江源头可可西里建立我国民间第一个自然生态环境保护站——索南达杰自然保护站；保护滇金丝猴，云南禁伐白马雪山原始森林；保护怒江，慎

重开发水电站;"自然之友"发起26度空调行动;质疑圆明园湖底防渗工程,首次把圆明园湖底防渗工程公之于众,引起社会广泛关注;反对金光集团在云南圈地毁林;"绿色之星"产品的推广;中国环保产业协会成功举办环境友好新产品推广活动,如同"欧洲之花"一样得到全社会的赞赏;"绿色列车——生物多样性公众教育",由"北京地球村"发起,旨在宣传环保意识和生物多样性保护知识;"草根NGO拷问电厂",重庆市绿色志愿者联合会用自身行动阻止了这项以牺牲重庆主城区空气环境为代价的工程,有力地维护了当地人民的正当权益……中国环境文化促进会组织了大批理论工作者编选环境文化研究刊物,先后举办了12届"绿色中国论坛",连续3年推出民生指数等。

志愿者是社会文明的标志,是社会活力的体现,是社会保障和推动社会进步的重要力量。志愿者对于一座现代城市而言,不但是文明爱心的播种机,更是和谐社会的润滑剂。近两年来,我国的许多民间环保团体和一些环保志愿者频频出现在各种媒体上,利用报纸、广播、电视、杂志、互联网等传媒向人们广泛宣传环保知识。他们建立环保网页,发布环保科普知识,编写环保宣传教育资料,倡导建立《公民环保行为规范》,进社区、进学校发放环保宣传资料,组织开展公民环保论坛,清理白色污染,清理垃圾,与校园同学、社区居民举办环保签名活动等。通过环保志愿活动,环保志愿者不仅使他们所服务的群体、社区受益,而且能够通过志愿服务来体现自己对环保公益事业的关爱之心和责任感,增强组织协调能力、管理能力以及沟通技巧。环保志愿服务通过引导和教导人们要有社会责任心及促进互信和谐,让整个社会更有凝聚力,这已经成为世界各国的共识。

二、人民群众的环境维权意识增强

近年来,由于环境污染突出,环境保护成为社会舆论的焦点,社会各界对环境保护的关注程度逐渐加大。现以2010年至2012年环境信访、投诉、维权、议案提案、环保热线等几个方面的有关数据进行简要的分析。

环境信访、群众来访的数量明显上升。据《中国环境统计年鉴》表明,2010年,全国环保系统共收到群众来信70.1万封,群众来访3.5万批次、6.6万人次。2011年，全国环保系统共收到群众来信20.1万封，群众来访5.3万批次、10.8万人次。2012年，全国各级环保系统共收到群众来信10.7万封，群众来访5.4万批次、9.6万人次。从上述数据不难看出，群众信访逐年在减少，而群众直接上访的批次和人数却在增加，这说明环境问题日益突出，环境矛盾激化程度在增加，解决环境问题的难度在加大，环境信访、上访的压力也在加大，社会不稳定的因素也在随之增加。

环境投诉、环境维权的数量明显增多。据《中国环境统计年鉴》表明，2011年电话和网络投诉件达85.3万件，2012年电话和网络投诉件达89.2万件。由此可以看出，环境信访方式改变，环境投诉的方式更为直接便利。通过电话投诉的环境污染，大部分是反映城市噪声扰民和餐饮油烟污染居民的，这些环境问题和环境矛盾至今依然突出。

环境行政复议案件、环境行政处罚案件不断攀升。据《中国环境统计年鉴》表明，2010年有关部门受理环境行政复议案件数为694件，受理环境行政处罚案件数为11.68万件；2011年受理环境行政复议案件数为838件，受理环境行政处罚案件数为11.9万件；2012年受理环境行政复议案件数为427件，受理环境行政处罚案件数为11.73万件。

依申请公开政府环境信息的数量较多。仅以环保部收到依申请公开为例。2010年，环保部共收到政府信息公开申请226件，数量同比增长205%；2011年，环保部共收到政府信息公开申请334件，数量同比增长48%；2012年，环保部共收到政府信息公开申请305件。

环保举报热线"12369"成为老百姓反映环境诉求的重要渠道。2010年，"010-12369"环保热线共收到电话和网络反映环境问题的投诉37202次。2011年，"010-12369"环保热线共收到电话和网络反映环境问题的投诉25610次，同比下降了32%。2012年，"010-12369"环保热线共收到电话和网络反映环境问题的投诉23486万次，同比下降了8.3%。虽然全国的环保系统"12369"环保热线受理件数没有具体的统计数据，但笔者预计通过此方式反映公众环境诉求的数量也不是小数。

特别是近几年来，环境污染愈来愈呈现出复合型、结构型、压缩型的特征，空气、水、土壤，人类赖以生存的三大要素，正在遭遇严重的环境污染和生态破坏。全国多次严重雾霾中受影响人口达6亿，地下水、耕地遭受严重污染，"癌症村"以及血铅中毒等密集出现令公众揪心，一些网民甚至将$PM_{2.5}$的治理戏称为新的"天下第一难"，有关大气污染的幽默吐槽比比皆是，民众"心肺之患"何以消除？社会公众对此忧心忡忡："这样发展下去，最终挣来的钱全用在为医药'买单'上！我们还能给子孙后代留下一片碧海蓝天吗？！"在2014年全国两会期间，有民间组织召开环保提案交流会，邀请众多有识之士就治理环境污染、保护生态建言献策。北京严重的雾霾也常常遭到网友们的吐槽。有一个段子人们听后既搞笑又伤感，一记者在街头采访："大娘，你觉得雾霾给你的生活带来什么影响没有？""大娘"说："你先看清楚，我是你大爷啊！"其实，吐槽的背后，恰恰反映了社会公众对蓝天白云的期盼与无奈！

我们应该看到，随着社会的发展和人民生活水平的不断提高，人民群众对清新的空气、干净的水、安全的食品、优美的环境等的要求越来越高，生态环境在群众生活幸福指数中的地位不断凸显，环境问题日益成为重要的民生问题。正像有人所说，老百姓过去"盼温饱"、现在"盼环保"，过去"求生存"、现在"求生态"。无论是民间环保组织的环境公益行为，还是社会公众的环境诉求，集中反映了社会各界、各有关人士、最基层的老百姓都在关注环境保护。顺民意者，得民心；得民心者，得天下。为此，"向污染宣战"，其实就是民意所向，民意所盼！

第四章 总结环境保护实践经验

总结经验，汲取教训，顺应民意，为民服务，既是对我们党和国家执政能力的要求，也是一种考验。历史和现实的经验告诉我们，要解决我国的环境问题，不能走发达国家"先污染后治理"的老路，也没有现成的经验和方法可以效法和遵循。我国的环境问题是在发展中产生的，还需要用发展的办法来解决。这就需要经历一个长期艰苦努力的过程，要在实践中探索，在探索中实践，找出符合我国国情的环境保护新路，是"向污染宣战"的背景之四。

第一节 简要回顾我国环境保护的发展历程

我国的环境保护起步于1973年，已经历了5个阶段。政府和社会公众对环境问题的认识也发生了历史性的渐变，从认识的渐进过程、重视的渐强过程到制度的渐全过程、监管的渐严过程，都展现了我国环境保护事业由弱到强、由小到大、由轻到重、由少到全、由边到中的渐变过程。这5种渐变过程，恰恰集中反映了环保部门社会地位、机构队伍、环保任务、制度建设、参与决策等各个方面的发展历程。

第一阶段（1973—1979年）。1972年，人类环境会议在斯德哥尔摩召开。当时我国正处于"左"倾社会主义思潮中，当时的观点是"宁要社会主义的草，不要资本主义的苗"，"说社会主义有环境污染是对社会主义的污蔑"，我国不准备派代表参加人类环境会议。周恩来总理首先看到了我国的环境问题，他强调不能将环境问题看成是小事。在周总理的指示下，我国派出代表团参加了人类环境会议。会议结束后不久，1973年8月在北京召开了第一次全国环境保护会议，标志着我国环境保护事业的开始。在这次会议上提出了"全面规划、合理布局，综合利用、化害为利，依靠群众、大家动手，保护环境、造福人民"的三十二字环境保护方针，环境保护以"三废"综合利用为重点来开展工作。

第二阶段（1979—1992年）。这一时期，我国环境保护逐渐步入正轨。时隔10年，在1983年召开的第二次全国环境保护会议上，把保护环境确立为基本国策，并提出"经济建设、城乡建设和环境建设同步规划、同步实施、同步发展"的"三同步"和实现"经济效益、社会效益与环境效益相统一"的"三统一"战略方针。1984年5月,国务院作出《关于环境保护工作的决定》,环境保护开始被纳入国民经济和社会发展计划。1988年,国家环境保护局设立,成为国务院直属机构,地方政府也陆续设立环境保护机构。1989年,国务院召开第三次全国环境保护会议,会上提出要积极推行环境保护目标责任制、城市环境综合整治定量考核制、排放污染物许可证制、污染集中控制、限期治理、环境影响评价制度、"三同时"制度、排污收费制度等8项环境管理制度。与此同时,在环境保护机构设立和环境管理制度建设得到发展之际,环境法制建设也得到了长足发展。1979年颁布试行、1989年正式实施了《环保法》,同期还制定了关于保护海洋、水、大气、森林、草原、渔业、矿产资源、野生动物等的一系列法规文件。环境法规体系初步建立,为开展环境治理奠定了法治基础。

第三阶段(1992—2002年)。1992年在"里约会议"后,党中央、国务院发布了《中国关于环境与发展问题的十大对策》,把实施可持续发展确立为国家战略。1994年3月,我国政府率先制定实施《中国21世纪议程》。1996年,国务院召开第四次全国环境保护会议,会上发布了《关于环境保护若干问题的决定》,大力推进"一控双达标"(控制主要污染物排放总量、工业污染源达标和重点城市的环境质量按功能区达标)工作,全面开展"三河"(淮河、海河、辽河)、"三湖"(太湖、滇池、巢湖)水污染防治,"两控区"(酸雨污染控制区和二氧化硫污染控制区)大气污染防治,"一市"(北京市)、"一海"(渤海)(简称"33211"工程)的污染防治,启动了退耕还林、退耕还草、保护天然林等一系列生态保护重大工程。

第四阶段(2002—2012年)。党的十六大以来,党中央、国务院提出树立和落实科学发展观、构建社会主义和谐社会、建设资源节约型环境友好型社会、让江河湖泊休养生息、推进环境保护历史性转变、环境保护是重大民生问题也是探索环境保护新路等的新思想、新举措。2002年、2006年和2011年,国务院先后召开第五次、第六次、第七次全国环境保护会议,作出一系列新的重大决策部署。2011年10月17日,国务院发布了《关于加强环境保护重点工作的意见》，把主要污染物减排作为经济社会发展的约束性指标，完善环境法制和经济政策，强化重点流域区域污染防治，提高环境执法监管能力，积极开展国际环境交流与合作。

第五阶段（党的十八大以来）。党的十八大将生态文明建设纳入中国特色社会主义事业总体布局，把生态文明建设放在突出地位，要求融入经济建设、政治建设、文化建设、社会建设各方面和全过程，努力建设美丽中国，实现中华民族永续发展，走向社会主义生态文明新时代。这是具有里程碑意义的科学论断和战略抉择，标志着我们党对中国特色社会主义规律认识的进一步深化，昭示着要从建设生态文明的战略高度来认识和解决我国的环境问题。

生态文明是人类为保护和建设美好生态环境而取得的物质成果、精神成果和制度成果的总和，是一种人与自然、人与人、人与社会和谐相处的社会形态，是贯穿于经济建设、政治建设、文化建设、社会建设各方面和全过程的系统工程。建设生态文明，以尊重自然规律为前提，以人与自然、环境与经济、人与社会和谐共生为宗旨，以资源环境承载力为基础，以建立节约环保的空间格局、产业结构、生产方式、生活方式以及增强永续发展能力为着眼点，以建设资源节约型、环境友好型社会为本质要求。"向污染宣战"，努力改善环境质量，就是这一阶段的重点任务。

第二节　探索环保新路是客观需要

进入新世纪以来，党和国家提出了建设生态文明、构建"两型社会"的战略思想和战略任务。探索我国的环保新路，是深入贯彻落实科学发展观的客观需要，是加快推动经济发展方式转变的客观需要，是提高生态文明建设水平的客观需要。这些客观需要表现在不同的方面。

一、探索我国的环保新路是国家意志的体现

2011年，在经济社会发展的关键时期，国务院印发了《关于加强环境保护重点工作的意见》，客观地分析了环境保护面临的新形势，提出了彻底转变发展方式、走新的发展道路的新要求，强化对环保工作的领导和考核。地方各级人民政府要切实把环境保护放在全局工作的突出位置，列入重要议事日程，明确目标任务，完善政策措施，组织实施国家重点环保工程。制定生态文明建设的目标指标体系，纳入地方各级人民政府绩效考核，考核结果作为领导班子和领导干部综合考核评价的重要内容，作为干部选拔任用、管理监督的重要依据，实行环境保护一票否决制。对未完成目标任务考核的地方实施"区域限批"，暂停审批该地区除民生工程、节能减排、生态环境保护和基础设施建设以外的项目，并追究有关领导责任。这些发展理念的转变，集中体现了中央强化环境保护的总体要求，阐明了国家对环保工作的战略意图，体现了治理污染、保护生态的国家意志。

二、推进我国的环保新路承载了社会各界的期望和诉求

随着人民生活水平的提高，老百姓期待有更高的生活质量，环境质量成为社会关注的热点问题；随着环境意识的提高，群众环境维权意识也越来越高；也随着环境问题的累积和释放，环境突发事件也越来越多，特别是影响群众健康、危害少年儿童、威胁饮用水源、对生态造成长远破坏的污染事件，群众反映强烈，受到社会的广泛关注。让人民群众呼吸新鲜的空气，喝干净的水，吃放心的食品，在宜居的环境中生活，这些都是重大的民生工程，也是人民群众和社会各界对环境保护的真切期望和真实诉求。

着力解决损害群众健康的突出环境问题，既是"人民政府为人民"应履行的责任，也是回应人民期待的具体行为。这就需要我们转变传统的工作思路和工作方法，用更大的勇气，下更大的决心，制重典、出重拳，不断探索和总结解决环境问题的路径和方法。这体现了"在发展中保护、在保护中发展"的基本要求，同时也是实现可持续发展的客观需要。

第三节 探索环保新路已取得实践经验

我国的环境保护已经走过了40年的历程，既有教训，也取得了一些实践

经验。通过及时总结经验教训，修正和完善推进环境保护的思路方法和制度法规，为治理环境问题、适应新时期经济社会发展的需要奠定了扎实的基础，为"向污染宣战"积累了丰富的经验。

一、探索环保新路的内涵与内容更加清晰准确

几十年的实践告诉我们，探索环保新路，需要坚持"在发展中保护、在保护中发展"的指导思想，遵循代价小、效益好、排放低、可持续的基本要求，加快构建与我国国情相适应的环境保护宏观战略体系、全面高效的污染防治体系、健全的环境质量评价体系、完善的环境保护法规政策和科技标准体系、完备的环境管理和执法监督体系、全民参与的社会行动体系。健全环境管理体制和工作机制，构建环境保护工作综合决策机制，完善环境监测和督察体制机制，加强国家环境监察职能。继续实行环保部门领导干部双重管理体制，鼓励有条件的地区开展环境保护体制综合改革试点。结合地方人民政府机构改革和乡镇机构改革，探索实行社区城市环境保护派出机构监管模式，完善基层环境管理体制。经过几年的探索和实践，推进更加清晰准确的环境保护思路，完善和创新环境保护监管的体制机制，"决不能吃祖宗饭，断子孙路"的可持续发展理念已成为全社会的共识。这是我们对我国社会主义现代化建设发展道路认识的又一次飞跃。

二、"三个历史转变"为又好又快发展积累了经验

2002年1月8日，第六次全国环保大会召开，国家把环境保护摆上了更加重要的战略位置。会上提出了加快推进"三个历史转变"，是全面建设小康社会，做好新形势下环保工作的关键。其内容是：一是从重经济增长、轻环境保护转变为经济增长与保护环境并重，并把加强环境保护作为调整经济结构、转变经济增长方式的重要手段，在保护环境中求发展，也简称为"并重转变"。二是从环境保护滞后于经济发展转变为环境保护和经济发展同步，做到"不欠新账，多还旧账"，改变"先污染后治理、边治理边破坏"的状况，也简称为"同步转变"。三是从主要用行政办法保护环境转变为综合运用法律、经济、技术和必要的行政办法解决环境问题，自觉遵循经济规律和自然规律，提高环

保工作水平，也简称为"综合转变"。

所谓"并重转变"，其主要目的是要侧重解决人们对经济发展与环境保护在认识上的主次、从属问题；所谓"同步转变"，其主要目的是要侧重解决人们对经济发展与环境保护在要求上的协调、一致问题；所谓"综合转变"，其主要目的是要进一步明确解决环境问题的方法问题。实践证明，推进"三个历史转变"，既为处理好经济发展与环境保护的矛盾积累了经验，又拓宽了解决环境问题的思路和办法。

三、探索和总结了走环保新路的基本途径

发达国家曾走过了"先污染后治理、牺牲环境换取经济增长"的老路，这些教训值得我们深思。我国既不能重蹈覆辙，又必须努力避免，另辟蹊径，经过实践取得了不走老路、走新路的基本途径。一是建立解决违法成本低的环境法律体系，健全和完善环境责任终身追究制度，加大对环境违法行为的处罚力度，强化对环境犯罪的司法惩戒，达到震慑效果。二是从根本上解决环境污染和生态保护问题，必须从经济发展方式上找出路，加快经济发展方式转变和经济结构调整，注重从生产环节、生活方式、消费领域入手，形成激励与约束并举的长效发展机制，走全面、协调、可持续发展之路。三是充分发挥科技引领、科技治污支撑作用，强化环境经济政策激励，推行排污权有偿使用和交易制度，建立资源环境领域的市场化机制。通过环境价格杠杆推动企业治理污染和经济结构转型升级，推动环境成本内部化，并采取生态补偿和转移支付措施，保障区域生态安全。四是树立保护环境是全社会共同责任的新理念，建立政府、企业、公众共同参与机制，完善环境信息公开、公众参与、公益诉讼、社会监督制度体系，形成全社会推进环境保护的强大合力。

四、创新和建立了有关环境保护的一系列制度和措施

回顾我国环境保护走过的历程，从认识到实践都发生了重要转变。通过改革创新，为解决环境问题、改善环境质量找准了突破口，增强了动力，取得了成功经验，探索建立了一整套的新措施、新制度。一是维护生态系统平衡，坚持"保护优先、开发有序"的原则。二是建立环保目标管理责任制。将环保

目标纳入经济社会发展评价范围和干部政绩考核中；把节能减排作为国家经济和社会发展规划的约束性指标；每半年公布一次各地区和主要行业的能源消耗、污染排放情况，接受社会和群众监督。三是制定了一系列经济政策。出台了对燃煤电厂脱硫电价、脱硝电价补贴办法，对可再生能源发电、余热发电和垃圾焚烧发电实行优先上网支持，对高耗能、高污染行业实行差别电价，对中西部地区、民族自治地区和重点生态功能区环境保护的转移支付制度。四是建立环保工作问责制。对因决策失误、监管不力造成重大环境污染事故的，要严肃追究责任；对建设项目环评未经批准即擅自开工建设，建设中擅自作出重大变更，未经环境保护验收即擅自投产等违法行为，不但依法追究责任企业的责任，还要追究管理部门及相关人员的责任。五是实行污染物排放总量控制制度，把主要污染物排放总量指标作为环评审批的前置条件，设置了减少环境污染的"总闸门"。六是制定区域开发和保护政策。把国土空间划分为优化开发、重点开发、限制开发和禁止开发4类主体功能区域；在重要生态功能区，生态环境敏感区、脆弱区划定生态红线；制定生态文明建设的目标指标体系，纳入地方各级人民政府绩效考核等。七是实行规划环评和建设项目联动机制，解决了"点上达标、面上超标"的老大难问题。八是实行"流域、区域和行业限批"制度，推动流域、区域环境质量的改善。九是采取大气污染联防联控、环保专项行动、后督察等措施，有效地解决了一些影响老百姓生产生活的突出环境问题。十是加大财政投入，完善"以奖促治、以奖代补"政策，拓宽环保投融资渠道。十一是强化污染减排三大体系（统计、监测、考核）建设，全面提升了全国环保系统工作能力和业务水平，从根本上改变了环保部门监管能力差、装备落后的现状，解决了环保部门长期得不到解决的问题。十二是加大发展环保产业政策扶持力度，着重发展环境服务业，鼓励使用绿色标志和环保认证等。

这些好的经验和有效的做法，在实际工作中取得了明显成效，有些措施已经完善到环保制度体系建设中，有些制度已经上升到目前环保法律法规体系建设中。这些有益的探索和实践，为推动环保事业深入发展发挥了至关重要的作用，也为"向污染宣战"积累了经验，奠定了基础。

第五章　执政理念的创新

党的十八大以来，以习近平同志为总书记的新一届中央领导集体推出了一系列治党、治国、治军的新举措，引起了巨大反响。2012年11月15日，党的新一届领导人集体亮相，与采访十八大的中外记者亲切会面。习近平总书记发表了重要讲话，他强调，"我们一定要始终与人民心心相印、与人民同甘共苦、与人民团结奋斗，夙夜在公，勤勉工作，努力向历史、向人民交出一份合格的答卷"。这些掷地有声、质朴有力、饱含深情的话语，充分表明了以习近平总书记为首的新一届领导集体全心全意为人民服务的坚定立场，显示了"一切为了百姓、为了百姓的一切"的公仆情怀，彰显了新一届领导人"立党为公、执政为民"的执政理念。执政理念的创新，是我国"向污染宣战"的强大思想武器和根本组织保障，也是"向污染宣战"的重大背景。

第一节　从"五位一体"的高度把握生态文明建设

党的十八大将生态文明建设与经济建设、政治建设、文化建设和社会建设并列，明确了"五位一体"的中国特色社会主义事业总体布局，并将生态文明建设写进了党章。将生态文明建设上升到党和国家的战略层面，这是新一届中央领导集体执政理念的变革创新，是全面建成小康社会目标的新要求，也是贯彻落实科学发展观的新部署，更是新一届中央领导集体审时度势、高瞻远瞩、加快推进社会主义现代化建设的政治智慧的结晶。十八大报告中明确提出，建设中国特色社会主义，总依据是社会主义初级阶段，总布局是"五位一体"，总任务是实现社会主义现代化和中华民族的伟大复兴。全面落实经济建设、政治建设、文化建设、社会建设、生态文明建设"五位一体"的总布局，促进现代化建设各方面相协调，促进生产关系与生产力、上层建筑与经济基础相协调，不断开拓生产发展、生活富裕、生态良好的文明发展道路。

一、生态文明建设列入"五位一体"总布局中的现实背景

回顾中国特色社会主义建设进程和建设规律，从认识到实践都有了进一步拓展，达到了新的水平。以经济建设、政治建设、文化建设的"三位一体"总体布局，从党的十三大一直延续到十六大。党的十六届六中全会提出构建社会主义和谐社会的重大任务，总体布局中增加了社会建设，拓展为"四位一体"。为了回应人民群众对良好生态环境越来越迫切的期待，党的十八大把生态文明建设放在了突出地位，纳入总体布局，拓展为"五位一体"。"五位一体"总布局，对应着全国老百姓的经济、政治、文化、社会、生态五大权益。特别是通过生态文明建设，我们党和国家将在实现当代人利益的同时，给自然留下更多的修复空间，给子孙后代留下天蓝、地绿、水净的美好家园。

党的十八大提出"五位一体"的战略思想，其深刻内涵是：经济建设要加快完善社会主义市场经济体制，加快转变经济发展方式，把经济发展活力和竞争力提高到新的水平；政治建设要坚持走中国特色社会主义政治发展道路，推进政治体制改革，使我国社会主义民主政治展现出更加旺盛的生命力；文化建设要加强社会主义核心价值体系建设，全面提高公民道德素质，丰富人民精神文化生活，增强文化整体实力和竞争力，向社会主义文化强国目标前进；社会建设要努力办好人民满意的教育，推动实现更高质量的就业，千方百计增加居民收入，统筹推进城乡社会保障体系建设，提高人民健康水平，加强和创新社会管理，开创"社会和谐人人有责、和谐社会人人共享"的生动局面；生态文明建设要优化国土空间开发格局，全面促进资源节约，加大自然生态系统和环境保护力度，加强生态文明制度建设，努力走向社会主义生态文明新时代。

生态文明建设将融入经济建设、政治建设、文化建设、社会建设各方面和全过程，发挥其基础性作用。"五位一体"是一种辩证的思想体系，五个方面相互影响、相互作用、相互依存、相互支撑、相得益彰。只有加强污染防治，保护和合理开发利用资源，才能推进生态文明建设。只有坚持经济社会与环境保护协调发展，才能形成经济富裕、政治民主、文化繁荣、社会公平、生态良好的发展格局，把我国建设成为富强、民主、文明、和谐的社会主义现代化国家。

把生态文明建设提升到一个全新的战略高度，列为建设中国特色社会主义的"五位一体"总布局之一，标志着我国现代化转型正式进入了一个新的历史阶段。"向污染宣战"就是全面推进生态文明建设的一个重大举措。在全面推进社会主义现代化建设进程中，把生态文明建设提到"五位一体"的战略地位，有着深厚的理论基础与现实背景。

社会本质是人类追求生存、发展和幸福的美好环境。正如马克思所说："环境的改变和人的活动是一致的。"马克思主义从唯物史观出发，把人类生存、生活的环境统一在人与自然之间和人与人之间和谐相处、同生共荣的体系之中。从人类发展史和社会发展的道路来看，人类为了自身的发展和追求财富的享受，造成了不合理开发和过度消耗资源，人类与自然的矛盾日趋严重。新一届中央领导集体提出生态文明建设的理念，是对马克思主义关于人与自然和谐共生理论的丰富和发展。

我国资源环境约束加剧，要求加快构建生态文明。"五位一体"是人类社会跨入生态文明时代的客观需要，是由传统工业文明向生态文明转变、走新型工业化道路的必然选择。改革开放以来，我国经济快速发展举世瞩目，成就辉煌，但发展中付出的资源、环境代价巨大，发展不平衡、不协调的矛盾日益突出。我国的石油、天然气人均资源量仅为世界平均水平的1/15左右，水资源人均占有量仅为世界平均水平的1/4。我国70%以上的国土不适宜和较不适宜大规模工业化、城市化的开发利用，土地等稀缺资源的约束也将强化，严重的环境污染已经成为制约经济社会和谐发展的重大瓶颈。因此，解决我国资源环境约束的问题已经到了刻不容缓的阶段，"向污染宣战"已成为全国人民迫切的愿望、时代的要求。如何破解难题，走出困境，实现人与自然、经济社会与资源环境良性循环，事关改革、发展大局。只有把生态文明建设放在突出地位，融入经济建设、政治建设、文化建设、社会建设各方面和全过程，树立尊重自然、顺应自然、保护自然的生态文明理念，才能建设美丽中国，才能实现伟大的民族复兴梦。

二、生态文明建设在"五位一体"总布局中的地位和作用

十八大报告指出"五位一体"总布局的目标要求是，到2020年全面建成小康社会宏伟目标。经济持续健康发展，人民民主不断扩大，文化软实力显著增强，人民生活水平全面提高，资源节约型、环境友好型社会建设取得重大进展，构成了全面建成小康社会经济、政治、文化、社会、生态"五位一体"的奋斗目标和总体要求。"五位一体"表明我们建成的小康社会，不仅是一个经济目标，更是一个经济、政治、文化、社会、生态全面协调发展的目标；不仅是衡量一个国家富强、民主、文明、和谐、生态良好的标准，更是衡量人民生活水平、生活质量的标准。

十八大报告强调，生态文明建设要"融入经济建设、政治建设、文化建设、社会建设各方面和全过程"，其实质是将生态文明建设确立为"五位一体"总布局中的基础地位。生态文明建设宛如一条"红线"贯穿在经济建设、政治建设、文化建设、社会建设的全过程中，把五大建设紧密联系起来，形成一个有机整体，起到了坚实的基础作用。

（一）生态文明建设是促进经济转型升级的方向标

生态文明建设与经济转型是相互依存、相互制约、互为因果的关系。没有良好的生态环境就没有经济社会相协调发展，经济不发展，自然生态环境恶化就无力得到有效治理。改革开放以来，我国实现了经济社会发展的历史性跨越，但也付出了生态环境的代价。生态文明为经济发展方式的转变提供了思想理念、价值取向、评判标准、目标方向、路径选择。科学的发展方式必须体现生态文明的精神，有利于保护生态环境，有利于节约、集约利用资源，有利于建立人与自然的和谐相处关系和实现可持续发展，有利于实现人民群众经济、政治、文化权益与生态权益的有机统一。生态文明建设，追求的是超越和扬弃粗放型的发展方式和不合理的消费模式，提升全社会的文明理念和素质，使人类活动限制在自然环境可承受的范围内，走生产发展、生活富裕、生态良好的

文明发展之路。建设生态文明，是以把握自然规律、尊重自然为前提，以人与自然、环境与经济、人与社会和谐共生为宗旨，以资源环境承载力为基础，以建立可持续的产业结构、生产方式、消费模式以及增强可持续发展能力为着眼点，以建设资源节约型、环境友好型社会为本质要求，建设生态的物质文明、生态的精神文明和生态的制度文明。

当前，我国正处于加快工业化发展的阶段，资源密集型产业仍然是工业发展的中心。为了破解发展与保护的矛盾，我国必须坚持"节约优先、保护优先、自然恢复"为主的方针，着力推进绿色发展、循环发展、低碳发展，形成节约资源和保护环境的空间格局、产业结构、生产方式、生活方式，从源头上扭转生态环境恶化趋势。建设生态文明蕴藏新的经济增长点，建设生态文明是扩大内需、拉动经济增长、拓展新兴产业成长的重要途径，是调整产业结构、促进产业生态化、形成生态型物质文明的基础，是推行绿色消费、建设生态文化、形成生态型精神文明体系的重要内容。实践证明，建设生态文明是转变经济发展方式的重要着力点和途径，促进发展方式的转变是生态文明建设的核心。

（二）生态文明建设是政治文明建设的丰富和发展

政治文明建设是生态文明建设的有力保障措施，具有推动和促进生态文明建设的强大功能；生态文明建设是政治文明建设的重要组成部分，是政治文明发展的基础。政治文明建设不能忽视生态文明建设，生态文明建设反过来又促进政治文明建设。建设生态文明是保障人民群众的环境、经济、政治和文化权益的重大战略。生态文明建设能否取得实效，事关社会主义现代化建设全局和社会稳定。生态文明建设要求加强社会主义民主政治建设，生态文明建设既需要政府自上而下的推动，更需要广大人民群众在全社会范围自下而上的参与。民众积极参与生态文明建设，必然有利于社会主义民主政治建设。生态文明建设服务于公共利益，自然都是社会公众关心的问题，政府在工作决策中需要通过公众参与、民主协商的形式来讨论解决问题。只有当政府采取了民主的管理制度，社会公众增强参与意识，积极投身到生态文明建设中来，生态文明建设才能获得足够的发展动力。

生态文明建设还要求加强社会主义法治建设，在鼓励和引导公众积极参与生态文明建设的同时，还要依法推进生态文明建设，进一步健全和完善生态文明的制度建设。目前，生态环境问题所引发的群体性事件日益增多。一些群体性事件由环境污染事件转化为人民群众对政府决策的不满，从而降低了政府在人民群众中的威信，影响了政府的公信力。面对日益严峻的资源环境形势，必须坚持生态文明建设与社会主义民主法治建设相互促进。一方面，社会主义民主法治建设能够促进生态文明建设，发展民主可以扩大社会公众有序参与资源环境的保护，让人民群众对涉及生态环境的政策及项目实行民主参与、民主决策、民主管理、民主监督；另一方面，生态文明建设也能推动社会主义民主法治建设，积极实施生态文明建设战略必将进一步对社会主义政治文明建设产生深刻影响。

（三）生态文明建设是社会主义文化建设的重要内容

生态文明建设关系到社会主义文化建设和精神文明建设的核心理念、价值取向。生态文明理念的确立是社会主义文化建设和精神文明建设的主要标志、重要内容，是社会主义文化建设的重要载体和途径。十八大报告提出，"必须树立尊重自然、顺应自然、保护自然的生态文明理念"，这就是说要构建人与自然和谐的世界观与价值观，这是我国传统文化的精髓，也是我国社会主义核心价值体系的重要内涵。科学的自然价值观是生态文明观的核心内容。通过加强科学的自然价值观建设，将科学的自然价值观融入环境教育和环境伦理建设过程中，提高全社会的资源环保意识和生态文明观念，有利于丰富社会主义文化建设和社会主义精神文明建设。卡普拉在《生命之网》一书中提出的关于生命的网络关系的新理解，值得我们认真汲取。卡普拉认为，所有的生命形式，无论是动物、植物还是微生物，也无论是生命个体、物种还是群落，都是由网络组成的。地球生态系统正是由所有生命形式长期的共同生活与进化形成的结果。人类共同体的健康生存，也必须依赖于全球生态系统这个最大的生命网络的可持续性。但是，由于人类只顾自己生存发展的利益，无视非人类生命生存的利益,而以极端反自然的方式劫掠自然资源、破坏环境,致使全球生命网络严重破损,人类后代的生存机会也日益减少。因此,人类通过对生态学知识的学习,进一步了解和掌握生态系统自我调节的基本规律,养成友善地对待自然的良好生活习惯,确立人与自然和谐生存的新生态伦理观,并使每一个社会成员具备起码的生态伦理教养。这样才能真正使人类珍爱自我生存的生态环境,这样才能有利于生态环境的修复,促进人与自然的关系恢复和谐。

通过加强生态文明建设,在社会的精神文化领域,创造出更加丰富的生态文化形式,有利于发展社会主义文化产业。例如,不断提高生态文化产品供给能力,充分挖掘自然资源文化、生态旅游文化等发展潜力,增强生态文化产业的活力;不断丰富和创新生态文化内容形式,充分利用报刊、广播电视、互联网等现代传播媒介,形成多层次的传播网络,扩大生态文化的传播广度和深度;充分发挥人民群众在生态文化建设中的主体作用,激发人民群众的创造潜能,形成更加丰富的生态文化体系。

(四)生态文明建设是社会主义和谐社会建设的必然要求

生态文明要求建设资源节约型和环境友好型社会,归根结底是解决人与自然的关系问题和代际公平问题,实现人与自然的和谐发展,维护和发展世世代代的利益,应当积极倡导绿色生活方式。建设"两型社会"是生态文明建设的主要任务;推进"两型社会"建设,是生态文明建设的重要内容和有效途径。资源节约、环境友好,既是生态文明的本质特征,也是生态文明建设的内在要求,两者是一个有机整体。党的十八大把生态文明建设确立为建设中国特色社会主义总布局的重要组成部分,同时明确要求在2020年全面建成小康社会时"资源节约型、环境友好型社会建设取得重大进展",体现了生态文明建设和"两型社会"建设在中国特色社会主义建设中的重要地位。建设生态文明,实质上就是要建设以资源环境承载力为基础、以自然规律为准则、以可持续发展为目标的资源节约型、环境友好型社会。生态文明要求逐步形成促进生态建设、维护生态安全的良性运转机制,实现经济建设与生态环境协调发展。随着我国人民群众生活水平的提高、小康社会建设的深入,群众关心的社会民生问题，不再是单纯的"吃饱穿暖"，而是对良好生态环境的要求越来越高，需要满足更高层次的物质与精神的需求。因此，建设生态文明是构建和谐社会的必然要求。只有通过加快推进生态文明建设，改善生态环境质量，增进人民群众的生活质量和健康素质，保护中华民族世代赖以生存的家园，才能为构建和谐社会和全面建成小康社会提供基础条件。

第二节　以生态文明建设统领经济社会可持续发展

　　生态文明是指科学向上的生态发展意识，健康有序的生态运行机制，和谐的生态发展环境，全面、协调、可持续发展的态势，经济、社会、生态的良性循环与发展，以及由此保障的人和社会的全面发展。党的十七大首次倡导生态文明建设，把"生态文明"作为全面建设小康社会目标的新要求，彰显出中国共产党推进科学发展观、构建社会主义和谐社会的执政新理念。党的十八大把生态文明建设提升到国家更高的战略地位，纳入到"五位一体"总布局中，再次彰显了新一届中央领导集体执政理念的创新。下大力气培育和建设生态文明，树立人与自然同存共荣的生态自然观，大力发展生态经济，全面实施生态建设和保护工程，积极完善和创新生态文明建设制度，促进社会经济的可持续发展。

一、正确理解生态文明建设的要义和重要性

　　生态文明建设理论的核心要义，可以用"和谐、循环、协同、适度、优先、人文"12个字来简要概括。"和谐"——以人为本是生态文明建设的核心；"循环"——遵循自然规律是生态文明建设的准则；"协同"——统筹协调是生态文明建设的手段；"适度"——坚持可持续发展是生态文明建设的目标；"优先"——推行环境优先是生态文明建设的关键；"人文"——实施休养生息是生态文明建设的基础。

　　中央领导执政理念的变革与创新，特别是中央领导的生态文明观，为全面建设生态文明、建设美丽中国赋予了巨大的生机和无限的活力。2013年5

月,习近平总书记在中央政治局第六次集体学习时指出:"要正确处理好经济发展同生态环境保护的关系,牢固树立保护生态环境就是保护生产力、改善生态环境就是发展生产力的理念。"这一重要论述,深刻阐明了生态环境与生产力之间的关系,是对生产力理论的重大发展,饱含尊重自然、谋求人与自然和谐发展的价值理念和发展理念。建设生态文明关系到最广大人民群众的根本利益,关系到中华民族发展的长远利益,是功在当代、利在千秋的事业。保护生态环境就是保护生产力,改善生态环境就是发展生产力。李克强总理在2014年《政府工作报告》中指出:"生态文明建设关系人民生活,关乎民族未来。雾霾天气范围扩大,环境污染矛盾突出,是大自然向粗放发展方式亮起的红灯。必须加强生态环境保护,下决心用硬措施完成硬任务。要实行最严格的源头保护制度、损害赔偿制度、责任追究制度,切实做到用制度保护生态环境。"

十八届三中全会提出必须建立系统完善的生态文明制度体系,用制度保护生态环境。生态文明制度是我国现代国家治理体系的重要内容,建立和完善生态文明制度是我国现代国家治理体系现代化的重要组成部分。要牢固树立生态红线的观念。生态红线,就是国家生态安全的底线和生命线,这个红线不能突破,一旦突破必将危及生态安全、人民生产生活和国家可持续发展。建设生态文明,是我们党创造性地回答经济发展与环境关系问题所取得的重大成果,为统筹人与自然和谐发展指明了前进的方向;是我们党积极主动顺应广大人民群众新期待,进一步丰富和完善中国特色社会主义事业总体布局的战略部署;是我们党充分吸纳中华传统文化智慧并反思工业文明与现有发展模式的不足,积极推进人类文明进程的重大贡献;是我们党深刻把握当今世界发展绿色、循环、低碳新趋向,对可持续发展理论的拓展和升华。

二、以生态文明建设推进经济社会可持续发展

生态文明是可持续发展观的思想基础和精神支持,二者在本质上是统一的。可持续发展,就是要促进人与自然的和谐,实现经济发展和人口、资源、环境相协调,走生产发展、生活富裕、生态良好的文明发展道路,保证一代接一代地永续发展。其核心与本质,是在实现经济发展的同时,维护和确保人类与自然的和谐共处。它超越了传统的农业文明、工业文明，追求的是一种全新的文明——生态文明。生态文明要求打破人类中心主义观念，在开发利用自然资源的同时规范人类的行为，维护人与自然的平衡和协调发展。可持续发展必须以生态文明观为思想基础和精神支持，在生产和生活中、在技术创新和制度创新中都要坚持生态文明取向，积极保护资源，合理而有效地开发利用资源，有效地建设生态文明，为我国的可持续发展提供良好的资源环境条件。生态文明观的确立是可持续发展的先导，合乎社会发展的规律，在生态文明观的指导下，协调人与人、人与自然的关系是实现可持续发展的保证。我国现代经济健康发展和可持续发展的基本实践，实际上是以生态文明建设为基础、物质文明建设为中心、精神文明建设为保证的三大文明建设互为条件、相互促进的全面协调发展的过程，是一条有中国特色的可持续发展道路。

生态文明不是不要发展，放弃对物质生活的追求，回到原生态的生产生活方式，而是在吸收借鉴人类一切文明成果尤其是工业文明成果的基础上，为统筹解决经济社会发展与资源环境问题，提供了全新的指导理念和实践取向，开辟了无限广阔的发展空间和有效的途径。首先，以生态文明观念引领经济社会统筹兼顾的协调发展。生态文明建设要实现从人类中心主义的价值观到"天人和谐、共生共存"的和谐发展观的转变。要更加清醒地认识到生态文明建设是经济持续健康发展的关键保障，是民意所在、民心所向，是党提高执政能力的重要体现。在推进现代化建设进程中，必须正确处理好经济发展与环境保护的关系，要牢固树立生态保护优先观念，坚持走可持续发展之路，着力解决损害群众健康的突出环境问题，努力健全和完善生态文明建设制度体系。其次，要下决心转变经济发展方式。加强能源资源节约和生态环境保护，发展绿色产业，重构新的经济模式。要实现以矿物质燃料为动力，向太阳能、氢能为动力的新型经济发展方式转变，积极开发利用太阳能、风能等可再生能源。发展绿色产业，改变传统的"高投入、低产出、高消耗、高污染"的生产模式，减少能源消耗和环境污染，同时也能促进企业研究开发高新技术，推动产业结构的升级。用生态文明理念指导我国的经济建设和社会发展，提高全民生态文明意识,摒弃过去不合理的经济发展方式,这将给我国的产业结构调整带来深远的影响。产业结构的调整朝着生态文明的方向发展,经济社会才能实现持续、健康发展。

环境保护是生态文明建设的主阵地和根本措施。建设生态文明的主要目的是解决环境问题,最大制约因素是环境问题,薄弱环节和突破口是环境保护,成效最先体现的也是环境保护。环境保护取得的任何成效、任何突破,都是对生态文明建设的积极贡献,直接决定着生态文明建设的进程。生态文明是人类为保护和建设美好生态环境而取得的物质成果、精神成果和制度成果的总和,是人与自然、环境与经济、人与社会和谐共生的社会形态。它既是对传统发展模式的深刻反思和升华,又是对未来持续发展的美好向往和憧憬。因而,加强中国特色社会主义生态文明建设,是我国经济社会实现可持续发展的客观要求。

改革开放以来,我国的经济发展取得了举世瞩目的骄人业绩。当2010年我国经济超越日本成为全球第二大经济体之后,过去30多年高速增长积累的矛盾和风险亦逐步凸显,资源环境承载能力的不断衰减,已使经济快速发展难以为继。在全面建成小康社会的关键时期,以生态文明建设统筹经济社会发展,不仅抓住了重要的发展战略机遇期,也使我国经济转型发展得以顺利实施,"减速、提质、增效"的经济运行模式,呈现出与以往明显不同的新特征,意味着我国经济发展迈入了新阶段、新常态。这种经济运行模式主要有3个特点:一是我国的经济从高速增长转为中高速增长,增速虽然放缓,实际增量依然可观。经济增速换挡只是相对于以往高增长的适度降低,但我国经济增速仍然大大高于发达经济体和许多新兴市场国家,而且是结构更加稳定、合理的经济增长,是更加全面、协调、可持续的稳态增长。二是我国经济结构不断优化升级,第三产业消费需求逐步成为主体,城乡区域差距逐步缩小,居民收入占比上升,发展成果惠及广大民众。2014年前3个季度,我国最终消费对经济增长的贡献率为48.5%,超过了投资。服务业增加值占比46.7%,继续超过第二产业。高新技术产业和装备制造业增速分别为12.3%和11.1%,明显高于工业平均增速。单位国内生产总值能耗下降4.6%。这些数据显示，我国经济结构正在发生深刻变化，质量更好、结构更优。三是从要素驱动、投资驱动转向创新驱动，经济增长更趋平稳，增长动力更为多元。完善科技创新体制机制，坚持技术创新的市场导向，构建公开透明的国家科研资源管理和项目评价机制，强化企业在技术创新中的主体地位，完善风险投资机制和商业模式，充分发挥资本市场对创新创业的支持作用，促进科技创新转化为经济发展的动力。

应该指出，新一届中央领导层对改革开放30多年后我国经济发展的大方向作出战略性思考和抉择。我国经济发展步入新常态，是我国经济社会可持续发展的必然选择，为环境保护的大发展带来了战略机遇，与经济发展紧密相连的环境保护也必将步入新阶段、新常态。这主要表现在以下几个方面：一是在经济增长转速的新常态下，不再以GDP增长率论英雄，而是按照以人为本的理念和原则，把人民群众的根本利益作为深化改革的出发点和落脚点，将发展理念从片面追求GDP转变为经济建设与资源环境保护相协调，将经济增长方式从粗放型转变为集约型。经济增长速度的放缓有利于缓解对资源环境的压力，经济发展的新常态促进了环境保护的新常态。二是在经济结构优化升级的新常态下，产业结构、能源结构都在向有利于环境保护的方向调整。产业结构从以制造业为主向以服务业为主转变。2013年，高新技术产业和装备制造业增速分别为12.3%和11.1%，明显高于工业平均增速。服务业增加值占GDP的比重首次超过制造业，达到GDP的46%，虽与发达国家服务业占比一般达到70%以上相比还有较大差距，但由于在增强就业能力、提高人民群众生活质量、改善民生方面，服务业都高于制造业，服务业对我国经济发展的拉动作用已经逐步开始显现，在一定程度上缓解了经济增长的压力；能源结构从以煤炭消费为主向以多种清洁能源消费为主转变，煤炭在能源结构中消费比重逐年下降，单位国内生产总值能耗下降4.6%。随着城镇化和城乡基本公共服务均等化的步伐逐步加快，城乡二元经济格局将被打破。2011年末，我国城镇人口首次超过农村人口；2013年末，我国城镇人口比重达53.7%，基本达到世界平均水平。以上数据表明，我国的经济结构正在发生着深刻的变化，也更加优化和升级，尤其是中央把节能减排作为经济社会发展的约束性指标，深入推进绿色发展、循环发展、低碳发展，为解决经济过快增长对资源环境过度消耗提供了新的机遇，为解决环境问题创造了前所未有的有利条件。因而，这就要求环境保护工作必须迅速迈入新常态，迎接新机遇和新挑战，加大力度"向污染宣战"。三是在经济增长动力多元和创新驱动的新常态下，通过简政放权、创新驱动和稳定宏观调控，进一步释放和激发了市场活力，以改革开路，充分发挥市场的决定性作用，让市场主体真正放开手脚，激发企业和社会的活力，培育经济发展的内生动力，加快经济转型升级、结构优化，形成经济发展的持久动力。比如，通过改革企业登记制度，前3个季度全国新登记注册市场主体920万户，新增企业数量较去年增长了60%以上，而这些新注册企业又以科技创新为主体，摆脱了传统的以资源能源消耗为主体的发展模式；通过科技创新和环保新技术、新工艺的推广应用，大力实施节能减排、治理污染、恢复生态的各项惠民工程，环保产业的蓬勃发展成为新的经济增长点，对拉动绿色GDP的快速增长发挥了积极作用。所有这些，都为促进环境保护与经济发展的双赢创造了极为有利的条件，同时也要求环境保护工作要以新常态适应新形势和新要求。

从"三期叠加"到经济发展和环境保护的新常态，既是机遇，也是挑战。面对人民群众的新期待，面对经济社会可持续发展和生态文明建设的新要求，我们必须坚定改革信心，以更大的政治勇气和智慧、更有力的措施和办法，全面"向污染宣战"。机不可失，时不我待。我们要牢牢抓住大有可为的重要战略机遇期，坚持用深化改革的办法破解经济发展中的环境问题，通过严格执法和制度创新，推进环境保护重点领域和关键环节的改革，以宣战必胜的决心回报人民的期待和信任。

第二篇
践行环保新路
打响"向污染宣战"的三大战役

　　制度设计固然重要，但把制度执行好更重要。践行环保新路，就是要把探索环保新路已取得的丰富经验应用在"向污染宣战"的实践中，要按照"在保护中发展、在发展中保护"的指导思想，继续坚持"保护优先、预防为主"的原则，遵循代价小、效益好、排放低、可持续的基本要求，健全和完善"四梁八柱"的环境保护四大体系，紧紧抓住环境污染"源头严防、过程严管、后果严惩"的三个环节，来全力推动环境污染治理和生态保护。"向污染宣战"，既是攻坚战，也是持久战，要把"向污染宣战"作为践行环保新路的主战场，通过"向污染宣战"的实践，及时总结强化环境保护的新思路、新举措、新办法，不断丰富和发展更加适应我国经济社会持续发展的环保新路。

　　当前，严重的环境污染和难以支撑的资源环境承载力，迫使我们必须清醒地认识到保护生态环境、治理环境污染的紧迫性和艰巨性。让透支的资源环境逐步休养生息，已经是摆在我们面前不容回避而又必须解决好的重大课题。近年来，环境保护"说起来重要、做起来不要、忙起来忘掉"，早已成为社会公众的"口头谈"，可能有些夸张，但也的确存在。近年来，社会上一直流传着一个很经典的"段子"，说世界上有四大尴尬部门，其中就有我国的环保部门。但时至今日，局势在潜移默化地发生转变。2013年，我国大地上刮起两场大风暴让国人警醒。一是震惊中外的"廉政风暴"，主要解决长期积垢的"官场污染"问题；二是亘古未有的"环保风暴"，主要解决历史形成的环境污染问题。笔者认为这两场风暴不是偶然的，而是必然的。这既是自我反思、重新审视的客观需要，也是现实发展的需求。

第一章 "向污染宣战"提出的历史时期

党中央、国务院对环境保护前所未有的高度重视，表现在哪些方面呢？下面举事例说明。在2013年的短短5个月里，我国四大最高首脑决策机关，连续召开会议研究如何加强环境保护工作。从时间进程上就可以看出，中央首脑机关集中在一个时期研究一个问题，从确立指导思想、加强立法、强化监管、严格司法等方面出台了一系列的政策措施。改革开放以来，从未有过哪件事被这样重视过，这是前所未有的，让世界震撼，让国人震惊！

第一节 为"向污染宣战"提供了组织保障

一、我国最高决策机关明确导向，提供了政治保障

2013年5月24日，中共中央政治局就大力推进生态文明建设进行了集体学习。习近平总书记作重要讲话并指出，"我们在生态环境方面'欠账'太多了，如果不从现在起就把这项工作紧紧抓起来，将来会付出更大的代价"。政治局集体学习生态文明建设，进一步明确了建设生态文明，不是要放弃工业文明回到原始的生活方式，而是要以资源环境承载力为基础，以自然规律为准则，以可持续发展、人与自然和谐为目标，建设生产发展、生活富裕、生态良好的文明社会。这标志着党中央把生态文明建设提到了前所未有的议事日程上,统一了思想,凝聚了力量,明确了导向,也为"向污染宣战"提供了强有力的政治保障。

二、我国最高立法机关的两次审议,加快了立法进程

2013年6月26日和10月21日,全国人大常委会对《环保法》修订草案,一年内进行了两次审议。这是将《环保法》列入全国人大常委会2011年立法计划以来,从全国人大环资委提交修改说明到法律委员会提交两次修正案修改情况的汇报,已历经三次全国人大常委会的审议。特别是2013年组织的两次审议,表明全国人大对《环保法》修订的重视程度也是前所未有的。两次在中国人大网公布审议稿,广泛征求社会公众的意见,反复修改,回应了社会关切、公众期待,表明了全国人大常委会组成人员对修改意见的认真和谨慎的态度。同时,两次审议也完善了法律措施的针对性和可操作性,进一步明确了《环保法》是环境领域的基础性法律、基本制度的定位问题,恰当地处理了《环保法》与其他环保专项法的关系,引导其他环保专项法也加快修法进程,有针对性地解决了多年来制约我国环境保护的环境监察力不从心、环境违法成本低等一些突出问题,使环境保护有法可依。这两次修正案的审议,加快了环境保护立法进程,为2014年新《环保法》的颁布实施奠定了基础。

三、我国最高行政机关制定政策,全面组织并实施

2013年9月10日,国务院出台了《大气污染防治行动计划》(国发〔2013〕37号)。该计划进一步明确了改善空气质量的5年奋斗目标和到2017年的具体指标。为减少二氧化硫、氮氧化物和烟粉尘的排放量,降低细颗粒物($PM_{2.5}$)和可吸入颗粒物(PM_{10})的浓度,有效遏制重点地区雾霾的蔓延,该计划制定了具有很强的针对性和可操作性的措施。该计划首次将细颗粒物纳入约束性指标,实行空气质量地级以上城市排名公布,建立重污染天气监测预警体系,并将环境质量是否改善纳入官员考核体系之中,监察机关要依法依纪追究没有完成年度目标任务的有关单位和人员的责任。这个计划是有史以来力度最大、措施最综合、保障措施最周密、考核最为严厉的专项治理行动计划,为"向污染宣战"组织制订了具体的实施措施。

四、我国最高司法机关为"污染入刑",提供法律武器

2013年6月8日,最高人民法院审判委员会第1581次会议、最高人民检察院第十二届检察委员会第7次会议通过了《最高人民法院、最高人民检察院关于办理环境污染刑事案件适用法律若干问题的解释》(法释〔2013〕15号)(以下简称"两高司法《解释》"),自2013年6月19日起施行。"两高司法《解释》"的及时出台,提升了"污染入刑"的司法理念,实现了通过司法解释来应对立法的不足,进一步明确了在环境污染犯罪案件办理过程中统一量刑的标准,增加了环境违法成本,降低了执法机关取证成本,提供了执法指导标准。通过降低入罪门槛来威慑环境犯罪,是解决环境污染的一把利剑,为"向污染宣战"提供了强有力的法律武器。

密集的会议研究部署,使中央决策层统一了思想,达成了共识;连续出台治污硬措施,使治理污染、保护生态更具有针对性和操作性,同时也为2014年全国两会进一步深化加强环境保护做了铺垫。

第二节 全国两会发出"向污染宣战"的号令

2014年3月5日,在十二届全国人大二次会议上,国务院总理李克强在作政府工作报告时,向全国人民发出号令:"我们要像对贫困宣战一样,坚决'向污染宣战'。"

李克强总理指出,生态文明建设关系人民生活,关乎民族未来。雾霾天气范围扩大,环境污染矛盾突出,是大自然向粗放发展方式亮起的红灯。必须加强生态环境保护,下决心用硬措施完成硬任务。要出重拳强化污染防治,以雾霾频发的特大城市和区域为重点,以细颗粒物和可吸入颗粒物的治理为突破口,抓住产业结构、能源效率、尾气排放和扬尘等关键环节,健全政府、企业、公众共同参与新机制,实行区域联防联控,实施《大气污染防治行动计划》。今年要淘汰燃煤小锅炉5万台,推进燃煤电厂脱硫改造1500万千瓦、脱硝改造1.3亿千瓦、除尘改造1.8亿千瓦,淘汰"黄标车"和老旧车辆600万辆,

在全国供应"国四"标准车用柴油。实施《清洁水行动计划》，加强饮用水源保护，推进重点流域污染治理。实施土壤修复工程，整治农业面源污染，建设美丽乡村。

上述内容表明，我国政府以生态文明建设统筹兼顾经济社会发展，深刻阐述了经济建设必须顺应自然规律、人与自然和谐共荣的内在需求，并着重就大气、水、土壤污染治理进行了总部署。污染整治的内容细化到了对细颗粒物和可吸入颗粒物的防治，连"国四"柴油这么细的问题都在《政府工作报告》中提出来，可见中央对治理环境污染的重视程度。这意味着我国将"水、陆、空"三位一体开展污染防治，从而倒逼高污染、高排放、高消耗的产业加快淘汰进程。

"用硬措施完成硬任务"、"出重拳强化污染防治"，以"铁腕执法"、"铁面问责"的坚定态度打响治理污染、保护生态、推进生态文明建设的攻坚战。这一号令，震撼了中外，彰显出我国政府努力建设生态文明、建设美丽中国的坚定决心和必胜信念。

一个国家、一个地区对环境保护的重视程度如何，是衡量这个国家、这个地区文明程度的标尺。有许多专家学者认为，重视环境保护的国家，才是负责任的大国。什么是负责任的大国？怎样才算是负责任的大国？笔者认为，作为一个最大的发展中国家，作为世界第二大经济体国家，作为全球人口最多的国家，在我国人民心中最神圣、最庄严的大会上，我国政府总理郑重向全国13亿人民发出"向污染宣战"的号令，这是对国人的总动员令，也是对珍惜资源、热爱自然的世界人民的郑重承诺！以壮士断腕的决心、重整山河的气魄，团结和带领全国各族人民建设自己的美好家园，难道这不是负责任的大国吗？！

一些西方发达国家既受惠于我国的出口产品和生态环境逆差，又把环境污染作为唱衰中国的口实大肆渲染。我国用全球9%左右的耕地养活了占全球1/5的人口，成为最早实现联合国千年发展目标中"贫困人口比例减半"的国家。我们既然能解决贫困问题，也就能解决好环境问题。像对贫困宣战一样，坚决"向污染宣战"，也再一次彰显了我国是负责任大国，这是向世人的有力宣示。

第三节 "四梁八柱"新体系为宣战奠定了基础

理论是行动的指南，正确的理论指引着正确的行动。在全力"向污染宣战"的关键时期，环保部部长周生贤要求全国环保战线的广大干部，要切实用中央关于加强生态文明建设的新思想、新论断统一思想，要站在推进国家生态环境治理体系和治理能力现代化的高度，着力构建推进生态文明建设和环境保护的"四梁八柱"，以"四梁八柱"新举措和实际行动"向污染宣战"。

所谓"四梁八柱"，就是要努力建设"向污染宣战"的"四大体系"。周生贤部长强调，"四梁八柱"是一个形象的说法，用来描述生态文明建设和环境保护的宏观性、系统性、轮廓性的整体架构。它既是党中央、国务院决策部署的具体化，也是各地区和环保部门一段时期以来探索实践的总结概括；既是客观的，也是主观的；既是无形的，也是有形的；既是定量的，也是定性的，是宏观与微观、实践与认识、可能性与现实性的高度统一。

一、环境保护的理论体系得到了进一步丰富

以积极探索环保新路为实践主体，进一步丰富环境保护的理论体系，这是推进生态文明建设的有效路径。探索环保新路，必须用新的理念进一步深化对环境问题的认识，用新的视野把握环保事业发展的机遇，用新的实践推动环保事业取得更大成效，用新的体制保障环保事业持续推进，用新的思路指导当前、谋划未来，以最小的资源、环境代价支撑更大规模的经济社会发展，使经济社会活动对生态环境的损害降低到最低程度，实现经济效益、社会效益和生态环境效益的多赢。

探索环保新路的根本要求是正确处理经济发展与环境保护的关系。必须牢固树立保护生态环境就是保护生产力、改善生态环境就是发展生产力的理念，坚持"保护优先"的方针，利用好环境保护对发展方式转变和经济结构调整的倒逼机制，把调整优化结构、强化创新驱动和保护生态环境结合起来，推动绿色发展、循环发展、低碳发展。

探索环保新路的着眼点是加快推进环境管理战略转型。以改善生态环境质量为目标导向,从单纯防治一次污染物向既防治一次污染物又防治二次污染物转变,从单独控制个别污染物向协同控制多种污染物转变,统筹协调污染治理、总量减排、环境风险防范和环境质量改善的关系。推进环境管理战略转型,迫切需要提高环境治理体系和治理能力的现代化水平。

二、保护生态环境的法律法规体系基本形成

以新《环保法》的实施为龙头,形成有力保护生态环境的法律法规体系,这是推进生态文明建设的强大武器。新《环保法》在理念、制度、保障措施等方面都有重大突破和创新。该法提出了促进人与自然和谐的理念和保护优先的基本原则,明确要求经济社会发展与环境保护相协调;要求建立资源环境承载能力监测预警机制,实行环保目标责任制和考核评价制度,制定经济政策时充分考虑对环境的影响,建立跨区联合防治协调机制,划定生态保护红线,建立环境与健康风险评估制度,实行总量控制和排污许可管理制度,建立环境污染公共监测预警机制;注重运用市场手段和经济政策,明确提出了财政、税收、价格、生态补偿、环境保护税、环境污染责任保险、重污染企业退出机制,以及作为绿色信贷基础的企业环保诚信制度;进一步强化了政府的环保责任,规定了信息公开和公众参与以及公益诉讼的方法,赋予公民环境知情权、参与权和监督权;明确了"环境监察机构"的法律地位、监管权力。

要完善相关法律法规。加快推进大气污染防治、水污染防治、土壤环境保护、核与辐射安全等专项法律法规的修订,全面推进环保法律法规、政策制度和环境标准建设。

要做好《环保法》实施的基础工作。研究制定按日计罚、查封扣押等新措施的执法规范。配合组织人事部门制定完善环境目标责任制和考核评价制度的具体规定,将政府责任落到实处。加强与公安机关、人民法院、人民检察院等司法部门的沟通和交流,做好公益诉讼、行政拘留、环境刑事案件办理等工作的协调和衔接。配合纪检监察机关做好行政追责的有关工作,明确环保部门应当承担的责任范围和形式,确保环保工作正常有效地开展。

三、环境保护统一监管的组织制度体系基本建立

以深化生态环保体制改革为契机，建立严格监管所有污染物的环保组织制度体系，这是推进生态文明建设的组织保障。生态环保体制改革是促进经济转型升级的重要抓手，是解决损害群众健康的突出环境问题的有力举措，是转变政府职能、加快环境管理战略转型的必然要求。其主攻方向和着力点是建立和完善严格的污染防治监管体制、生态保护监管体制、核与辐射安全监管体制、环境影响评价体制、环境执法体制、环境监测预警体制。

深化生态环保体制改革，要以改革创新为动力，从宏观战略层面切入，从再生产全过程着手，从形成山顶到海洋、天上到地下的所有污染物的严格监管制度和一体化污染防治管理模式着力，主动遵循、准确把握生态环境特点和规律，维护生态环境的系统性、多样性和可持续性，增强生态环境监管的统一性和有效性。通过体制创新，建立统一监管所有污染物排放的环保管理制度，对所有污染物，以及点源（矿山等）、面源（农业等）、固定源（工厂等）、移动源（车、船、飞机等）等所有污染源，以及大气、土壤、地表水、地下水、海洋等所有污染介质，实行统一监管。

2014年10项改革重点任务包括：一是建立严格监管所有污染物排放的环保管理制度；二是及时公布环境信息，健全举报制度；三是完善污染物排放许可制，实行企业事业单位污染物排放总量控制制度；四是对造成生态环境损害的责任者严格实行赔偿制度；五是建立陆海统筹的生态系统保护修复和污染防治区域联动机制；六是完善发展成果考核评价体系，建立生态文明建设目标体系；七是建立空间规划体系，划定生态保护红线；八是实施主体功能区制度，建立国家公园体制；九是探索编制自然资源资产负债表，开展国家环境资产核算方法体系研究；十是发展环保市场，推行排污权交易制度。

四、改善环境质量的工作体系得以明确

以打好大气、水、土壤污染防治三大战役为抓手，构建改善环境质量的工作体系，这是推进生态文明建设的主战场。保护和改善环境质量是各级政府应当提供的基本公共服务。

继续把大气污染防治作为重中之重。深入实施《大气污染防治行动计划》，以雾霾频发的特大城市和区域为重点，以细颗粒物和可吸入颗粒物的治理为突破口，做好源解析这个基础，抓住产业结构、能源效率、尾气排放和扬尘等关键环节，健全政府、企业、公众共同参与的新机制，实行区域联防联控。

强化水污染防治。编制实施《水污染防治行动计划》，在确保饮用水水源地等水质较好、水体稳定达标、水质不退化的同时，集中力量治理好劣V类水体，尤其是消灭一批影响群众多、公众关注高的城镇黑臭水体，带动一般水体污染防治。推进重点流域和地下水污染防治，加强水质较好湖泊生态环境保护，综合防控海洋环境污染和生态破坏。

抓好土壤污染治理。编制实施《土壤污染防治行动计划》，加强监督管理，切断各类进入土壤的污染源；深入推进土壤污染治理修复，实施土壤修复工程，逐步改善土壤环境质量；加强土壤污染场地开发利用监管，维护人居环境健康；深化"以奖促治"政策，继续推进农村环境连片整治，治理农业面源污染。

构建环境保护"四大体系"，是我们"向污染宣战"的有力武器和重大举措。"向污染宣战"，反映了党的意志、国家的意志、人民的意志。推进生态文明建设与"向污染宣战"内在一致，两者统一于建设美丽中国、走向社会主义生态文明新时代的伟大实践中。推进生态文明建设，为人民群众创造良好的生产生活环境，必须"向污染宣战"。"向污染宣战"不仅会破解经济社会发展的资源环境瓶颈制约，还会有力推进生态文明建设进程。

第二章 "向污染宣战"的三大战役

2014年，李克强总理在《政府工作报告》中明确了坚决"向污染宣战"，对大气、水、土壤三大污染治理进行了全面的总部署，以着力解决损害群众健康的突出环境问题和逐步改善环境质量为作战目标。这标志着我国政府将采用"水、陆、空"三位一体的方式"向污染宣战",这既是三大战役的三个着力点,也是三个切入点。

第一节 全面实施《大气污染防治行动计划》(第一战役)

其目标是以治理雾霾(以$PM_{2.5}$和PM_{10}为主)为突破口,全面推进《大气污染防治行动计划》。2014年的《政府工作报告》指出,以雾霾频发的特大城市和区域为重点,以细颗粒物和可吸入颗粒物治理为突破口,抓住产业结构、能源效率、尾气排放和扬尘等关键环节,健全政府、企业、公众共同参与新机制,实行区域联防联控,深入实施《大气污染防治行动计划》。2014年要淘汰燃煤小锅炉5万台,推进燃煤电厂脱硫改造1500万千瓦、脱硝改造1.3亿千瓦、除尘改造1.8亿千瓦,淘汰"黄标车"和老旧车辆600万辆,在全国供应"国四"标准车用柴油。

2013年国务院出台的《大气污染防治行动计划》(国发〔2013〕37号)(以下简称《气计划》)已为大气污染防治奠定了政策基础。为更好地理解和把握实施《气计划》的紧迫性和重要性,现从《气计划》出台的背景、总体要求、奋斗目标、具体指标、政策措施简要解读如下。

一、《气计划》出台的背景和总体要求

大气环境质量事关人民群众的根本利益,事关经济的持续健康发展,事关全面建成小康社会,事关实现中华民族伟大复兴的中国梦。当前,我国大气污染形势严峻,以可吸入颗粒物、细颗粒物为特征污染物的区域性大气环境问题日益突出,损害人民群众身体健康,影响社会和谐稳定。随着我国工业化、城镇化的深入推进,能源资源消耗持续增加,大气污染防治压力继续加大。为切实改善空气质量,2013年9月国务院出台《关于印发大气污染防治行动计划的通知》(国发〔2013〕37号,简称大气《国十条》),提出大气污染防治的总体要求、奋斗目标和政策举措。这是当前和今后一个时期全国大气污染防治

工作的行动指南。其总体要求是以科学发展观为指导，以保障人民群众身体健康为出发点，大力推进生态文明建设，坚持政府调控与市场调节相结合、全面推进与重点突破相配合、区域协作与属地管理相协调、总量减排与质量改善相同步，形成政府统领、企业施治、市场驱动、公众参与的大气污染防治新机制，实施分区域、分阶段治理，推动产业结构优化、科技创新能力增强、经济增长质量提高，实现环境效益、经济效益与社会效益多赢，为建设美丽中国而奋斗。

二、《气计划》的奋斗目标

到2017年，全国地级及以上城市可吸入颗粒物浓度比2012年下降10%以上，优良天数逐年提高；京津冀、长三角、珠三角等区域细颗粒物浓度分别下降25%、20%、15%左右，其中北京市细颗粒物年均浓度控制在60微克每立方米左右。经过5年努力，全国空气质量总体改善，重污染天气较大幅度减少；京津冀、长三角、珠三角等区域空气质量明显好转。力争再用5年或更长时间，逐步消除重污染天气，使全国空气质量明显改善。

三、《气计划》的政策措施

大气《国十条》，成为全国人民"同呼吸、共奋斗"的一个鲜明主题，社会公众评论其内容全面，措施有力。主要内容是：

第一条，加大综合治理力度，减少污染物排放。重点是加强工业企业大气污染综合治理，全面整治燃煤小锅炉，加快重点行业脱硫、脱硝、除尘改造工程建设，推进挥发性有机物污染治理；深化面源污染治理，综合整治城市扬尘，开展餐饮油烟污染治理；强化移动源污染防治，提升燃油品质，加快淘汰"黄标车"和老旧车辆，大力推广新能源汽车。

第二条，调整、优化产业结构，推动产业转型升级。重点是严控"两高"行业新增产能，加快淘汰落后产能，压缩过剩产能，坚决停建产能严重过剩行业违规在建项目。

第三条，加快企业技术改造，提高科技创新能力。重点是强化科技研发和推广；全面推行清洁生产，对钢铁、水泥、化工、石化、有色金属冶炼等重点行业进行清洁生产审核；大力发展循环经济，到2017年，单位工业增加值能耗比2012年降低20%左右，在50%以上的各类国家级园区和30%以上的各类省级园区实施循环化改造，主要有色金属品种以及钢铁的循环再生比重达到40%左右；大力培育节能环保产业。

第四条，加快调整能源结构，增加清洁能源供应。重点是控制煤炭消费总量，到2017年，煤炭占能源消费总量比重降低到65%以下；加快清洁能源替代利用，加大天然气、煤制天然气、煤层气供应；推进煤炭清洁利用；提高能源使用效率。

第五条，严格节能环保准入，优化产业空间布局。重点是调整产业布局，在东部、中部和西部地区实施差别化的产业政策，对京津冀、长三角、珠三角等区域提出更高的节能环保要求，严禁落后产能转移；强化节能环保指标约束，京津冀、长三角、珠三角区域以及辽宁中部、山东、武汉及其周边、长株潭、成渝、海峡西岸、山西中北部、陕西关中、甘宁、乌鲁木齐城市群等"三区十群"中的47个城市，新建火电、钢铁、石化、水泥、有色、化工等企业以及燃煤锅炉项目要执行大气污染物特别排放限值；优化空间格局，化解过剩产能，有序推进位于城市主城区的钢铁、石化、化工、有色金属冶炼、水泥、平板玻璃等重污染企业环保搬迁、改造，到2017年基本完成。

第六条，发挥市场调节机制作用，完善环境经济政策。重点是积极推行激励与约束并举的节能减排新机制，分行业、分地区对水、电等资源类产品确定企业消耗定额，对能效、排污强度达到更高标准的先进企业给予鼓励；完善价格税收政策，实行阶梯式电价；加大排污费征收力度，适时提高排污收费标准，将挥发性有机物纳入排污费征收范围；研究完善将部分"两高"行业产品纳入消费税征收、出口退税政策和资源综合利用税收政策，使用专用设备或建设环境保护项目的企业以及高新技术企业，可以享受企业所得税优惠；地方人民政府要对涉及民生的"煤改气"项目、"黄标车"和老旧车辆淘汰、轻型载货车替代低速货车等加大政策支持力度，对重点行业清洁生产示范工程给予引导性资金支持，要将空气质量监测站点建设及其运行和监管经费纳入各级财政预算予以保障，中央财政设立大气污染防治专项资金，对重点区域按治理成效实施"以奖代补"，中央基本建设投资也要加大对重点区域大气污染防治的支持力度。

第七条，健全法律法规体系，严格依法监督管理。重点是完善法律法规标准，加快修订大气污染防治法，建立健全环境公益诉讼制度，研究起草环境税法草案，加快制（修）订重点行业排放标准以及汽车燃料消耗量标准、油品标准、供热计量标准等，加大环境监测、信息、应急、监察等能力建设力度，达到标准化建设要求；加大环保执法力度；实行环境信息公开。国家每月公布空气质量最差的10个城市和最好的10个城市的名单。各省（区、市）要公布本行政区域内地级及以上城市空气质量排名，建立重污染行业企业环境信息强制公开制度。

第八条，建立区域协作机制，统筹区域环境治理。重点是建立京津冀、长三角区域大气污染防治协作机制；分解目标任务，将重点区域的细颗粒物指标、非重点地区的可吸入颗粒物指标作为经济社会发展的约束性指标，构建以环境质量改善为核心的目标责任考核体系；实行严格责任追究。

第九条，建立监测预警应急体系，妥善应对重污染天气。重点是到2014年，京津冀、长三角、珠三角区域要完成区域、省、市级重污染天气监测预警系统建设，其他省（区、市）、副省级市、省会城市于2015年底前完成；制定完善应急预案；及时采取应急措施。

第十条，明确政府企业和社会的责任，动员全民参与环境保护。重点是明确地方政府统领责任；加强部门协调联动；强化企业施治；广泛动员社会参与。

从大气《国十条》内容来看，既注重通过"减少"、"淘汰"等措施治标，又注重通过"优化"、"升级"、"科技创新"等措施治本。这是近30年来刚性约束最强、力度最大的大气污染防治措施。有媒体称，解读大气《国十条》既要把握五大关键词又要理解其五大亮点。五大关键词分别是：控汽车尾气，到2017年底前全国供应"国五"汽、柴油；减少煤消费，到2017年底煤炭消费比例降至65%以下；增$PM_{2.5}$监测点，到2015年底地级以上城市建成$PM_{2.5}$

监测点；天气预警，到2015年底各省份建成天气预警系统；淘汰落后产能，提前一年完成21个重点行业落后产能淘汰。五大亮点分别是：行动目标"跳一跳就能够得着"；实行"两高"行业产能总量控制；京津冀等5年实现煤炭消费总量负增长；考核"动真格"，首次提出组织部门参与考核；强调动员全民参与环境保护。但是，我们也应看到在现阶段实施大气《国十条》，还有许多困难，一方面，大气污染区别于水污染、固体废弃物污染，它是大气层流动形成跨区域的环境污染，要求跨省、跨区域政策、技术、监管形成联动和合作机制，才能实现区域治理目标；另一方面，对现有经济增长方式或环境治理模式形成强势挑战，对转型和升级形成倒逼。虽然要达到预期的污染减量目标仍困难重重，但这将会使得我国空气质量呈现质的转变，这也将是大气《国十条》最重要的意义所在。

大气《国十条》颁布后，从国家到地方治理大气污染的具体行动紧锣密鼓地有序展开。2013年9月13日，环保部发布《关于认真学习领会贯彻落实〈大气污染防治行动计划〉的通知》，要求全国环保系统必须认真学习领会，深入贯彻落实，扎实推进空气质量逐步改善。2013年9月，六部委联合印发《京津冀及周边地区落实大气污染防治行动计划实施细则》，提出到2017年，北京市、天津市、河北省细颗粒物浓度在2012年基础上下降25%左右等。2014年1月7日，环保部与全国31个省（区、市）签署《大气污染防治目标责任书》，明确各地空气质量改善目标和重点工作任务，为实现全国环境空气质量改善目标提供坚实保障。

地方政府也抓紧制定与之配套的相关政策，并组织实施。2013年9月12日，北京发布《北京市2013—2017年清洁空气行动计划》。今后5年，北京市将努力改善空气质量，到2017年，细颗粒物年均浓度要比2012年下降25%以上，控制在每立方米60微克左右。2013年9月，河北省印发《河北省大气污染防治行动计划实施方案》，将采取50条措施，加强大气污染综合治理，改善全省环境空气质量。2014年9月17日，甘肃通过了《甘肃省大气污染防治行动计划实施意见》，将于2017年完成空气质量明显改善、重污染天气较大幅度减少和优良天数逐年增加的目标。2014年1月7日，由长三角三省一市和国家八部委组成的长三角区域大气污染防治协作机制正式启动，明确了"协商统筹、责任共担、信息共享、联防联控"的协作原则及5项具体职能。2014年1月，福建省政府下发《福建省大气污染防治行动计划实施细则》，提出力争到2017年，全省环境空气质量得到巩固和提升，可吸入颗粒物浓度比2012年下降5%以上。

在全国上下共同推动大气《国十条》实施之时，时隔半年，国务院办公厅于4月30日出台了与之配套的《大气污染防治行动计划考核办法》（国办发〔2014〕21号）。这与2013年国务院出台的《大气污染防治行动计划》相呼应、相配套，进一步完善了考核措施，加大了考核和责任追究力度。

第二节　全面实施《水污染防治行动计划》（第二战役）

《水污染防治行动计划》（又称"清洁水行动计划"、《水计划》）是和大气污染、土壤污染防治并行的"三大战役"之一。2014年的《政府工作报告》中提出，全面实施"清洁水行动计划"，加强饮用水源保护，推进重点流域污染治理。据悉，《水计划》待国务院正式批复后将全面推进。现据有关资料表明，《水计划》将会重点加强饮用水环境安全保障，推进重点流域水污染防治，有序推进湖泊休养生息。坚持陆海统筹，强化海洋环境保护。在治理水污染的同时，可能还要将污水处理厂的"污泥处理"作为水污染防治重点任务之一，通过这些措施，"治水不治泥"、"重治水轻治泥"的现状也有望改变。有专家指出，水生态治理是长期而艰巨的任务，一旦放松管制或者治理力度降低，水环境的状况就可能出现反复。要树立以生态修复、循环利用为核心的科学治水理念，通过法律政策、市场机制、科学技术，解决水安全问题。

第三节　全面实施《土壤污染防治行动计划》（第三战役）

《土壤污染防治行动计划》（以下简称《土计划》）是"向污染宣战"

的第三大战役。2014年的《政府工作报告》中提出,实施土壤修复工程,整治农业面源污染,建设美丽乡村。《土计划》待国务院批复后执行。据有关资料表明,土壤污染防治将以保障农产品安全和人居环境健康为出发点,以保护和改善土壤环境质量为核心,重点要加强耕地和饮用水源地的土壤保护,加强被污染地块的风险管控,加强修复试点示范以及监测体系建立,以防危害到社会群体,加快发展治理土壤污染的技术和产业。

我国是全球土壤污染最严重的国家之一。长期以来,由于我国经济发展方式粗放,产业结构和布局不合理,污染物排放总量居高不下,部分地区土壤污染严重,对农产品质量的安全和人体健康构成了严重威胁。环保部公布的数据显示,据不完全调查,早在2006年,我国受污染的耕地约有1.5亿亩,占18亿亩耕地的8.3%。

相比大气和水污染,土壤污染的来源更加复杂,是综合性的污染。一方面是由于过去对固体废弃物治理没有重视,乱堆乱放形成污染的现象十分普遍;另一方面还有积淀在水和大气中的污染物沉积物。要限制土壤污染物的排放源头,前者可以通过加强管制,科学集中化处理固废垃圾,而后者相比前者似乎难度更大,因为目前我国水污染治理和大气污染治理仍处在攻坚阶段,土壤污染治理必须与这两项治理相结合才能从根本上解决土壤污染的问题。土壤污染治理还遭遇到前所未有的诸多难题,因为我国在土壤污染治理上一直是空白,在实施治理过程中会遇到许多问题。首先,治理资金短缺。目前有许多污染责任不明而造成历史遗留的污染土地,需要地方政府来"补课"、负责修复,而当前地方财力又面临捉襟见肘的现实,可想而知要解决资金难题是件棘手的事情。其次,难以落实污染企业的责任。由于我国欠缺《土壤保护法条例》,因而土壤污染的责任难以追究。最后,更大的难题是在耕地治理的同时还要确保解决农民的生计问题。

大家都知道,良好的土壤环境是农产品安全的首要保障,是人居环境健康的重要基础。为了人类健康,要加快实施土壤修复工程,为大地"排毒"。历史经验告诉我们,没有清洁的土壤,何来健康的食物;没有健康的食物,人类怎么生存！这三大污染防治计划，就是"向污染宣战"的三大战役，也是"战什么"的主要内容。目前，《大气污染防治行动计划》和与之相配套的考核办法，国家都已颁布，全国各地正在分步组织实施，有序推进。尤其是加快淘汰了有大气污染物排放的落后产能进程；影响空气质量的重点行业、重点企业的脱硫、脱销工程和烟尘治理也在紧锣密鼓地进行，汽车尾气治理也在有序开展，遏制沙尘污染的生态环境治理与恢复工程已在各地普遍展开；与大气污染治理相配套的、及时反映空气质量变化的监测点位的建设也在加紧进行，对重污染天气的预警预报和应对的应急预案也在建立和完善。可见，第一大战役已在全面深入的推进，通过几年的不懈努力，渴望多一点蓝天的愿望一定会早日实现。水和土壤的污染防治计划及配套的考核办法，国家还没有颁布，但应该只是时间问题，因为水和土壤的环境污染，同样在倒逼着我们必须加快治理进程，加大治理力度。与此同时，我们也应该看到解决这些长期积累的环境问题，绝不是一朝一夕就能完成的，不仅需要忍耐转方式、调结构带来的经济下滑的阵痛，还需要投入大量的人力、物力、财力和科技的支撑，需要一定的时间和实践。因此，"向污染宣战"是一场攻坚战，也是一场持久战，只有举全力，才能打好，才能实现宣战必胜的目标。

坚决"向污染宣战"，是破解我国生态环境难题的必然选择，是提高人民群众生活质量的内在要求，也是推进生态文明建设的迫切需要。良好的生态环境是最公平的公共产品，是最普惠的民生福祉。党的十八大把生态文明建设纳入中国特色社会主义事业"五位一体"总布局，十八届三中全会对加快生态文明制度建设作出进一步部署。没有良好的生态环境，全面建成小康社会、建设生态文明的美丽中国、实现中华民族的伟大复兴就无从谈起。我们践行党的宗旨、坚持党的群众路线，必须切实加强污染治理，不断改善生态环境质量，以"向污染宣战"的实际成效取信于民。

第三篇
主动适应新常态 打好"向污染宣战"的组合拳

当前,我国经济社会发展正在逐步迈入新常态,这就意味着我国经济发展要摆脱"旧常态",要迎接一段时期以来经济增长速度偏高偏热、经济增长方式不可持续、环境污染加剧、社会矛盾增加的严峻挑战;意味着经济社会发展将呈现出不同以往的、相对稳定的、可持续和相互协调的新模式、新阶段。经济发展速度换挡、结构优化、动力创新的新常态三大特征和新《环保法》的全面实施,为践行环保新路、打好"向污染宣战"的攻坚战创造了极为有利的重要条件。紧紧抓住这些有利的条件,攻坚克难,切实解决影响人民群众生产生活和制约经济社会可持续发展的突出环境问题,是全社会共同的使命与责任!

新常态要有新状态。全面推进"向污染宣战"的三大战役,就是主动适应新常态、积极迎合新常态、认真践行环保新路的具体体现。环境污染不是一天两天形成的,解决环境问题也不是一天两天就能完成的,因此"向污染宣战",需要凝聚全社会共同的力量,需要打出"组合拳",通过进一步采取强化环境执法、行政监管、环境经济政策的调节、社会公众和新闻媒体的监督、环境文化和环境道德的引领等各项有效措施,来确保宣战必胜,实现遵循自然规律的经济社会协调发展。

怎样理解"向污染宣战"的组合拳？如果说把污染比喻成一个物体，同时向这个物体打出有组织、有体系、有重点、有角度的拳路，行为方式一致，目标趋向一致，自然就形成了组合拳。在这里，我把"向污染宣战"从应用"法治惩处、行政监管、经济调节、社会监督、文化引领"五个方面所采取的措施，比喻成"向污染宣战"打出的五套组合拳，并对此一一进行解析。

那么，这五拳之间又怎样才能形成合力？就目前"向污染宣战"所采取的各种措施来看，呈现出"五拳同出、五拳并进、五拳共击"的态势。这五拳之间相互关联、相互依存、相互支撑、相互作用，既有分工又有合作，都是奔着一个方向、为了一个目标而战。下面，就五套组合拳的内容分述如下。

第一章 关于应用法治惩处措施（第一拳）

"依法治污"是"依法治国"的一个重要组成部分。近几年，环境污染肆虐，环境危害凸显，环境违法行为屡禁不止，其中一个很重要的因素，就是环境法制建设滞后于经济发展。现有的环保法律法规赋予的环境执法手段薄弱，对环境违法行为惩处过轻，从而导致环境污染和生态破坏已经成为制约我国经济社会可持续发展的突出问题。因此，"向污染宣战"，首先立足于修改和完善现有的环保法律法规，通过加快立法、完善司法、严格执法等措施，才能体现出应用法制"向污染宣战"的强大震慑力。

我国的《环保法》于1979年试行，1989年正式实施。从20世纪80年代开始，我国相继制定了涉及环保领域的法律20多部、行政法规90多部，基本形成了我国环保法律的框架体系。有数据显示，我国环境法律占全部法律的10%左右，环境行政法规占全部行政法规的7%左右，环境法律门类越来越齐全，结构越来越完整。这一体系以《环保法》为母法，以《大气污染防治法》《水污染防治法》《固体废物污染防治法》《噪声污染防治法》《环境影响评价法》

等13部为环境保护子法，与法律相配套的以国务院出台的环境保护方面的有关条例为环境保护行政法规，与法律法规相配套的还有地方性法规、部门规章、地方规章、国家标准等多个层次，呈现出"金字塔"的梯级关系。在这些环境保护法律制度体系中，按职能、职责划分为三大类。第一大类为"事前预防"的，比如，环境影响评价方面的法律法规、生态红线制度；第二大类为"行政监管"的，这方面的法律法规是最多的，有环境执法、环境司法的，最严厉的就是环境犯罪的司法审判，比如，环境保护方面的"两高司法《解释》"；第三大类为"事后救济"的，比如，土壤修复和生态补偿等方面的法律法规。近年来，随着科学发展和生态文明建设的提出，环境保护的基本理念也发生了重大变化。修订《环保法》，一直是全国人大委员们关注的话题之一，同时环境问题凸显的现实，也要求修订《环保法》。2011年1月，全国人大环资委启动了《环保法》条文修订工作。前两审是以修正案的方式修改，后两审改为修订草案。这个转折突破了以修正案方式修订的局限性，解决了长期以来《环保法》在众多环境法律中处于何种地位的争议，确立了《环保法》是基本的环境制度，明确了与本法不一致的要适用本法，本法没有规定的，适用其他法律的规定。新《环保法》历经4年的反复论证修改，经十二届全国人大八次会议修订通过，于2014年4月24日以中华人民共和国主席令第九号向全社会公布。这是对《环保法》实施25年来进行的第一次修订。《环保法》的修订是针对目前我国严峻的环境形势、突出的环境问题的一记重拳，是资源环境承载与经济社会可持续发展的关系的重大调整，是人与自然相融共处的重新定位，是环境保护制度建设的重大变革与重大飞跃。

《环保法》是环境保护领域的基础性法律制度，其法律地位就是环境保护领域的"母法"，其作用是承载着环境保护法律框架体系的顶层设计。环境保护方面的其他单行法律有20多部，其法律地位就是环境保护领域的"子法"，其作用主要是依靠单行法强化环境保护执法，增强可操作性。基础性法律与其他法律如何分工，在本次修法中作出明确规定，与本法不一致的要适用本法，本法没有规定的，适用其他法律的规定。随着新《环保法》基础法律的修订实施，由此可以预测其他环保单行法将会陆续加快修法日程，与"母法"和"子法"相配套的90多部国家行政规章和部门行政规章也会随之修订、健全、完善。这标志着我国环保法律法规框架体系已经开始新的变革和转型。新的环保法律法规体系，不仅更加适应我国经济社会发展新常态的新要求，也必将对解决突出环境问题、改善环境质量、促进经济社会相协调发展发挥更大更好的作用。

新《环保法》规定的事项涉及方方面面，有些内容将会在后面的篇章中加以解读。下面重点围绕《环保法》修订中确立的指导思想、基本原则、政府责任、社会责任、环境犯罪等方面作简要的解读。

第一节 以生态文明推动环境保护法制建设

《环保法》的修订，充分体现了我们党和国家全面推进生态文明建设的根本要义，充分体现了党的十八大关于生态文明建设的精神，完善了环境保护新理念，强化了新时期环境保护的指导思想和战略地位。

一、《环保法》的修订体现了生态文明的内涵

环境保护事关民族兴衰、国家安全、人民福祉。加强环境保护是推进生态文明建设的根本途径，也是生态文明建设的主阵地。推进生态文明建设，促进经济社会可持续发展，是新《环保法》第一条中增加的内容。由此可以看出，立法的目的在于使经济社会发展与环境保护相协调，要克服传统工业文明的弊端，探索科学发展的道路。坚持以科学发展观为指导，坚持生态文明建设，通过保护环境来优化经济增长和改善民生，努力实现人与自然和谐、经济发展与环境保护相协调，这就是新时期我国环保事业应该遵循的总要求。

环境保护的基本原则是随着经济社会发展的需求在不断地调整和完善的，以增强时效性和针对性。在全面建成小康社会的关键时期，新《环保法》第五条阐明了环境保护在新的历史时期，要坚持"保护优先、预防为主、综合治理、公众参与、损害担责"的原则。

保护优先，这是十八大报告确立的坚持"节约优先、保护优先、自然恢复为主"的方针。保护优先是生态文明建设规律的内在要求，就是要从源头上加强生态环境保护，合理利用资源，避免生态破坏。我们国家现在开展的重点生态功能区划，划定"三区"生态保护红线，实行严格保护，都是体现了保护优先的基本原则。

预防为主，是指人类活动可能导致环境质量下降时，应当事前采取预测、分析和防范措施，以避免、减少由此带来的环境损害。在整个环境治理过程中，要将事前预防与事中、事后治理相结合，并优先采用防患于未然的方式。历史教训告诉我们，"事后治理"、"末端治理"都是舍本逐末的方式，不利于环境问题的根本解决。我们必须转变思维方式，将治理转移到前端，从预防为主开始。

综合治理，就是要用系统论的方法来解决环境问题。由于环境问题的成因复杂，周期较长，如果用一种方式单打独斗，往往会顾此失彼，达不到预期效果。实施综合治理要把握好几个重点环节。在环境要素上，要统筹考虑水、气、声、渣等污染因子的治理，如治理土壤污染，要同时考虑地下水、地表水、大气的环境保护；在治理手段上，要综合运用政治、经济、技术等多种手段治理环境，特别是要发挥环境经济政策对治理污染的调节作用，加强跨行政区域的治理行动，由点上的管理扩展到面上的联防联治；在工作机制上，形成环保部门统一监督管理，各部门分工负责，企业承担治理污染的主体责任，公民积极参与，社会舆论和媒体监督的齐抓共管的格局。

公众参与，就是鼓励和引导社会公民积极参与环境保护，提出维护环境权益的诉求，改善环境质量的意见，监督环境污染行为等。近年来因环境问题引发的群体性事件呈上升趋势，有些事件已造成严重的社会影响。因此，需要法律来建立公众有序参与的机制，运用法治思维和法治方式化解社会矛盾。《环保法》在修订时，几次通过网络向社会各界征求意见，这个过程就体现了公众参与环保机制的创新和重要性。集民意，汇民智。一条条建议、意见的背后，都是公众参与环保立法的真实写照；开门立法，认真研究采纳每一条意见，都是对社会公众健康的尊重，对民意的尊重。

损害担责，环境损害是指由于人为活动而导致的人类与其他物种赖以生存的环境受到损害，其中包括环境污染和生态破坏。损害者要为其造成的损害承担责任，这是环境保护的一项重要原则。"污染者付费"原则，是国际上最早提出的，它是指污染环境造成的损失及其费用由排污者承担。我国原《环保法》一直坚持的也是"污染者付费、担责"的原则，本次修订，将"污染者担责"原则修改为"损害担责"原则。本条所称"损害"，一是有污染环境行为，二是只要有破坏生态的行为，即为"损害"，行为人就要承担责任，而非有了损害结果才担责。这是原则理念的延伸，追责的延伸，更是国家依法治理污染的决心和态度的彰显。

新《环保法》的指导思想和基本原则，不仅体现了生态文明建设的内涵，也创新和丰富了环境管理的机制，反映了解决严重的环境问题，必须要用最严厉的环境法律才能奏效。比如，通过实施查封、扣押、停止生产、停止建设、停业关闭、"按日计罚"、提高资源环境调节税、行政拘留、环境保护"两高司法《解释》"等措施，解决长期以来环境违法成本低、守法成本高的环境不公平问题。在现实工作中，环境保护管理手段的不断探索和实践，为环境保护法治建设提供了许多成熟的经验，以及一些有效的监管手段和监管措施。通过此次《环保法》的修订，将这些行政监管手段上升为法律规定，比如，生态红线制度、排污许可证制度、总量控制制度、区域限批制度、信息公开制度、公众参与制度、联防联控制度等。

值得注意的是，这些制度的修订和完善，一方面更加突出了生态文明的理念和指导思想，始终把生态文明精神的核心和灵魂贯穿在环境保护的法律法规中，落实在实践中；另一方面更加注重了民本思想，修订和完善环保法律法规的出发点和落脚点，都是为了保障人民群众的健康，始终把以人为本的思想贯穿在环境保护的全过程中。

二、新《环保法》调整了经济社会发展与环境保护的关系

推进生态文明建设，促进经济社会可持续发展，已经成为我国新时期贯

彻落实科学发展观的基本理念，是衡量地方各级党委、政府是否转变执政理念和提升执政能力的重要标尺。怎样处理好环境保护与经济社会发展的关系，又事关生态文明建设的成败，事关国家的长治久安。

环境保护是我国的一项基本国策，是在1983年12月31日国务院召开的第二次全国环境保护会议上确立的，是一项政策措施。时隔31年，在2014年《环保法》修订时，立法规定将环境保护确定为国家的基本国策，即由原来的"政策措施"上升为"法律制度"。作出这样重大的修订，其目的就是进一步强化环境保护在经济社会协调发展中的战略地位。

如何确定环境保护与经济社会发展的关系，是每次环境保护立法和修订时不容回避而又必须解决的一个重大问题。改革开放以来，环境保护与经济发展之间的关系，伴随着我国社会主义现代化建设的不同历史时期和环保法的发展历程而在发生变化。二者之间的关系定位，都是在《环保法》的"三次立法"中结合时代发展的要求予以确立的。为进一步理解和把握"经济社会发展与环境保护"关系的重要性，现将二者关系定位的三次渐变过程进行梳理，便于更好地掌握和思考。

第一次关系定位：1979年9月，第五届全国人民代表大会常务委员会第十一次会议通过中华人民共和国成立后的第一部环境保护基本法——《中华人民共和国环境保护法（试行）》，标志着我国的环保工作开始走上法制化轨道。该法规定，中国环境保护有五大任务，其中"**促进经济发展是中国环境保护的一项重要任务**"。笔者认为，其含义就是环境保护要"服从"经济发展。由于二者是服从关系，地位自然不同，当二者有冲突或矛盾时，环境保护就要给经济发展让路，不能阻碍经济发展。

第二次关系定位：1989年12月26日，第七届全国人民代表大会常务委员会第十一次会议通过的《中华人民共和国环境保护法》正式施行，标志着我国的环保法律体系的框架基本形成。该法规定，"**使环境保护工作与经济建设和社会发展相协调**"。笔者认为，其含义就是环境保护要"服务"于经济建设和社会发展的需要，与第一次"是任务"的定位相比，最大的变化和最大的进步在于提出了环境保护与经济建设和社会发展要注重相互之间的协调性，这是25年前确立发展理念的一次重大转变。尽管环境保护的重要性有提升，但二者的地位仍然不同，环境保护与经济建设相比仍属于从属地位、次要地位。

之后，为全面落实科学发展观、加快构建社会主义和谐社会、实现全面建设小康社会的奋斗目标，2005年国务院出台了《关于落实科学发展观加强环境保护的决定》，其确立的基本原则是协调发展，互惠共赢。该决定中再次提出要"正确处理环境保护与经济发展和社会进步的关系，在发展中落实保护，在保护中促进发展，坚持节约发展、安全发展、清洁发展，实现可持续的科学发展"。2006年4月17日，国务院召开了第六次全国环境保护大会，时任国务院总理温家宝同志做了题为《全面落实科学发展观加快建设环境友好型社会》的讲话。该讲话中明确提出了做好"十一五"环保工作，关键是要加快实现"三个历史性转变"。"三个历史性转变"的内涵：一是从重经济增长、轻环境保护转变为保护环境与经济增长并重，把加强环境保护作为调整经济结构、转变经济增长方式的重要手段，在保护环境中求发展。二是从环境保护滞后于经济发展转变为环境保护与经济发展同步，做到不欠新账，多还旧账，改变"先污染后治理、边治理边破坏"的状况。三是从主要应用行政办法保护环境转变为综合应用法律、经济、技术和必要的行政办法解决环境问题，自觉遵循自然规律和经济规律，提高环保工作水平。4月19日，《人民日报》就"关键是加快实现三个历史性转变"发表了"人民日报社论"，对在新形势下做好三个转变的重大意义作出详尽的表述。综上所述，从国务院出台加强环境保护决定到第六次环保大会，表明了环境污染和生态破坏已经成为制约经济社会可持续发展的突出问题。如何正确处理环境保护与经济社会发展的关系已经被提到了国家重要的议事日程上来，并摆在了更加突出的位置。"事危则志远，情迫则思深。"应该说，"三个历史性转变"树立了保护环境与经济增长"并重"和"同步"的发展理念，是在1989年正式施行《环保法》确立的"使环境保护工作与经济建设和社会进步相协调"的基础上进行了进一步升华和发展，对如何处理好经济建设与环境保护的关系也有了更加清晰的认识和理解。与此同时,"三个历史性转变"中提出的主要应用行政办法保护环境转变为应用法律、经济等办法解决环境问题的思路,为加快修订更为严格的《环保法》奠定了坚实的基础。

第三次关系定位:2014年4月24日,第十二届全国人民代表大会常务委员会第八次会议修订通过《中华人民共和国环境保护法》,并于2015年1月1日起实施。该法的实施标志着我国的环保法律制度更加健全和完善,尤其在突出强化政府责任、环保监管手段出硬招、环境信息公开与公众参与、解决企业环境违法成本低等方面有较大的突破,堪称"史上最严格的环保法"。

此次修订《环保法》,是第三次就经济社会发展与环境保护的关系重新作出重大调整。本次立法规定:"**使经济社会发展与环境保护相协调。**"可以看出,与1989年立法规定的"使环境保护工作与经济建设和社会发展相协调"相比,最大的转变和创新就是调整了"谁协调谁"的问题,从根源上找到解决环境问题的症结和出路,也是从立法的角度确立了环境保护在经济社会全面发展中具有举足轻重的地位。使经济社会发展与环境保护相协调,其含义是要实现经济社会的可持续发展,就必须依附于资源环境的支撑。资源环境的承载能力在一定程度上决定着经济社会发展的速度和质量,这是发展理念的创新,体现了"保护优先、预防优先"的原则,体现了生态文明建设的基本思想和总要求。虽然二者的定位仍是协调的,但前后位置的变换,表明了二者的关系和地位作出重大调整。一是在"关系"上,使二者的关系由原来的"主仆"变为相互依存的"朋友",这是二者在关系上发生了根本性的改变;二是在"地位"上,使二者的地位由原来的"让路角色"、"从属地位"、"次要地位"转变为"同样角色"、"同等地位"、"互惠共赢",这是二者在地位上发生了根本性的改变。只有注重经济社会发展与环境保护相协调,才能使环境保护成为套在经济发展上的"紧箍咒",意在使"脱缰野马"变成可持续发展的"千里马"。这个"紧箍咒"最大的作用,就在于调整经济增长的方式和速度,使生产方式更加遵循自然规律和经济规律,使发展成果和资源环境不仅要惠及当代,也要惠及子孙后代。只有更加重视资源环境对经济发展的支撑作用,才能使环境影响评价成为推动产业结构调整的"总闸门"。通过设置"总闸门",把高耗能、高污染、高排放的建设项目拒之门外,充分发挥其过滤和调节的功能;只有不断提高环境标准和更加重视科学技术促进环保产业的发展,才能使环境标准成为引导企业技术改造的"催化剂",才能使环境科技和清洁生产示范应用成为促进企业技术进步和产业升级的"助推器",才能使环保产业成为国民经济新增长点的"加油站"。这种重大的变革和进步,使经济发展与环境保护形成同生共存、相得益彰、相互支撑、相互促进、同步发展的良性互动格局。

为什么要对经济社会发展与环境保护的关系作出重大调整?这是因为与经济社会发展相比,环境保护一直处于"短板"位置、透支状态。习近平总书记指出,让透支的资源环境休养生息。透支,是对我们现在的环境质量最好的描述。更令人焦虑和担忧的是,一些干部在看待经济发展与环境保护的关系上,功利主义倾向严重。先发展、再环保,重发展、轻环保,光发展、不环保,这三种做法时至今日大有市场。《环保法》三次立法修订,调整了经济社会发展与环境保护的关系,实际上就是一个"补短板"的渐进过程。2014年,李克强总理在《政府工作报告》中明确指出,政府要下大力气"补短板",就是通过加强薄弱环节,促进各项事业和谐发展。通过这次环境保护立法修订,表明了中央政府致力于"补短板"的坚定决心。通过立法规定进而重新确立经济社会发展与环境保护的关系,即经济社会发展要与环境保护相协调。二者的新关系,充分体现了在经济社会发展中,要树立并始终坚持和贯彻"环境保护优先"的新理念。这与我们在总结以往经济社会发展中的教训和经验的基础上得出的两个转变,即"又快又好的发展"向"又好又快的发展"的转变、"在发展中保护"向"在保护中发展"的转变的发展理念相呼应,这是对传统发展理念的进一步丰富和升华,是顺应时代要求、造福子孙后代的生动体现。这一转变,与党的十八大"五位一体"总布局的精神相一致,是一脉相承的。这也是《环保法》修订时的一个重大变革和重大进步。

促进经济社会可持续发展,**在思想上**,应正确认识环境保护与经济发展的关系，牢固树立以保护环境优化经济发展的意识，将环境保护作为我国经济发展新阶段、新常态下的重要任务。**在政策上**，应从国家发展战略层面解决环境问题，制定有利于环境保护的价格、财政、税收、金融、土地等方面的政策，通过规划和战略调整等手段，进一步优化重化工业的布局，调整产业结构，转变发展方式。**在措施上**，应实行严格的环境保护制度，建立健全与现阶段社会经济发展特点和环境保护要求相一致的环境法规、政策、标准和技术体系。**在行动上**，应动员全社会力量共同参与保护环境，转变生产、贸易增长方式，建立可持续消费模式，实施资源节约型、环境友好型、社会和谐型的可持续发展战略。

随着我国经济社会步入新常态，环境保护也将同步进入新常态。"依法治污"将伴随着十八届四中全会"依法治国"的不断深入，要求环保法律体系的建设要不断适应新情况、新要求，在健全和完善环保法律体系建设中，不仅要有更远的前瞻性，还要有更好的可操作性。新《环保法》提出了许多加强环境保护的新理念，宏观指导的政策性、建议性、鼓励性的条款也不少，但要使这些法律规定实实在在落地、见实效，还有很多困难和障碍，尤其是在具体执行操作层面，还需要迫切研究制定必要的政策措施和行政规章来作为支撑和保障。也就是说，不仅要明确"该做什么"，更需要明确"该怎么去做"。或者说，法律明确了"该做什么"后，应抓紧修订和出台与之相呼应的"该怎么去做"的行政规章，以增强其执行力和可操作性。现实中需要从"重立法"向"重执法"转变和完善。否则，再好的立法理念，也会停留在设计层面，立法的功效也会缩水和打折扣。

第二节 《环保法》强化了政府保护环境的责任

纵观发达国家如何保护环境，除了应用严格的法律、经济、技术手段外，强化各级政府监管环境保护的责任也是一条重要的举措。那么，美国是如何规定政府环境责任的呢？美国《国家环境政策法》规定，政府环境责任主要包括4个方面的内容。第一，宣布国家环境政策和国家环境保护目标。这是《国家环境政策法》的宣示性条款，其中包括6个方面：国家能够履行作为子孙后代的环境受托保管人的责任；国家能够保证为全体国民创造安全、健康、多产的并富于美学和文化价值的优美环境；国家能够最大限度地合理利用环境，不得使其恶化或者对健康和安全造成危害，避免引起其他不良的和不应有的后果；国家能够保护国家历史、文化和自然等方面的重要遗产，尽可能保持一种能为每个人提供丰富与多样选择的环境；国家能够促进人口与资源的利用达到平衡，实现国民享受高度的生活水平和广泛舒适的生活；国家能够提高可再生资源的质量，并使易枯竭资源达到最高程度的再循环。第二，明确国家环境政策的法律地位。首先，《国家环境政策法》规定，国会授权并命令国家机构，应当尽一切可能实现国家的各项政策、法律与执行均应当与本法的规定相一致。其次，《国家环境政策法》规定，所有联邦政府机构均应当对其现有的法定职权、行政法规以及各项现行政策和程序进行一次清理，以确定其是否存在妨碍充分执行本法宗旨和规定的任何缺陷或矛盾。再次，规定环境影响评价制度。联邦政府的所有部门对人类环境质量有重大影响的各项提案和法律草案、建议报告以及其他重大联邦行为，均应当由负责经办的官员提供一份详细说明：拟议行为对环境的影响；提案行为付诸实施对环境所产生的不可避免的不良影响；提案行为的各种替代方案；对人类环境的区域性短期使用与维持和加强生命力之间的关系；提案行为付诸实施时可能产生的无法恢复和无法补救的资源耗损。最后，设立国家环境质量委员会。其主要有两项职能：为总统提供环境方面的咨询意见；协调行政机关有关环境影响评价的活动。

分析美国《国家环境政策法》的主要内容，有以下几方面值得借鉴：一是《国家环境政策法》的立法定位，是通过规范和约束政府环境行政行为而不是通过规制企业和公民的环境行为，来实现国家环境政策和目标的。二是《国家环境政策法》明确了国家环境政策的法律地位，将国家环境政策贯穿国家各项政策、法律和法律解释及其执行中。三是《国家环境政策法》规定了政府行为环境影响评价制度，这是促使政府履行环境职责的有效手段。

我国环境问题突出的关键因素是各级政府的环境管理缺位和失效。寻找环境管理缺位和失效的根源，是政府对环境管理的干预和管制的缺位和松懈。从政府缺位的行为，我们不难找到最深层次的原因是环保法律制度本身存在一定的缺陷，给有法不依、违法不究留下了存在的空间。现实中，有法不依主要表现为，一是政府有法不依，二是污染排放者有法不依。把二者对比来看，前者的问题更具有深层次和更为复杂，也是更大的难点，需要法律来强化和规范。现实中，之所以采取"环保风暴"、"区域限批"等手段，其切入点就是调控基层政府有法不依的行为。违法不究主要表现为，一是对政府有法不依缺乏法律监督和校正手段，缺乏行政问责机制；二是对排污者惩处不严。当然，要严格执法，前提是强化环保立法，解决环保"软法"问题，才能做到环境保护依法行政。

修订前的《环保法》中，关于政府责任仅有一条原则性规定。此次修订后的《环保法》，突出强化和落实政府保护环境的责任。其用意在于，一方面是通过立法规定和建立、完善违法必究的问责机制，来解决地方政府有法不依的问题；另一方面是对多年来委员代表、专家学者们一直呼吁地方政府环境保护缺位的回应，也是对社会公众、各界人士共同关注环境保护的回应。与此同时，通过突出和强化政府监管环境的主体责任，可以弥补环境管理通过市场配置资源失灵的弊端，体现了政府履行管控社会公共产品的职责。为此，新《环保法》进一步明确了政府加强环境保护的4大类15项责任，主要是：改善环境质量，实施污染物排放总量控制，加强环境保护管理，制定和执行环境标准，强化环境保护宣传教育，注重保护生态环境，加强农业环境保护，加强海洋环境保护，加强环境保护科技，加强环保综合废物利用，加强环境应急，加大环保财税政策支持，编制环境保护规划，加强环境基础设施建设，加强环保目标责任考核方面的责任。这是此次立法的重大转折，也是最大的亮点。现将15项责任从改善环境质量、强化环境管理、注重生态环境保护、加强领导等4个方面来分述如下。

一、各级政府改善环境质量和实施总量控制方面的责任

(一) 改善环境质量方面的主要责任

新《环保法》用2条3款立法规定了政府改善环境质量的责任。分别是：第六条第二款规定，"**地方各级人民政府应当对本行政区域的环境质量负责**"。第二十八条第一款规定，"**地方各级人民政府应当根据环境保护目标和治理任务，采取有效措施，改善环境质量**"；第二款规定，"**未达到国家环境质量标准的重点区域、流域的有关地方人民政府，应当制定限期达标规划，并采取措施按期达标**"。

环境质量与人民群众生产生活息息相关。环境质量的优劣，直接影响到人体健康和生态系统的平衡。目前，环境质量的改善已经成为社会公众最为期盼的重大民生问题。因此，新《环保法》规定，地方政府对本辖区的环境质量负总责。这是对地方政府负有环境保护责任总体职能定位的表述，总责就是总负责，就是要肩负起领导、组织、指挥、协调、检查、落实等各项职能职责，这是任何一个单位和个人都无法代替的。

为什么环境质量必须由地方政府负责？这是因为环境是典型的社会公共产品。实践中，市场配置资源的作用对于公共产品往往是失灵的，管理公共产品的责任主体是政府，只有政府才有发挥调配各阶层的权力，只有政府才有统筹各种社会资源的能力。另外，影响环境质量的因素既有大气、水、土壤等自然要素的综合作用，又有产业结构、能源结构、人口结构等经济社会因素，因而影响环境质量的因素是复杂的，多样的。实施改善环境质量的措施，要涉及经济社会的方方面面，既要转变粗放落后的工业生产方式，也要转变人们传统的生活方式，还要转变人们不节约的消费方式。这种全方位、多功能的任务，除了政府以外，没有另外一个主体能承担得了，只有政府才具有统领全局、统筹协调的职能和作用，才能根据环境质量改善的目标和治理任务，制定综合治理方案，动员全社会的力量，采取措施治理环境污染。而对未达到国家环境质量标准的地区，也只有地方政府才有权制订限期达标规划，才有权下达限期治理的任务。通过组织开展淘汰落后产能、加强基础设施建设、节能改造、推进

清洁生产、改善生态植被等措施，实现环境质量按期达标的任务。综上所述，所有这些组织、指挥、协调、统筹的功能和作用唯有政府具备，任何一个部门、一个单位都不具备解决这些综合问题的职能和权力，因此改善环境质量只有政府才能负总责。

目前，在改善环境质量这个问题上，有许多公众由于对政府和环保部门之间的职能定位不清，对政府负有环境保护主体责任和环保部门负有监管责任职责界限不明，概念混淆，往往对一个城市或者一个区域的环境质量不满意，就怪罪在环保部门头上，责难环保部门不作为，进而宣泄悬赏环保部门领导下水游泳等不满情绪。事实上，环保部门作为政府环境保护的职能部门，主要职责是对本辖区的环保工作实施统一监督管理。新《环保法》规定，保护环境是全社会的责任，其他的有关部门也同时负有环境保护的责任。比如，国家海洋行政主管部门、港务监督部门、渔政渔港监督部门、军队环境保护部门和各级公安、交通、铁道、民航管理部门，依照有关法律的规定对环境污染防治实施监督管理。县级以上人民政府的土地、矿产、林业、农业、水利行政主管部门，依照有关法律的规定对资源的保护实施监督管理。还有一些部门应肩负的环境保护责任，也在新《环保法》中作出明确的规定，这里就不一一列举了。

各级环保部门当然是依法保护环境的主力军，负有不可推卸的监督管理责任，这是无可厚非的。但现有的环保法律制度、惩罚手段、监管措施对环境违法行为没有起到强大的震慑作用，管不住也管不了的情形比比皆是，环保部门往往是力不从心，处于尴尬无奈的境地。当然，也不排除有些环境污染确实与环保部门监管不到位甚至与污染企业同流合污的情况，也存在被社会公众责难的合理因素。然而就经济结构宏观控制和产业布局整体调节而言，对一个城市或一个区域的工业发展、资源开发利用、淘汰落后产能、节能改造、环境基础设施建设、改善生态环境等，这些与环境质量好坏息息相关的重大事项，都是由属地政府根据当地经济社会发展的需求来决策的，环保部门最多只是参与，根本没有决策权。有一些环保部门领导感叹，一个城市或一个区域的环境质量好坏，环保目标责任是否完成，要问责只能是问市长、县长的责任，依法也应该对市长、县长问责。但现在许多时候拿属地环保部门领导问责，代人受过的现象比比皆是。也有一些基层环保部门领导感言，环保局既不排放污染也不破坏生态，却常常遭到公众挨骂、舆论责难、上级问责，环保部门最大的权力就是替政府担责。还有许多基层环保部门领导建言，国家应尽快出台环保部门"尽职免责"的相关制度，也有的强烈建议不是应该出台"尽职免责"，而是应该出台"尽职无责"的规定，从制度上解决"谁污染、谁担责、谁有罪"的问题，追责就像看病一样，应从病根入手。所有这些问题的存在，主要是由于责任不清、体制不顺、职能缺位、法律滞后而造成的。在这次修订《环保法》总则时，首先突出强化地方各级人民政府改善环境质量的责任，目的就在于此吧！

（二）各级政府在实施污染物排放总量控制方面的责任

新《环保法》第四十四条第一款规定了各级政府实施污染物排放总量控制的责任。具体规定："**国家实行重点污染物排放总量控制制度。重点污染物排放总量控制指标由国务院下达，省、自治区、直辖市人民政府分解落实。企业事业单位在执行国家和地方污染物排放标准的同时，应当遵守分解落实到本单位的重点污染物排放总量控制指标。**"

作为国家层面，国务院就污染物排放总量控制的责任是，给各省（区、市）下达化学需氧量、二氧化硫、氨氮、氮氧化物以及重点重金属污染物排放总量控制指标。环保部受国务院委托，与各省、自治区、直辖市人民政府签订《重点污染物排放总量控制目标责任书》。《目标责任书》主要内容包括：各省（区、市）和企业集团"十二五"主要污染物总量控制目标、主要减排任务和措施，并结合各地实际，在《目标责任书》中详细列出了各省（区、市）和企业集团重点减排项目清单，要求必须按照规定的时间完成重点减排项目的建设。

作为地方层面，各省、自治区、直辖市人民政府就污染物排放总量控制的责任是，按照与环保部签订的《总量控制目标责任书》的要求，将总量控制指标逐级分解落实到各地市和重点排污单位，切实抓好总量减排的各项工作，接受国家对约束性指标的考核。

对于排污单位，此条款规定除了要严格执行国家和地方制定的污染物排放标准外，还要严格遵守分解落实到本单位的重点污染物排放总量控制指标的要求。这两项约束性指标，排污单位都必须严格遵照执行，否则，就会受到惩处。

二、各级政府加强环境保护监督管理方面的责任

加强对环境保护的监管，是各级地方政府对本辖区环境质量负总责的重要手段，也是各级政府履行管理社会公共产品职能的具体体现。因而，新《环保法》就各级政府在加强环境管理方面负有的责任作出具体的规定，主要内容和措施包括：环境监测、环境标准、环境宣教、环境科技、环境应急、固体废物利用管理等，现分述如下。

（一）各级政府加强环境监测方面的责任

新《环保法》第三十二条规定，"国家加强对大气、水、土壤等的保护，建立和完善相应的调查、监测、评估和修复制度"。（1）大气监测制度，不仅在此次修订的《环保法》中作出明确规定，也在《大气污染防治法》单行法中作出规定。设置该制度的目的在于，为开展大气污染监测数据和测试技术、方法，开展大气污染监测评价，发布大气环境状况信息，分析评估大气污染成因和现状，掌握和预判大气环境质量变化趋势奠定了法律依据；也为研究制订治理大气污染重点单位、重点行业、主要措施以及综合实施方案等提供了决策依据，达到有针对性地促进大气环境质量的改善。（2）水监测制度，同样也在此次修订的《环保法》中作出明确规定，同时在《水污染防治法》单行法中作出具体规定。设置该制度的目的在于，为开展水污染监测数据和测试技术、方法，开展水污染监测评价，及时发布水质环境状况信息，分析评估水污染成因和现状，掌握和预判水环境质量变化趋势奠定了法律依据；也为研究制订治理水污染重点单位、重点行业、主要措施等提供了决策依据，达到有针对性地促进水环境质量的改善。（3）土壤污染的调查、监测、评估和修复制度，在此次修订《环保法》时作出原则性的规定。把土壤污染防治的基础性工作通过立法予以明确，表明了国家已经高度重视农村、农业和土壤污染问题，要像治理大气污染那样立法规、出重拳、见实效。因此，治理土壤污染结合解决农村环境问题，这是我国政府"向污染宣战"的三大战役之一。

土壤污染调查是土壤修复的前提和基础。2008年《环保部关于加强土壤污染防治工作的意见》（以下简称《意见》）指出，各级环保部门要按照全国土壤污染状况调查工作的统一部署，加强共同协调，有效整合资源，强化质量管理，落实配套资金，确保调查的进度和质量。2014年4月17日，环保部和国土资源部发布了《全国土壤污染状况公报》。调查结果显示，全国土壤环境状况总体不容乐观，部分地区土壤污染较重，耕地土壤环境质量堪忧，工矿业废弃地土壤环境问题突出。调查显示，全国土壤总的点位超标率为16.1%。

关于土壤环境质量监测和评估。《意见》指出，把土壤环境质量监测纳入先进的环境监测预警体系建设，制订土壤环境监测计划并组织落实，进一步加大投入，不断提高环境监测能力，逐步建立和完善国家、省、市三级土壤环境监测网络，定期公布全国和区域土壤环境质量状况。

关于污染土壤修复。《意见》指出，根据土壤污染状况调查结果，组织有关部门和科研单位，筛选污染土壤修复实用技术，加强污染土壤修复技术集成。目前，环保部会同有关部门正在编制《土壤污染防治行动计划》。我们期待这个计划，就像《大气行动计划》一样，在中华大地上掀起"向污染宣战"的又一个高潮，让人振奋，让人欣慰！

（二）各级政府制定和执行环境标准方面的责任

新《环保法》用2条立法规定了政府制定环境标准的责任。第十五条规定（质量标准）："国务院环境保护主管部门制定国家环境质量标准。省、自治区、直辖市人民政府对国家环境质量标准中未作规定的项目，可以制定地方环境质量标准；对国家环境质量标准中已作规定的项目，可以制定严于国家环境质量标准的地方环境质量标准。地方环境质量标准应当报国务院环境保护主管部门备案。国家鼓励开展环境基准研究。"第十六条（排放标准）："国务院环境保护主管部门根据国家环境质量标准和国家经济、技术条件，制定国家污染物排放标准。省、自治区、直辖市人民政府对国家污染物排放标准中未作规定的项目，可以制定地方污染物排放标准；对国家污染物排放标准中已作规定的项目，可以制定严于国家污染物排放标准的地方污染物排放标准。地方污染物排放标准应当报国务院环境保护主管部门备案。"

1. 关于制定严格的环境质量标准。环境质量标准是随着环境问题的出现而产生的。据有关资料表明，英国在工业革命以后，因工业发展造成的环境污染日益严重。1912年，英国皇家污水处理委员会对河水的质量提出3项标准，五日生化需氧量不得超过4毫克每升、溶解氧量不得低于6毫克每升、悬浮固体不得超过15毫克每升，并提出用五日生化需氧量作为评价水体质量的标准。近几十年来，一些国家根据本国环境污染的实际，先后颁布了一系列的环境质量标准。

环境质量标准，是指国家为保护人体健康和生态环境，对环境中的污染物或者其他有害因素的容许含量所作的规定。环境质量标准是衡量环境是否受到污染的尺度，是制定污染物排放标准的重要依据，同时也是环境执法部门实施环境管理的重要依据。我国的国家环境质量标准由国务院环境保护部负责制定。环境质量标准按环境要素分为3类，具体是：（1）水环境质量标准。水环境质量标准是对水中污染物或其他有害物质的最大容许浓度的规定。水质量标准按水体类型分为地面水质量标准、地下水质量标准等；按水资源的用途分为生活饮用水水质标准、渔业用水水质标准、农业用水水质标准、娱乐用水水质标准和各种工业用水水质标准等。我国已颁布的水质标准有《中华人民共和国地表水环境质量标准》《地下水质量标准》《农田灌溉水质标准》等。（2）大气环境质量标准。大气环境质量标准是对大气中污染物或者其他有害物质的最大容许浓度的规定。据有关资料介绍，目前世界上已有80多个国家颁布了《大气环境质量标准》。1962年，我国颁布的《工业企业设计卫生标准》中首次对居民区大气中的12种有害物质规定了最高容许浓度。1982年4月，我国首次颁发了国家的《环境空气质量标准》，其后该标准经过3次修订，现在执行的是2012年修订的。此次修订调整了环境空气功能区分类，将三类区并入二类区，同时增设了颗粒物（粒径小于等于2.5微米）浓度限值和臭氧8小时平均浓度限值；调整了颗粒物（粒径小于等于10微米）、二氧化氮、铅和苯并芘等浓度限值。新修订的《环境空气质量标准》规定了环境空气功能区分类、标准分级、污染物项目、平均时间及浓度限值、监测方法、数据统计的有效性规定及实施与监督等内容。该标准明确环境空气功能区分为两类：一类区为自然保护区、风景名胜区和其他需要特殊保护的区域；二类区为居住区、商业交通居民混合区、文化区、工业区和农村地区。环境空气功能区质量标准按要求分为两级，一类区执行一级浓度限值，二类区执行二级浓度限值。（3）土壤环境质量标准。土壤环境质量标准是对土壤中污染物和其他有害物质的最高允许浓度指标值的规定。1995年，我国颁布了《土壤环境质量标准》。《土壤环境质量标准》按土壤应用功能、保护目标和土壤主要性质，规定了土壤中污染物的最高允许浓度指标值和相应的监测方法。土壤环境质量根据土壤应用功能和保护目标，划分为3类：一类主要适用于国家规定的自然保护区（原有背景重金属含量高的除外)、集中式生活饮用水源地、茶园、牧场和其他保护地区的土壤，土壤质量基本上保持自然背景水平。二类主要适用于一般农田、蔬菜地、茶园、果园、牧场等土壤，土壤质量基本上对植物和环境不造成危害和污染。三类主要适用于林地土壤及污染物溶量较大的高背景值土壤和矿产附近等地的农田土壤（蔬菜地除外）。土壤质量基本上对植物和环境不造成危害和污染。土壤环境质量标准分为3级：一级标准为保护区域自然生态，维持自然背景的土壤环境质量的限制值。二级标准为保障农业生产，维护人体健康的土壤限制值。三级标准为保障农林业生产和植物正常生长的土壤临界值。具体的执行要求是：一类土壤环境质量执行一级标准，二类土壤环境质量执行二级标准，三类土壤环境质量执行三级标准。除上述3类环境质量标准外，国家还制定了噪声、辐射、振动、放射性物质等环境质量标准。

依照本条法律规定，地方也可制定地方环境质量标准，但只能制定大气环境质量标准和水环境质量标准，同时必须满足以下几个条件方可。一是地方环境质量标准的制定主体是省、自治区、直辖市人民政府，省（区、市）环保部门可受省、自治区、直辖市人民政府委托方可制定。二是对国家环境质量标准中未作规定的项目，可以制定地方环境质量标准。根据环保部2010年颁布的《地方环境质量标准和污染物排放标准备案管理办法》的规定，制定地方环境质量标准时，要对某种污染物的监测方法通过实验和验证，选择适用的监测方法，并将该监测方法列入地方环境质量标准或污染物排放标准的附录。如国家就此出台了新标准后，要执行国家标准。三是对国家环境质量标准中已作规定的项目，可以制定严于国家环境质量标准的地方环境质量标准。此条款是本次修订中新增加的规定，旨在鼓励有条件的省、自治区、直辖市制定比国家环境质量标准更严格的地方环境质量标准，以更好地保护本地的环境质量。四是地方环境质量标准应当在发布之日起45日内，向环保部备案。环保部在收到之日起45日内完成备案审查，对符合规定的，予以备案，并在环保部网站公布备案信息；对不符合规定的，不予备案，并函复报送备案的省、自治区、直辖市人民政府或者受其委托的环境保护行政主管部门，说明理由。

　　本法还规定国家要开展环境基准研究。环境基准是指环境中的污染物等对人或者其他生物等特定对象产生不良或者有害效应的最大限制。环境基准是一种综合性基准，它是由与人体健康有关的卫生基准、与各种动植物保护有关的生物基准等综合而成。环境基准和环境质量标准是两个不同的概念。所谓环境基准，是由污染物同特定对象之间的剂量反应关系确定的，只考虑自然因素，不具有法律效力。而环境质量标准是以环境基准为依据，根据社会发展、经济增长、技术条件、污染物排放现状、改善环境质量需求等因素综合考量制定的，一般具有法律的强制性。但二者又有密切的关系，前者是制定后者的科学依据，后者规定的污染物容许剂量或浓度原则上应小于或等于相应的基准值。环境基准是国家进行环境质量评价、制定环境质量标准的科学依据，也是国家制定环境管理政策的科学基础。开展环境基准研究，对于提高环保工作的科学性，更好地保护我国生态系统和人民群众身体健康具有重要的意义。

　　1983年，我国制定的《环境保护标准》中第一次提出，"制定环境标准，要以环境基准为基础"。2005年，国务院明确提出"科学确定基准"的要求。从"十一五"开始，我国已经开展了水环境基准研究，也取得了一定的成果，但与发达国家相比差距还很大,除了水之外的其他环境介质的环境基准研究还没有系统地开展,所以还需要加强这方面的研究,这也是新《环保法》规定国家鼓励开展环境基准研究的意义所在。

2. 关于制定严格的污染物排放标准。排放标准是国家对人为污染源排入环境的污染物的浓度和总量所作的限量规定。其目的是通过控制污染物排放量的途径来实现环境质量标准或环境目标。(1)污染物排放标准按污染物形态分为:气态、液态、固态以及物理性污染物(如噪声)排放标准。气态污染物排放标准,主要是规定二氧化硫、氮氧化物、一氧化碳、硫化氢、氯、氟以及颗粒物等容许排放量。液态污染物排放标准,主要是规定废物(废液)中所含的油类、需氧有机物、有毒金属化合物、放射性物质和病原体等的容许排放量。固态污染物排放标准,主要是规定填埋、堆存和进入农田等处的固体废物中的有害物质的容许含量。物理性污染物排放标准,如噪声标准等。(2)污染物排放标准按适用范围分为:通用排放标准和行业排放标准。通用的污染物排放标准规定一定范围(全国或一个区域)内普遍存在或者危害较大的各种污染物的容许排放量,适用于各个行业。有的通用排放标准按不同排向(如水污染物按排入下水道、河流、湖泊、海域)分别规定容许排放量。行业的污染物排放标准规定某一行业所排放的各种污染物的容许排放量,只对该行业有约束力。因此,同一污染物在不同行业中的容许排放量可能不同。行业的污染物排放标准还可以按不同生产工序规定污染物容许排放量。依照法律规定,国家的污染物排放标准由国务院环境保护主管部门制定。(3)制定污染物排放标准的原则:一是应当根据国家环境质量标准制定,使规定的污染物容许排放量尽量符合国家环境质量标准的要求;二是应当根据国家的经济和技术条件,考虑所规定的污染物容许排放量在经济上的合理性和控制技术上的可行性。(4)制定污染物排放标准的主要方法:一是按照污染物扩散规律来制定,应用污染物稀释和扩散模式来推算污染源排放口的容许排放量;二是按照最佳可行技术来制定,即按照本国生产的水平和技术、经济上可能达到的污染物控制能力来制定;三是按总量控制来制定,即按照环境质量标准的要求计算区域范围内污染物容许排放总量，确定各个污染源分摊率，从而确定它们的容许排放量。依照本条法律规定，除了有国家的污染物排放标准外，地方也可以结合实际制定地方的污染物排放标准，但与地方环境质量标准一样，只能制定大气污染物排放标准和水污染物排放标准，同时必须满足以下几个条件方可。一是地方污染物排放标准制定的主体是省、自治区、直辖市人民政府，适用于本行政区域内全部范围或者辖区内特定流域、区域的污染物排放标准。二是对国家污染物排放标准中未作规定的项目，可以制定地方污染物排放标准。三是对国家污染物排放标准中已作规定的项目，可以制定严于国家污染物排放标准的地方污染物排放标准。这里"严于国家污染物排放标准"，是指对于同类行业污染源或者同类产品污染源，采用相同的监测方法，地方污染物排放标准规定污染物项目限值、控制要求，在其有效期内严于相应时期的国家污染物排放标准。四是《地方污染物排放标准》应当自发布之日起45日内向环保部备案。环保部在收到备案材料之日起45日内完成备案审查，对符合规定的，予以备案，并在环保部网站公布备案信息；对不符合规定的，不予备案，并函复报送备案的省、自治区、直辖市人民政府或者受其委托的环境保护行政主管部门，说明理由。

目前，不少地方结合本地区的实际情况，制定了地方环境质量标准和地方污染物排放标准。比如，内蒙古包头市为治理氟化物污染，制定出台了《包头地区氟化物大气质量标准（试行）》和《包头地区大气氟化物排放标准》，确定了本市排放大气氟化物的总量控制指标，核定各排氟单位分配指标。

（三）各级政府加强环保宣传教育方面的责任

新《环保法》第九条第一款规定了政府加强环保宣传教育的责任。具体规定："**各级人民政府应当加强环境保护宣传和普及工作，鼓励基层群众性自治组织、社会组织、环境保护志愿者开展环境保护法律法规和环境保护知识的宣传，营造保护环境的良好风气。**"保护环境是一切单位和个人的义务。做好环保工作，除了要严格执法以外，还需要通过广泛开展环保法律法规和环保知识的宣传和普及。只有动员全社会的力量共同参与，才能营造全社会参与环境保护、建设生态文明的良好氛围。

加强环保的宣传和普及为什么是政府的责任呢？这是因为，社会公众的环境意识如何，是衡量社会文明程度的一个重要标志。环保宣传教育和环保知识的科普，是加强社会管理、推进社会文明进步的一项重要内容，属于社会公共产品。只有各级人民政府，才能统揽全局，凝聚各方力量，发挥主体作用，开展环保宣传和普及。这种责任既无法替代，又责无旁贷。

如何开展环保宣传教育和环保知识普及？各级政府和各有关部门应当通过媒体宣传以及组织环保进机关、进社区、进学校、进企业、进农村、进家庭等各类宣传推广活动，广泛、深入地宣传普及环保法律法规和环保知识，努力提升全民环境意识，营造全社会珍爱资源环境、重视保护环境、参与环境保护的良好风气。通过向社会公众宣传普及环保法律法规和环保知识，使大家在日常生产生活中，提高知法、守法的法律意识，增强节约资源、减少消耗浪费、善待自然、爱护环境的环保理念，让社会公众成为环保的主力军。在加强对社会公众的环保宣传普及的同时，本条法律还规定各级人民政府要鼓励基层群众性自治组织、社会组织、环保志愿者等有关社团组织，开展环保法律法规和环保知识的宣传，调动一切可以调动的力量，营造使保护环境成为人们自觉行动的良好社会氛围。

当前，环保的宣传教育和环保知识的普及仍然是短板。近年来全国各级环保部门也在逐步努力加强此项工作，组织开展一系列丰富多彩的活动。比如，举办纪念"六五"世界环境日活动，开展"绿色学校"、"绿色社区"、"环保知识竞赛"、"环保摄影展览"、"环保书画评比"等。这些活动大部分是由环保部门一家组织进行的，有时也联合一些政府有关部门，但挂名的居多，实质性的内容较少，长期形成环保部门单打独斗的局面，且这些形式的宣传教育在社会上仅产生瞬间的局部效应，既不广泛也不深入。如何从人们的思想认识、生产模式、消费方式等深层次、多领域开展环境教育，如何从树立人们珍爱自然、节约资源、减少浪费的生态文明观等方面开展环境教育等，这些实践活动还较少，组织力度还较小，社会效应、社会反响还不强。这与社会公众和新闻媒体的高度关切相比，与人民群众建设美好家园的热切期盼相比，与生态文明建设的总要求相比，相差甚远。由此可见，广泛开展环保宣传教育和环保知识科学普及，仅靠环保部门不仅势单力薄、捉襟见肘，也很难全面、深入地开展，很难做到成效明显。因此，推动此项工作，只有各级政府组织、指导、协调社会各方面的力量，加强领导，分工协作，才能形成工作合力，收到较好的社会效应。其实，这也是修订《环保法》时单列此条，专门规定政府责任的用意所在。

（四）政府加强环保科技方面的责任

新《环保法》用2条立法规定了政府加强环保科技方面的责任。分别是：第四十条第二款规定，"国务院有关部门和地方各级人民政府应当采取措施，推广清洁能源的生产和使用"。第三十六条规定，"国家鼓励和引导公民、法人和其他组织使用有利于保护环境的产品和再生产品，减少废弃物的产生"。

促进清洁生产和资源循环利用，是依靠科技、减少污染物排放的重要途径。本条立法规定，国务院有关部门和地方各级人民政府应当采取措施，推广清洁能源的生产和使用。如水能、生物能、太阳能、风能、地热能和海洋能以及天然气、煤制气、煤制油、核能等低污染的能源。我国的《大气污染防治法》《固体废物污染环境防治法》《循环经济促进法》等相关法律对清洁能源的推广也作出规定，要求国务院有关部门和地方各级人民政府应当采取措施，推广清洁能源的生产和使用。

应该说，近年来我国政府十分重视促进清洁生产和资源循环利用，大力发展循环经济，进一步提升企业技术升级改造。特别是在大中城市，加快了城市基础设施的建设，在企业生产、居民生活中大力推广电、天然气、液化石油气等清洁能源的使用，传统能源替代步伐明显加快。制定有利于减少资源消耗的经济政策，分步实施电、水等能源消耗的阶梯价格，鼓励和引导社会公众节能、节水、节材，鼓励和引导社会公众使用再生产品，在一定程度上减少了废弃物的产生。

（五）政府加强综合废物利用方面的责任

新《环保法》第三十七条规定了政府加强综合废物利用方面的责任，具体是:"地方各级人民政府应当采取措施,组织对生活废弃物的分类处置、回收利用。"伴随着城镇化的快速发展,我国13亿多人口产生的生活废弃物总量不断攀升,2012年全国城市生活垃圾清运量达到1.71亿吨。"垃圾围城"已经成为我国很多城市和乡村的突出环境问题。为加快解决这个难题,新《环保法》立法规定各级人民政府在组织处理利用生活废弃物的职责。

"垃圾是放错了地方的资源。"这句话已经日益成为共识。那么,如何使垃圾这种特殊资源变废为宝?这恐怕是仁者见仁、智者见智的一件大事。

首先,应鼓励社会公众树立绿色消费意识。废弃物来源于生产和消费两个环节,减少废弃物也要从这两个环节入手,才能有的放矢,对症下药。在生产领域,国家要遵循和推广"3R"原则,即减少(Reduce)、再利用(Reuse)、再生利用(Recycle)。各级政府要制定有利于节约资源的经济政策,鼓励、引导和推动企业减少废弃物的产生。对于实施清洁生产和循环利用的企业,国家给予政策扶持;对购买、使用有利于环境保护的产品和再生产品的公民法人和其他组织,国家也应给予财政补贴。在消费领域,要在全社会倡导和推行绿色消费,树立珍爱资源、节约资源的美德,从源头上抑制废弃物的产生。比如,政府制定政策遏制产品过度包装,反对餐桌上的铺张浪费和生活用品的过度消耗等。这些引导和限制对于减少生活垃圾、节约资源、推进社会文明建设都是十分必要的。

其次,要加快生活废弃物的分类处置和回收利用。在许多国家,回收利用再生资源已经成为一个十分重要的产业。在大力发展循环经济的当下,我国有越来越多的企业利用再生资源进行生产,从垃圾中寻找财富,不但可以节约自然资源、遏制垃圾泛滥,而且要比利用天然原料节约成本,经济上更为划算。比如,在生活垃圾中分拣金属,将剩余垃圾制作有机肥料,利用垃圾发酵制气、发电等也都做了一些尝试。但我国大多数城市城镇的生活垃圾,仍然采用传统的填埋方式来处置。

值得关注的是,随着人们环保维权意识的持续增强,新建废弃物处理设施的难度越来越大,特别是因垃圾发电会产生诸如二噁英等污染物,致使许多城市居民产生恐慌情绪，进而引发了一系列的社会矛盾和不稳定的因素。如何使垃圾资源发挥更好的经济效益、社会效益和环境效益，还有待加强研究、探讨和实践。

另外，也要认识到只有把垃圾放对了地方才能成为资源。回收利用的前提，首先要依赖于对生活废弃物的分类收集，减少对垃圾进行二次分拣的巨大成本，提高废弃物回收利用的效率。这是由于我国居民没有养成垃圾分类收集的良好习惯，也有的是由于垃圾收集设施建设滞后而造成的。因此，地方各级人民政府应当及时采取措施，对生活废弃物的分类收集、处置和回收利用的意义要加大宣传，并及时提供指导和帮助。

（六）政府加强环境应急方面的责任

新《环保法》第四十七条规定了政府加强环境应急方面的责任。具体是：第一款规定，"**各级人民政府及其有关部门和企业事业单位，应当依照《中华人民共和国突发事件应对法》的规定，做好突发环境事件的风险控制、应急准备、应急处置和事后恢复等工作**"。第二款规定，"**县级以上人民政府应当建立环境污染公共监测预警机制，组织制定预警方案；环境受到污染，可能影响公众健康和环境安全时，依法及时公布预警信息，启动应急措施**"。第三款规定，"**突发环境事件应急处置工作结束后，有关人民政府应当立即组织评估事件造成的环境影响和损失，并及时将评估结果向社会公布**"。

随着社会经济的不断发展，我国面临的环境风险正在逐步加大，突发环境事件进入高发期，造成了巨大的生态破坏和经济损失，严重制约着经济社会的快速发展，严重威胁到人民群众的生命财产安全。据有关资料表明，近20年来，我国已经发生重特大突发环境事件1000多起。突发环境事件已成为影响社会和谐稳定的重要问题。为了提高对突发环境事件的应对处置能力，尽可能控制、减少、消除环境污染事故产生的危害，切实维护广大人民群众的生命财产安全，维护国家和社会的稳定，本法在修订时进一步明确了政府、部门、企业在处置突发环境事件中的责任。

1. 要了解国家层面处置突发环境事件的一些规定。突发事件的早发现、早报告、早预警，是及时做好应急准备、有效处置突发事件、减少人员伤亡和财产损失的首要前提。这是用生命和鲜血的代价换来的教训。事实证明，建立健全应对突发环境事件的救助体系和运行机制、规范和指导应急处理工作，是及时控制突发环境事件、高效开展应急救援工作的重要制度保障，可以最大限度地减少突发环境事件的危害，保障人民群众身体健康与生命安全，维护社会秩序正常进行。预警机制不健全，就会导致突发事件发生后处置不及时，由事件产生的危害和次生灾害无法控制，将会造成人员和经济的巨大损失，也会对区域安全和社会稳定产生不良的影响。根据《突发事件应对法》的要求，国务院已经制定了《国家突发环境事件应急预案》，并对适用范围、工作原则、组织指挥与职责、预防和预警突发环境事件应急响应、应急保障以及后期处置作出明确规定。按照突发事件的严重性和紧急程度，突发环境事件分为四级，即特别重大环境事件（Ⅰ级）、重大环境事件（Ⅱ级）、较大环境事件（Ⅲ级）和一般环境事件（Ⅳ级）。与四级事件呼应的，配套制定了四级响应。按突发环境事件的可控性、严重程度和影响范围，突发环境事件的应急响应分为四级，即特别重大（Ⅰ级响应）、重大（Ⅱ级响应）、较大（Ⅲ级响应）、一般（Ⅳ级响应）。国务院的《突发环境事件应急预案》中还规定，超出本级应急处置能力时，应及时请求上一级应急救援指挥机构启动上一级应急预案。Ⅰ级应急响应由环保部和国务院有关部门组织实施。

2. 新《环保法》明确规定了地方政府和部门处置突发环境事件的职责。正确认识地方政府建立环境污染公共监测预警机制的重要性和必要性，是地方政府提升处置突发环境事件应急能力的基础。建立环境污染公共监测预警机制是县级以上人民政府控制本区域环境安全的重大举措。新《环保法》规定，县级以上地方人民政府对本行政区域内的环境安全保护负总责，有制定本行政区域突发环境事件应急预案的义务。

那么，地方政府怎样建立环境污染公共监测预警机制呢？一是要制定处置本地区突发环境事件应急预案。预案中要对组织机构、工作职责、适用范围、应急响应、应急保障以及后期处置都要作出明确规定。制定应急预案既需要充分考虑本地实际情况，又要做好本地的应急预案与上级的应急预案的衔接工作；既要符合实际，又要统一实施。目前，按照国家要求，县级以上人民政府都制定了本辖区的处置突发环境事件的应急预案。各级环保部门也对本辖区的重点污染源和环境风险点是清楚的，能够做到心中有数。但在实际工作中，一旦突发环境污染事件，已经制定好的应急预案往往形同虚设。原因是应急预案只停留在纸上，挂在领导嘴上，而且早已在文书档案柜中安然躺息，没有实际操作演练，怎能派得上用场？因此，在这次修订《环保法》时，从强化立法的角度，明确规定了县级以上人民政府要制定应急预案、及时公布预警信息、启动应急措施。

二是要紧急启动应急预案。为了保证应急预案的合法性和合理性，形成全国统一、协调、高效的突发环境事件应急预案体系，县级以上地方人民政府接到突发环境事件预警后，按照四级响应的规定，应立即启动分级响应机制。与此同时，地方政府要责令有关部门、专业机构、监测网点和负有特定职责的人员在第一时间赶赴事件现场，按照应急预案中的分工职责，研究制定控制事态发展、减少环境污染损害、最大限度降低事故灾害、确保人员生命财产安全等一系列的工作方案，并组织实施。

三是要及时上报，及时公布。一方面要及时收集、报告有关信息；另一方面要及时向社会公布突发环境事件的信息。负责确认突发环境事件的单位首先是企业，也有政府有关部门，特别是各级环保部门。按照国家应急预案有关规定，在确认重大环境事件（Ⅱ级）后，1小时内报告省级相关专业主管部门，特别重大环境事件（Ⅰ级）立即报告国务院相关专业主管部门，并通报其他相关部门。地方各级人民政府应当在接到报告后1小时内向上一级人民政府报告。省级人民政府在接到报告后1小时内，向国务院及国务院有关部门报告。重大（Ⅱ级）、特别重大（Ⅰ级）突发环境事件，国务院有关部门应立即向国务院报告。在及时向上级报送突发环境事件信息的同时，地方政府和有关职能部门要及时向社会发布环境污染事件的进展动态、预警信息、污染物排放情况、危害程度、已实施的应急处置措施、现场控制状态等基本信息，让社会公众在第一时间内，能够及时了解和掌握环境事件的基本情况，避免造成不必要的恐慌，及时回击影响社会稳定的各种传言。

现实中，当突发环境污染事件后，特别是基层环保部门常常不及时上报，不及时向社会公布环境污染事件信息，反而是社会民众在网上发布的信息要比环保部门要早、要快，迟钝造成了被动。总结以往过失，大致归为5种情况：（1）不敢报。上级领导怕因事担责，不让环保部门上报，想就地压事了事，在自媒体和网络信息时代，这种情况越来越少了。（2）大事报小。这种情况最为普遍，符合几方利益，大家都希望相安无事。（3）迟报晚报。环境事件突发后，往往是网络上早已铺天盖地，上级领导已开始追问，上级环保部门还没有收到下级环保部门的上报信息，形成环保系统整体被动，旗、县、区环保部门领导常常为此而被约谈问责。（4）小事报大。这种情况少见但也有发生，主要是由于有的旗县环保部门领导刚刚由乡镇领导转任，业务不熟悉造成的。（5）信息发布滞后。这是当前最严重的一个问题，也是对各级环保部门的一个严峻考验。对于环境污染事件的研判，环保部门理应是最权威的专业部门，因此，必须在事发的最早时间，要通过各种媒体方式向社会发出信息。这样做的好处：①体现了环保部门职责到位、职责所在，理当在第一时间发出声音；②环保部门具有专业的权威性，发布的环境事件信息公信力强，是社会自然人所不具备的；③可以纠正社会或网络上的不真实传言，对控制事态和稳定社会都有积极的作用。近几年，环保部门由于信息发布不及时、不到位，事后往往被上级追责，不是约谈写检查，就是受到纪律处分，甚至被免职。事实证明，当突发环境污染事件时，政府只要及时发布公众信息，就会很快覆盖社会上的各种流言蜚语，政府的公信力在老百姓的心中永远是第一位的。只是有些地方政府或部门领导害怕担责，想大事化小，小事化了，结果适得其反。由于政府信息发布缺位，造成了政府信息短路，从而引发了社会公众的不满。近几年，在这方面已有很多的教训，目前各级政府和有关部门都能够总结经验，重视在事发的第一时间向社会发布大家关心的新闻信息，正确的舆论引导效果比较明显。

四是强化应急处置。地方各级人民政府按照有关规定全面负责突发环境事件应急处置工作，按照应急预案，组织启动应急措施，全力控制污染蔓延，减少损失。必要时，报请环保部及国务院相关部门根据情况给予协调支援。

有的地方性法规对应急措施已经作出规定，如《北京市大气污染防治条例》第二十一条规定，市人民政府应当制定空气重污染应急预案并向社会公布。在大气受到严重污染，发生或者可能发生危害人体健康和安全的紧急情况时，市人民政府应当及时启动应急方案，按照规定程序，通过媒体向社会发布空气重污染的预警信息，并按照预警级别实施相应的应对措施，包括责令有关企业停产或限产，限制部分机动车行驶，禁止燃放烟花爆竹，停止工地土石方作业和建筑拆除施工，停止露天烧烤，停止幼儿园和学校户外体育活动等。

3. 要做好突发环境事件的后评估工作。突发环境事件应急处置工作结束后，有关人民政府应当立即组织评估事件造成的环境影响和损失。突发环境事件污染损害评估工作包括制定工作方案、现场勘查与监测、访谈调查、损害确认、损害量化、编制评估报告等基本工作程序。污染损害评估范围包括人身损害、财产损害、环境损害、应急处置费用、调查评估费用，以及其他应当纳入评估范围内的损害。应急处置阶段应当对突发环境事件造成的人身损害和经济损失进行评估。经济损失评估范围包括财产损害、应急处置费用、调查评估费用以及应急处置阶段可以确定的其他损害。突发环境事件污染损害评估所依据的环境监测报告及其他书证、物证、视听资料、当事人陈述、鉴定意见、调查笔录、调查表等有关材料应当符合相关规定。评估结果作出后要及时向社会公布。

各级人民政府及有关部门和企业事业单位违反规定，未做好突发环境事件的风险控制、应急准备、应急处置和事后恢复工作的，依照《突发事件应对法》《国家突发环境事件应急预案》《突发环境事件应急预案管理暂行办法》的规定承担相应的法律责任。

三、各级政府加强生态环境保护方面的责任

生态环境是人类生存、生产与生活的基本条件，保护生态环境，就是保护人类的繁衍生息。近年来，我国由于经济发展对资源环境造成了严重的破坏，因而要实现经济社会可持续发展，保护生态环境的任务就显得十分紧迫和繁重。为此，新《环保法》突出强化了各级政府保护生态环境的责任，主要内容和措施有3个方面：划定生态保护红线、农业环境保护、海洋环境保护。

（一）各级政府划定生态保护红线方面的责任

新《环保法》第二十九条第一款规定，"国家在重点生态功能区、生态环境敏感区和脆弱区等区域划定生态保护红线，实行严格保护"；第二款规定，"各级人民政府对具有代表性的各种类型的自然生态系统区域，珍稀、濒危的野生动植物自然分布区域，重要的水源涵养区域，具有重大科学文化价值的地质构造、著名溶洞和化石分布区、冰川、火山、温泉等自然遗迹，以及人文遗迹、古树名木，应当采取措施予以保护，严禁破坏"。本条法规主要规定各级政府要通过生态红线划定的措施，来严格保护各种类型的自然生态系统。具体怎样实施，将在第二章"加强行政监管措施"中的"严格实行生态红线制度"里详细表述。

（二）各级政府加强农业环境保护方面的责任

新《环保法》用2条2款立法规定了各级政府加强农业环境保护的责任。分别是：第三十三条规定，"各级人民政府应当加强对农业环境的保护，促进农业环境保护新技术的使用，加强对农业污染源的监测预警，统筹有关部门采取措施，防治土壤污染和土地沙化、盐渍化、贫瘠化、石漠化、地面沉降以及防治植被破坏、水土流失、水体富营养化、水源枯竭、种源灭绝等生态失调现象，推广植物病虫害的综合防治"。第四十九条第一款规定，"各级人民政府及其农业等有关部门和机构应当指导农业生产经营者科学种植和养殖，科学合理施用农药、化肥等农业投入品，科学处置农用薄膜、农作物秸秆等农业废弃物，防止农业面源污染"；第二款规定，"禁止将不符合农用标准和环境保护标准的固体废物、废水施入农田。施用农药、化肥等农业投入品及进行灌溉，应当采取措施，防止重金属和其他有毒有害物质污染环境"。

加强农业环境保护、保障食品安全，已经引起社会各界的高度关注，成为社会共鸣。多年来，在加快工业化、城镇化的经济建设过程中，农业、农村的环境污染问题已经比较严重。为转变这种现状、弥补"短板",在此次修订《环保法》时,人们充分意识到了治理农村污染、保护农业环境、维持农业生态平衡,对于保证农业经济发展、保障农民身体健康具有的重大意义。因此,新《环保法》对修订前的《环保法》第二十条关于农业环境保护作出新的规定和完善,在原有的"各级人民政府应当防治土壤污染、土地沙化、盐渍化、贫瘠化、沼泽化、地面沉降和防治植被破坏、水土流失、水源枯竭、种原灭绝以及其他生态失调现象"的发生和发展的基础上,又增加了要防治"石漠化"、"水体富营养化"等新要求。所谓石漠化,是指在热带、亚热带湿润、半湿润气候条件和岩溶发育的背景下,受人为活动干扰,使地表植被遭受破坏,导致土壤严重流失,基岩大面积裸露或砾石堆积的土地退化现象。所谓水体富营养化,是指由于大量的氮、磷、钾等元素排入到地表水体,使藻类等水生生物大量生长繁殖,使有机物产生的速度远远超出消耗速度,水体中有机物的大量积蓄导致生态破坏。随着我国农业现代化的不断推进,现代农业高度依赖化肥、农药等农业投入品。化肥、农药、农用薄膜和饲料添加剂等农业投入品的不合理使用,是造成农业环境污染的重要原因。在广大的农村由于长期忽视对安全使用农业投入品、合理处置农业废弃物的宣传、教育和指导,导致不按照操作规程安全、合理使用以及违反国家规定使用禁止限用的农业投入品和农业废弃物的现象非常普遍。

那么,如何加强农业环境保护工作呢?新《环保法》规定重点要从3个方面入手。

首先,该条第一款立法规定了各级人民政府保护农业环境应有的职责。要求各级人民政府及其农业等有关部门和机构对农业生产经营者有指导的义务。让农业生产经营者懂得如何合理使用化肥、农药,如何合理处置农业废弃物、减少农业面源污染,是各级人民政府及其农业等有关部门和机构义不容辞的责任。从事农业生产的大多数是农民,他们获得信息的能力弱,特别是农民科学文化水平相对较低,环保意识薄弱,对科学种植养殖,合理使用化肥、农药的知识及其危害性知之甚少,没有相应的技术指导和培训,是难以做到安全合理使用农业投入品及合理处置农业废弃物的,因而加强农业投入品及农业废弃物的安全使用的指导是必要的。各级政府还应结合各地的实际情况,抓紧建立健全相应的农业环境保护防治措施,制定出台促进农业环境保护新技术使用的财政补贴、贴息贷款等多种优惠政策,抓紧建立农业污染源的监测预警体系,厘清有关部门的职能职责,明确各部门分工与责任,杜绝推诿扯皮,防止发生"三个和尚没水吃"的现象。

其次,要进一步明确农业生产经营者在环境污染防治方面的责任。由于污水灌溉、堆置固体废弃物,农村地区承受了大量工业污染转移,农村土壤的重金属污染已经延伸到了食品领域。化肥、农药等农用化学物质过量或不合理使用导致土壤、地下水等环境污染问题也日益突出。因此,必须从法律上加以约束。新《环保法》第四十九条第二款立法规定,禁止将不符合农用标准和环境保护标准的固体废物、废水施入农田。通过法律禁止污染农田的行为发生。同时要求农业生产经营者应当严格按照化肥、农药、兽药、农用薄膜等化工产品的使用说明、有关安全使用准则及相关标准进行规范化使用和必要的处置,不能盲目滥用。目前,我国已经制定了多项有关农用标准和环境保护的标准,如《农田灌溉水质标准》《土壤环境质量标准》《城镇垃圾农用控制标准》《农用污水水质标准》《农用污泥中污染物控制标准》《农用粉煤灰中污染物控制标准》《化肥使用环境安全技术导则》《农药使用环境安全技术导则》等。要使农业生产经营者严格按照相关标准的要求科学种植、灌溉,除了要有政策措施作保障外,县、乡两级政府加强引导和培训也是十分关键的。

再次,进一步明确畜禽养殖场、养殖小区、定点屠宰企业以及从事畜禽养殖的单位和个人的责任。近年来,随着畜牧业的迅速发展,畜禽养殖业产生的固体废物污染环境的问题日益突出,畜禽养殖污染已成为农业污染源之首。针对这个问题,我国多部法律、法规对畜禽养殖、养殖小区、定点屠宰场所的设置和管理作出规定。如《水污染防治法》第四十九条规定,畜禽养殖场、养殖小区应当保证禽畜粪便、废水的综合利用或者无害化处理设施正常运转,保证污水达标排放,防止污染水环境。《畜禽规模养殖污染防治条例》第十一条规定，禁止在下列区域内建设畜禽养殖场、养殖小区：（1）饮用水水源保护区、风景名胜区；（2）自然保护区的核心区和缓冲区；（3）城镇居民区、文化教育科学研究区等人口集中区域；（4）法律、法规规定的其他禁止养殖区域。第二十二条规定，畜禽养殖场、养殖小区应当定期将畜禽养殖品种、规模以及畜禽养殖废弃物的产生、排放和综合利用等情况，报县级人民政府环境保护主管部门备案。从事畜禽养殖和屠宰的单位要按照相关法律、法规和规章规定的要求采取措施，对畜禽粪便、尸体和污水等废弃物进行科学处置，防止污染环境。

当前，随着污染物总量减排的不断深入，畜禽养殖、屠宰的废弃物和污水治理也取得了明显进展，不少畜禽养殖企业都建立了污水、粪便处理厂，有的延伸加工成有机肥料，形成了废物资源综合利用。但在畜禽养殖、屠宰污水治理方面，政府还应从财政支持、减免税收、贴息贷款等方面给予大力扶持，以此来引导农牧业产业化的健康有序发展。否则，加强农业环境保护就会成为一句空话，保障食品安全也很难落在实处。

（三）政府加强海洋环境保护方面的责任

新《环保法》第三十四条规定了政府加强海洋环境保护方面的责任，具体是："**国务院和沿海地方各级人民政府应当加强对海洋环境的保护。向海洋排放污染物、倾倒废弃物，进行海岸工程和海洋工程建设，应当符合法律法规规定和有关标准，防止和减少对海洋环境的污染损害。**"海洋是环境的重要组成部分，加强海洋环境保护是我国环境保护的重要内容。1982年，我国制定了《海洋环境保护法》，之后还制定了《中华人民共和国海洋倾废管理条例》《防治海洋工程建设项目污染损害海洋环境管理条例》《中华人民共和国防治海岸工程建设项目污染损害海洋环境管理条例》《防治船舶污染海洋环境管理条例》等海洋环境保护领域的行政法规。因此，海洋环境保护工作应当依照本法和《海洋环境保护法》等法律法规的规定执行。为了防止和减轻向海洋排放污染物、倾倒废弃物造成的污染，我国积极按照公约要求完善国内立法，对海洋倾废行为实行许可制。任何单位未经国家海洋行政主管部门批准，不得向中华人民共和国管辖海域倾倒任何废弃物。需要倾倒废弃物的单位,必须向国家海洋行政主管部门提出书面申请,经国家海洋行政主管部门审查批准,发给许可证后,方可倾倒。在中华人民共和国管辖海域,任何船舶及相关作业不得违法向海洋排放污染物、废弃物和压载水、船舶垃圾及其他有害物质。从事船舶污染物和废弃物及船舶垃圾的接收、船舶清舱、洗舱作业活动的,必须具备相应的接收处理能力。进行海岸工程和海洋工程建设,都要防止和减少对海洋环境的污染。

四、各级政府加强对环境保护领导的责任

加强对环境保护的领导,是各级政府义不容辞的重要责任。新《环保法》对此作出专门的规定,重点包含4个方面:制定环境保护规划、加大对环保财税政策支持、加强环境基础设施建设、加强环保目标责任考核。

(一)各级政府制定环境保护规划方面的责任

新《环保法》第十三条第一款规定了各级政府制定环境保护规划的责任。具体是:"**县级以上人民政府应当将环境保护工作纳入国民经济和社会发展规划。环境保护规划内容应包括生态保护和污染防治的目标、任务、保障措施等,并与主体功能区规划、土地利用总体规划和城乡规划等衔接。**"环境保护规划是环境管理制度的重要内容,是环保工作兼顾当前和长远、全国和地方、防治污染和保护生态等的主要依托,是各级环保部门开展工作的重要根据和指南。修订前的《环保法》第四条规定:"国家制定的环境保护规划必须纳入国民经济和社会发展计划,国家采取有利于环境保护的经济、技术政策和措施,使环境保护工作同经济建设和社会发展相协调。"修订后的《环保法》,为表明立法用意,突出强化环境保护规划的作用,故将环境保护规划单列一条,作为"监督管理"一章中的第一个条文,凸显其在环保工作中的重要地位。

在我国,国民经济和社会发展规划具有重要地位。它主要阐明国家和地方战略意图,明确政府工作重点,引导市场主体行为,是特定时期内经济社会发展的宏伟蓝图,是人们共同的行动纲领,是政府履行经济调节、市场监管、社会管理和公共服务职责的重要依据。具体而言，规划提出一定时期国民经济和社会发展的基本战略、基本任务和宏观调控目标，确定国民经济和社会发展的重大事项以及需要配套实施的具体政策。这集中体现了规划的宏观性、战略性、政策性和导向性，有利于引导全社会达成共识，也是政府运用经济、法律、行政等各种手段进行宏观调控的基本依据。同时，规划要对关系国民经济全局的一些重要领域和重大经济活动进行必要的指导、协调和调节。

随着环保形势日趋严峻及人们环保意识的逐步提高，环保工作在社会事务中的地位不断提高，有必要强化其在国民经济和社会发展规划中的地位。一方面，环保工作是政府工作的重要组成部分，国民经济和社会发展规划含有环保工作，是保障规划完整性的必然要求；另一方面，将环保工作纳入国民经济计划，是凸显环保工作重要性、推动环保工作顺利开展的重要保障，有利于从全局和整体的高度来谋划和开展工作。

环境保护规划由县级以上人民政府环境保护主管部门会同有关部门根据国民经济和社会发展规划编制。国家环境保护规划编制完成后，经国务院批准，印发各省、自治区、直辖市人民政府以及国务院各部委、各直属机构执行。地方环境保护规划的编制、公布程序同国家环境保护规划的编制、公布程序一致。地方环境保护规划还要落实国家环境保护规划的相关要求。这是基于不同规划的地位、效力而作出的处理，目的在于厘清这两个规划的关系。

环境保护规划的基本内容包括生态保护和污染防治的主要目标、具体任务、保障措施等。除此之外，也可以根据需要，纳入其他内容，如对环境形势的分析、指导思想、基本原则等。

需要注意的是，环境保护规划要与其他规划做好衔接十分重要。环境保护规划与主体功能区规划、土地利用总体规划、城乡规划等存在一些交叉，因此应当做好与这些规划的衔接。主体功能区规划主要是根据不同区域的资源环境承载能力、现有开发强度和发展潜力，统筹谋划人口分布、经济布局、国土利用和城镇化格局，确定不同区域的主体功能，并据此明确开发方向，完善开发政策，控制开发强度，规范开发秩序，逐步形成人口、经济、资源环境相协调的国土空间开发格局。主体功能区规划分为国家和省级两个层面，由规划主管部门编制，报国务院或者省级人民政府批准。主体功能区规划是国土空间开发的战略性、基础性和约束性规划，环境保护规划的制定应将此作为其依据之一。土地利用总体规划，主要功能是阐明规划期内国家土地利用战略，明确政府土地利用管理的主要目标、任务和政策，引导社会各界保护和合理利用土地资源，是实行最严格土地管理制度的具体手段，是落实土地宏观调控和土地用途管制、规划城乡建设和各项建设的重要依据。城乡规划的主要功能是协调城乡空间布局，改善人居环境，促进城乡经济社会全面协调可持续发展，包括城镇体系规划、城市规划、镇规划、乡规划和村庄规划等。因为环境保护规划中的一些目标、任务，尤其是一些重大环境工程建设项目、环境服务体系、生态保护措施，与土地利用、城乡建设关系密切，应当协调处理。

（二）各级政府加大对环保财税政策支持方面的责任

新《环保法》用5条3款立法规定了政府加大环保投入的责任。在加大环境治理投入方面有2条，分别是：第八条规定，"**各级人民政府应当加大保护和改善环境、防治污染和其他公害的财政投入，提高财政资金使用效益**"。第二十一条规定，"**国家采取财政、税收、价格、政府采购等方面的政策和措施，鼓励和支持环境保护技术装备、资源综合利用和环境服务等环境保护产业的发展**"。第三十一条第一款规定，"**国家建立、健全生态保护补偿制度**"；第二款规定，"**国家加大对生态保护地区的财政转移支付力度。有关地方人民政府应当落实生态保护补偿资金，确保其用于生态保护补偿**"。在加大农村环保投入方面也有2条规定，分别是：第五十条规定，"**各级人民政府应当在财政预算中安排资金，支持农村饮用水水源地保护、生活污水和其他废弃物处理、畜禽养殖和屠宰污染防治、土壤污染防治和农村工矿污染治理等环境保护工作**"。第三十三条第二款规定，"**县级、乡级人民政府应当提高农村环境保护公共服务水平，推动农村环境综合整治**"。

环境问题就是民生问题。解决民生问题离不开政府的财政保障，这是各级人民政府责无旁贷的责任。新《环保法》要求各级政府要加大治理污染的投入，制定优惠的经济政策支持环保产业发展，建立生态补偿和转移支付制度，加大农村污染治理投入。我国政府历来高度重视环保工作，不断加大环保的财政投入，特别是近些年来，环保方面的财政投入逐年增加。"十二五"前3年，我国环保投入每年以2000亿元以上的幅度增加。尽管我国对环保的投入逐年增加，但与发达国家相比，还有较大的差距。目前发达国家环保投入占GDP的比重大多超过3%。我国这几年环保投入的力度虽不断增加，但总的看投入比重还比较低，需要进一步增加环保方面的财政投入。应该说，近年来各级政府都在加大环保投入，但就目前实际投入情况来看，环保投入与环保任务不成正比。仅有的环保投入还远远不能适应环保任务的需求，环保能力建设的投入也远远不能满足减排工作和数字环保建设的需求，特别是加大环保监测、污染治理、环境规划、环保信息、环境科学以及各类资源保护等方面的财政投入水平，是各级政府"向污染宣战"的财力保障。同时在实际工作中，环保部门也要注重对财政资金的优化使用，使其在环保事业中获得最佳使用效益。

各级政府是如何支持环保产业发展的？环境保护产业是以防止环境污染、改善生态环境、保护自然资源为目的所进行的技术开发、产品生产、商业流通、资源利用、信息服务、工程承包、自然保护开发等活动的总称。环保产业具有高增长性、资源利用合理化、废物产生减量化、综合效益好的战略性新兴产业的特点，是目前世界上发展最快、规模最大的新型产业，并被誉为"绿色产业"、"朝阳产业"。加快发展环保产业，对拉动投资和消费，形成新的经济增长点，推动产业升级和转变发展方式，促进节能减排和改善民生，具有十分重要的意义。

各级政府制定优惠经济政策，支持环保产业发展，重点应从以下几方面入手。（1）加大财政支持力度。指定财政补贴产品和行业政策，推广高效节能照明、高效电机等产品，推动粉煤灰、煤矸石、建筑垃圾、秸秆等资源综合利用产品的应用。（2）优惠税收支持。根据《企业所得税法》规定，对国家需要重点扶持的环保高新技术企业，按15%的税率征收企业所得税。《循环经济促进法》规定，国家对促进循环经济发展的产业给予税收优惠。主要包括：对销售再生水、翻新轮胎等自产货物实行免征增值税；对污水处理劳务免征增值税；对销售以工业废气为原料生产的高纯度二氧化碳产品等自产货物实行增值税即征即退的政策；销售以煤矸石、煤泥、石煤、油母页岩为燃料生产的电力和热力等自产货物实现的增值税实行即征退50%的政策；对销售自产的综合利用生物柴油实行增值税先征后退政策。（3）优惠价格支持。《循环经济促进法》规定，对利用余热、余压、煤层气以及煤矸石、煤泥、垃圾等低热值燃料的并网发电项目，价格主管部门按照有利于资源综合利用的原则确定其上网电价。（4）绿色采购支持。要健全完善政府强制采购和优先采购制度，扩大政府采购节能环保产品范围，不断提高节能环保产品采购比例。（5）绿色信贷支持。根据《国务院关于加快发展节能环保产业的意见》的精神，地方政府要支持融资性担保机构，加大对节能环保企业的担保力度。支持符合条件的节能企业发行企业债券、中小企业集合债券、短期融资券、中期票据等债务融资工具。

　　国家制定了一系列支持环保产业发展的经济政策，但要落在实处，发挥其应有的作用，尚有一定的差距。特别是把优惠政策这块蛋糕，真正让新型的环保产业吃在嘴里、甜在心头，需要在有关部门的操作层面进一步完善，以期达到预期之目的。

　　关于加大生态补偿投入的规定。众所周知，环境问题最显著的特点就是治理成本、治理代价外部化，而生态保护补偿就是将生态保护外部性转为内部化。新《环保法》就如何建立落实生态补偿制度，从两个层面作出明确规定，一是国家层面主要职责是建立健全生态补偿的制度建设，加大转移支付力度；二是地方政府主要职责是要把国家转移支付作为生态补偿的专项资金，真正用于生态补偿上，把资金落实好、使用好，不可挪用。目前我们国家生态补偿方式主要有两种，一种是国家补偿，也就是国家对地区的生态补偿，这是主要的补偿方式；另一种是横向补偿，也就是受益地区对保护地区之间的补偿，这种补偿方式仍处于起步阶段。如何理解和把握构建生态补偿制度、完善生态补偿机制的核心要义呢？关键在于找准受益者与保护者、上游地区与下游地区的利益平衡点，即"补偿是方式，利益是关键，利用是目的"。笔者认为，在正确处理好经济增长与环境保护的关键时期,大力推进生态保护补偿制度,是解决地区利益不平衡、保护区域和流域环境质量的一项重要举措。通过多种方式补偿,调整和平衡地区之间的利益,让受益者给保护者支付相应的治理与保护费用,达到补偿为了保护、保护为了利用的目的,努力改善环境质量,促进资源永续利用,实现经济社会可持续发展。同时,这也体现了环境公平的原则。

关于加大农村环保投入的规定。治理农村环境污染,已经成为保障农民身体健康的首要任务,是事关社会稳定的大事。目前,我国农村和农业环境污染严重。根据2010年完成的第一次全国污染源普查,农村的污染排放中化学需氧量占43%,总氮占57%,总磷占67%。农村和农业的污染排放已经成为我国突出的环境问题。污染主要来源于:(1)农业生产污染。主要是农药、化肥、农用薄膜、秸秆焚烧的污染,已成为水体和大气污染源之一。(2)农村地区的工业污染。城市工业污染向农村转移趋势加剧。主要表现为农村工矿污染突出,大量掠夺式采石开矿、挖河取沙、毁田取土、陡坡垦殖、围湖造田、毁林开荒等行为,使很多生态系统功能遭到严重损害。土壤污染程度加剧,严重影响食品安全,威胁人体健康,威胁国家生态安全。(3)农村生活污染。农村生活污水和固体废弃物成为我国农业面源污染中的一个主要污染来源。据环保部有关资料显示,全国农村每年产生生活垃圾约2.8亿吨,生活污水90多亿吨,粪便2.6亿吨。随着经济的发展和农民生活水平的提高,农村生活垃圾的构成发生了显著的变化:一是增加大量难以降解的废物;二是在垃圾中出现了有毒有害物质;三是在一些经济发达地区的农村,家庭垃圾排放量大量增加;四是一些地方已不再使用粪便作为肥料,粪便成为废物。农村生活垃圾对环境的破坏力明显增加。一些小城镇和农村聚居点的生活垃圾因为基础设施和管制的缺失一般直接排入周边环境中,造成严重的"脏、乱、差"现象。大多数村镇没有无害化垃圾填埋场,大部分垃圾未经处理,直接堆放在田头、路旁,甚至抛掷到沟渠、水塘,造成河流淤积,污染水体,影响环境卫生和农村景观。绝大部分生活污水未经处理直接渗入地下或者直排沟渠、水塘,使农村聚居点周围的环境受到严重破坏。从目前《固体废物污染环境防治法》的规定看,对生活垃圾的清扫、收集、运输、处置,仅适用于城市,对农村的生活垃圾防治,授权地方性法规作出相应的规定。

近年来,我国已开始重视农村环境污染问题,也相继出台了一系列法律法规。如《村庄和集镇规划建设管理条例》《关于加强乡镇企业环境保护工作的规定》《关于加强农村环境保护工作的意见》等。通过这些政策措施的组织实施,对促进农村环境污染治理也发挥了积极的作用。但解决农村环境污染问题,除了需要一系列的法律法规和政策措施保障外,更需要各级政府投入大量的资金,才能取得治理成效。长期以来,环保工作重城市、轻农村,重工业、轻农业,城乡环境保护差距较大,国家投资不足,扶持政策难以到位。就目前治理农村环境污染的投资渠道来看,主要依靠的是中央财政的农村专项治理投资,省级财政几乎没有此专项投资,地县就更不用说了。从投资规模来看,与工业污染治理投入相比比重较小,下拨的治理经费也少得可怜。从投资的项目来看,一是列入国家农村环境综合整治示范省市的,二是解决个别农村很突出的环境问题的村庄。这部分投入由于更少,最多也不超过100万元,现实只能是"撒一点点胡椒面"解决个别表面环境问题。综上所述,治理农村环境问题的财政投入长期严重不足,治理措施也跟不上,再加上领导不够重视,导致农村环境问题日益凸显,不仅对土壤和食品安全造成了危害,也对人体健康和生存安全造成了严重的危害。

新《环保法》规定,在加大工业污染治理投入的同时,还要求各级政府在财政预算中要加大农村环境污染治理的投入,重点支持农村饮用水水源地保护、生活污水和其他废弃物处理、畜禽养殖和屠宰污染防治、土壤污染防治和农村工矿污染治理等环保工作。转变城市污染治理和农村污染治理在财政投入上"一条腿长、一条腿短"的现实问题,实现区域协同发展、公平发展、健康持续发展。

与此同时,新《环保法》还对县、乡级人民政府应当提高农村环境保护公共服务水平、推动农村环境综合整治的责任作出明确规定,进一步强调了县、乡两级人民政府是提高农村环保公共服务水平的责任主体,增加了县级人民政府负责组织农村生活废弃物的处置工作。关于农村环境综合整治的具体内容，2007年，原国家环保总局《关于加强农村环境保护工作的意见》列举了一些具体措施，包括切实保护好农村饮用水源地，加大农村生活污染治理，严格控制农村地区工业污染，加强畜禽水产养殖污染防治，控制农业面源污染，积极防治农村土壤污染，加强农村生态自然保护，加强农村环境监测和监管等。

为体现各级领导对农村环境问题的高度重视，使农村环境污染真正得到治理，还老百姓原本的蓝天碧水，我们就要把农村环境污染防治作为全社会"托住地线"、"守望家园"的大事来看待，要把农村环境污染防治作为政府"向污染宣战"的一个重要战场来对待。除了要出台政策措施外，笔者认为，从中央到地方的各级政府，必须在财政预算中设立农村环保专项资金，专门用于解决农村环境污染的历史遗留问题、历史欠账问题，以此来加快农村环境污染防治步伐。仅靠目前中央财政农村环保专项资金的一点点投入，也是杯水车薪，无济于事。老病需猛药，整治农村环境问题，需要各级政府共同出力、共同出钱，方能取得实效。

（三）各级政府加强环境基础设施建设方面的责任

新《环保法》第五十一条规定，"**各级人民政府应当统筹城乡建设污水处理设施及配套管网，固体废物的收集、运输和处置等环境卫生设施，危险废物集中处置设施、场所以及其他环境保护公共设施，并保障其正常运行**"。关于城乡污水处理设施及配套管网、固体废物的收运处置设施、危险废物处置设施的建设和运行，这是首次从立法的层面，在《环保法》修订中将农村环境基础设施建设和环境保护公共设施建设作出明确的规定。我们把这两项基础设施建设与其他城市基础设施建设对比分析，就很容易理解为什么要立法强调加快农村环境基础设施建设和环境保护公共设施建设。

首先，分析城市环境基础设施建设情况。近年来，随着经济社会快速发展、污染减排的强硬要求，城市环境基础设施建设明显加快，尤其是城镇的污染处理设施及配套管网的建设取得了很大成效，固体废物的收集、运输和处置等环境卫生设施建设和危险废物集中处置设施、场所建成运营也都有了很大进展。与此同时，在城镇环境基础设施建设方面，国家近几年还配套出台了相应的法律、法规，为加快建设提供了政策保障。《水污染防治法》第四十四条规定，县级以上地方人民政府应当通过财政预算和其他渠道筹集资金，统筹安排建设城镇污水集中处理设施及配套管网，提高本行政区域城镇污水的收集率和处理率。《固体废物污染环境防治》第五十四条规定，县级以上地方人民政府，应当依据危险废物集中处置设施、场所的建设规划组织建设危险废物集中处置设施、场所。由于污水处理、集中供暖、垃圾分类处置等城市环境基础设施建设进度加快，城市的环境质量逐步在改善，城市宜居环境、城市品质也得到了提升。固废、危废、医废的收集、运输和处置的设施、场所建设与过去相比，既有进展也有成效。但与当前经济社会快速发展相比还处于滞后、未能同步的状态，对"三废"设施建设的任务还很繁重，需求很迫切，管理水平也亟待提高。只有加强这些建设管理，才能确保区域环境安全。

其次，再来看农村环境基础设施建设现状。由于各地对农村环境保护既不重视也无大的投入，与城镇环境基础设施建设相比，农村环境基础设施建设一直以来是非常薄弱，绝大部分处于空白，环境污染问题日益严重。大多数农村生活垃圾乱堆、生活污水横流、废弃地膜乱飞。不少地区处于"垃圾靠风刮，污水靠蒸发"的状态。随着我国工业化、城镇化、农业现代化加快推进，农村的环保工作也面临着众多新情况和新问题。如果再不加强农村环境基础设施建设、治理农业面源污染、控制工业污染向农村转移，那么建设新农村、改善农村面貌、提高农民生活质量就将成为一句空话，保障国家粮食安全、食品安全也会成为一句空话。由此可见，各级政府在注重经济建设的同时，必须要重视农村环境基础设施建设和环境保护公共设施建设。只有这样，才能体现出"五位一体"的战略思想。

（四）政府加强环保目标责任考核和报告的责任

《环保法》用2条立法规定了政府加强环保目标考核的责任。分别是：第二十六条规定，"**国家实行环境保护目标责任制和考核评价制度。县级以上人民政府应当将环境保护目标完成情况纳入对本级人民政府负有环境保护监督管**

理职责的部门及其负责人和下级人民政府及其负责人的考核内容,作为对其考核评价的重要依据。考核结果应当向社会公开"。第二十七条规定,"县级以上人民政府应当每年向本级人民代表大会或者人民代表大会常务委员会报告环境状况和环境保护目标完成情况,对发生的重大环境事件应当及时向本级人民代表大会常务委员会报告,依法接受监督"。

考核评价是政府意志的风向标,是政府行为的指挥棒。现实中,政府的施政重点是什么,就考核评价什么;政府对什么重视多一些,考核评价的权重就大一些。长期以来,对一个地区领导班子和领导干部的考核过于注重经济增长速度,导致一些地方违背科学发展观的现象时有发生,"大干快上"的冲劲与日俱增,"一任一张新蓝图"的赛跑行为愈演愈烈,以牺牲环境为代价换取"短平快"的政绩工程比比皆是。随着我国环境形势的日趋严峻和发展理念的转变,已经到了必须下决心解决这些问题的历史时期。

新《环保法》规定国家要实行环保目标责任制和考核评价制度。将政府及有关部门环保工作的实绩与政绩考核挂钩,对省市级、地级、县级政府环保目标完成情况进行考核,并将考核结果向社会公开。环保目标责任制其实就是按环境要素和地区突出环境问题,合理确定一个地区环保工作的实现目标、重点任务和措施。通过这项制度实施,明确了一个地区、一个部门、一个单位环境保护主要责任者和责任范围,从制度层面切实改进了政绩考核,从制度层面纠正了单纯以经济增长速度评定政绩的观念,引导领导干部树立正确的政绩观,把主要精力放到转方式、调结构、促改革、惠民生上来。

另外,考核评价的对象不仅有本级人民政府负有环保监督管理职责的部门及其负责人,还有下级人民政府及其负责人。考核评价的内容不仅有目标责任的完成情况,还将其考核结果作为干部考察的重要依据。依照《关于建立促进科学发展的党政领导班子和领导干部考核评价机制的意见》《地方党政领导班子和领导干部综合考核评价办法(试行)》《关于开展政府绩效管理试点工作的意见》等规定,将环保目标责任完成情况,作为对各地区领导班子和领导干部综合考核评价的重要依据。对考核结果为通过的,国务院环境保护主管部门会同有关部门优先加大对该地区污染治理和环保能力建设的支持力度,并结合全国减排表彰活动进行表彰奖励;对考核结果为未通过的,实行"一票否决"制。国务院环境保护主管部门暂停该地区所有新增主要污染物排放建设项目的环评审批,撤销国家授予该地区的环境保护或环境治理方面的荣誉称号,领导干部不得参加年度评奖、授予荣誉称号等。由监察机关会同环保部门依照减排绩效管理的有关规定,实行通报批评、约谈、诫勉谈话等。对未通过且整改不到位或因工作不力造成重大社会影响的,由监察机关依照有关规定追究该地区有关责任人员的责任。

当前,从国家设立环保目标考核责任制和考核评价制度的顶层设计来看,意图在于调整经济增长与环境保护的关系,让各级领导班子和领导干部在注重经济发展的同时,要更加注重社会民生问题,用正确的政绩观来树立科学发展观,指导经济社会全面、协调、可持续发展。但其实际执行效果如何,还有赖于各级党委、政府的决心、力度和智慧。

党的十八大以来,中央提出了改革和完善干部考核评价制度的新精神,这为《环保法》修订时,立法规定国家实行环保目标责任制和考核评价制度奠定了理论基础和政治保障。之后,中央组织部印发了《关于地方党政领导班子和领导干部政绩考核工作改进的通知》,明确了"五个不能"、"六个强化"的新要求。"五个不能",即不能把GDP及增长率作为考核评价政绩的主要指标,不能搞GDP及增长率排名,不能简单地以GDP及增长率排名评定下一级领导班子和领导干部的政绩和考核等次,不能简单地以GDP及增长率选人用人,不能简单地把经济增长速度与干部的德、能、勤、绩、廉画等号,将其作为干部提拔任用的依据。"六个强化",即强化约束性指标考核,加大资源消耗、环境保护、消化产能过剩、安全生产等指标的权重;强化科技创新、教育文化、劳动就业、居民收入、扶贫开发、社会保障、医疗保障状况的考核;强化任期内举债情况的考核;强化发展思路、发展规划的连续性考核;强化对积极化解历史遗留问题情况的考核;强化对政绩的综合考核。

为贯彻中央要求和中央组织部《通知》精神,及时纠正地方领导班子和领导干部长期重经济建设轻生态文明建设、重经济增长速度轻资源环境承载力的倾向,有些省市也结合本地实际,制定了地方党政领导班子和领导干部政绩考核办法。比如,云南省制定出台了《云南省州(市)党政领导班子和领导干部综合考核评价办法(试行)》和《云南省县(市、区)委书记综合考核评价办法(试行)》。2014年2月27日,宁夏回族自治区制定出台了新的《自治区党政机关、地级市领导班子和领导干部年度考核实施办法》。

为加快各级政府环保目标责任的完成,新《环保法》还规定了要加大同级人大的监督。听取政府有关工作报告是人大及其常委会的法定职权。同级人大每年听取环境状况和环境保护目标的完成情况,是依法监督、强化监督的一种重要形式,对推动各级政府落实环保工作重点任务、完成环保工作目标具有十分重要的意义。

环保工作是事关强国、富民、稳边疆的大事。做好环保工作,不能仅靠政府和环保部门,需要调动每一个社会成员的积极性,形成人人爱护环境、人人都对环境负责的良好社会氛围。而要形成这样的氛围,需要奖罚分明,一方面对污染环境的违法行为要依法严格处罚,追究相应的法律责任,提高其违法成本,使企业事业单位和其他生产经营者不敢以身试法;另一方面还要对保护环境作出突出贡献的单位和个人予以奖励。为此,新《环保法》第十一条专门作出规定,对保护和改善环境有显著成绩的单位和个人,由人民政府给予奖励。应该说,一个社会的文明进步,需要各种正能量的支撑。榜样的力量是无穷的,示范的效应也是巨大的。政府的表彰奖励,就意味着鼓励先进,弘扬正气,从而激励大家积极投身环保事业,建设美好家园。

从上述的各级政府在环境保护方面的责任来看,新《环保法》就如何强化政府责任是下足了功夫,涉及方方面面。立法的目的就在于通过强化政府责任,切实解决环境问题,推进环保事业的大发展。以上列出的《环保法》立法规定的4个方面14项26条政府责任,都是从加强环保监督管理等方面列举的,仅此就占《环保法》70个总条目数的37%。由此可见,该法从不同层面、不同角度全方位地规定了政府加强环境保护应尽的职责,篇幅宏大、内容丰富、责任清晰是前所未有的。以上数据表明,此次修订中用大量的笔墨强化政府责任,意在从根本上解决原《环保法》中政府环保责任规定的可操作性不强的现实问题。长期以来,社会广泛流传着一种令人回味的说法,计划生育和环境保护同是我们国家的两项基本国策,而在执行过程中难度却各不相同。大家普遍认为,计划生育执行难在老百姓,环境保护执行难在政府。实践中,一些地方政府在单纯追求GDP增长的错误政绩观指导下,重经济增长轻环境保护、重资源开发轻生态保护的现象确实比较严重,甚至有些地方政府成为环境违法的"保护伞"、"挡箭牌"和"代言人"。这些现象的背后,折射出治理污染、保护生态的首要切入点,是转变政府领导的发展理念;也折射出此次修法强化和完善政府责任的必要性、紧迫性和时代性。

新《环保法》用大量的条款,详尽地规定了政府是环境保护的主要责任主体;规定了地方政府根据环境保护目标和治理任务应当采取的有效措施,保护和改善环境质量;规定了县级以上人民政府环保目标责任制、考核评价制度和向人大报告制度。这是对长期以来社会各界呼吁强化政府责任的有力回应,既回应了众望所归,又顺应了历史潮流。与此同时,新《环保法》进一步明确了保障公众健康是环境保护的根本任务,这也是环境保护立法的出发点和落脚点。因此,环境污染和生态破坏问题就是最大的民生问题,保护环境和改善生态就是最大的民生工程。这既是重大的民生工程,又是功在当代、利在千秋的大事,就必须由政府来做。另外,从市场经济规律来分析,市场对配置资源是有效的,但对于像环境保护这样典型的公共产品,市场的配置作用常常是失灵的、是无力的。公共产品的管理者,除了政府以外没有其他责任主体,只能由政府来做。这就是修法中为什么要强化和完善政府在环境保护方面的责任之所在,这也是对政府有形的手该做什么,市场无形的手该做什么,政府如何到位,又如何避免错位,做了一个清晰的回答。这与党的十八大、十八届三中全会执政为民的精神是一脉相承的,与中央政府要"兜底线"、致力厘清政府职责的新理念、新要求是相衔接的,是党中央、国务院要加快政府职能转变的具体实践和真实写照。

第三节 《环保法》规定保护环境是全社会共同的责任

环境是人类赖以生存的物质基础，环境保护关乎每个人的切身利益，因此，必须通过全人类、全社会的共同的、不懈的努力，才能保护和建设我们美丽的家园。新《环保法》进一步树立了保护环境是全社会共同责任的理念，虽然共同责任涉及各级政府、各有关部门、社会方方面面，甚至每个家庭、每个成员，但各级政府、各级环保部门和企业事业单位是保护环境的责任主体，是履职的重点。其中，明确各级政府环境保护的责任最多，共26条；企业事业单位的环境保护的责任位居第二，共13条；各级环保部门的责任位居第三，共9条。由于各级人民政府环境保护的责任具有特殊性、唯一性，已单列题目在前面进行解读，下面就政府有关部门、企业事业单位、公民保护环境的责任义务分述如下。

一、各级环保部门的责任

各级环保部门是负责统一监督管理本辖区环境保护的行政主管部门，负有组织实施环境保护政策、技术、措施的重要责任。新《环保法》用10条立法规定了各级环境保护行政主管部门的责任。分别是：第十条规定，"**国务院环境保护主管部门，对全国环境保护工作实施统一监督管理；县级以上地方人民政府环境保护主管部门，对本行政区域环境保护工作实施统一监督管理**"。第十三条第二款规定，"国务院环境保护主管部门会同有关部门，根据国民经济和社会发展规划编制国家环境保护规划，报国务院批准并公布实施"；第三款规定，"县级以上地方人民政府环境保护主管部门会同有关部门，根据国家环境保护规划的要求，编制本行政区域的环境保护规划，报同级人民政府批准并公布实施"。第二十四条规定，"县级以上人民政府环境保护主管部门及其委托的环境监察机构和其他负有环境保护监督管理职责的部门，有权对排放污染物的企业事业单位和其他生产经营者进行现场检查。被检查者应当如实反映情况，提供必要的资料。实施现场检查的部门、机构及其工作人员应当为被检查者保守商业秘密"。第二十五条规定，"企业事业单位和其他生产经营者违反法律法规规定排放污染物，造成或者可能造成严重污染的，县级以上人民政府环境保护主管部门和其他负有环境保护监督管理职责的部门，可以查封、扣押造成污染物排放的设施、设备"。第四十四条第二款规定，"对超过国家重点污染物排放总量控制指标或者未完成国家确定的环境质量目标的地区，省级以上人民政府环境保护主管部门应当暂停审批其新增重点污染物排放总量的建设项目环境影响评价文件"。第五十三条第二款规定，"各级人民政府环境保护主管部门和其他负有环境保护监督管理职责的部门，应当依法公开环境信息、完善公众参与程序，为公民、法人和其他组织参与和监督环境保护提供便利"。第五十四条规定，"国务院环境保护主管部门统一发布国家环境质量、重点污染源监测信息及其他重大环境信息。省级以上人民政府环境保护主管部门定期发布环境状况公报。县级以上人民政府环境保护主管部门和其他负有环境保护监督管理职责的部门，应当依法公开环境质量、环境监测、突发环境事件以及环境行政许可、行政处罚、排污费的征收和使用情况等信息。县级以上地方人民政府环境保护主管部门和其他负有环境保护监督管理职责的部门，应当将企业事业单位和其他生产经营者的环境违法信息记入社会诚信档案，及时向社会公布违法者名单"。第六十五条规定，"环境影响评价机构、环境监测机构以及从事环境监测设备和防治污染设施维护、运营的机构，在有关环境服务活动中弄虚作假，对造成的环境污染和生态破坏负有责任的，除依照有关法律法规规定予以处罚外，还应当与造成环境污染和生态破坏的其他责任者承担连带责任"。第六十七条规定，"上级人民政府及其环境保护主管部门应当加强对下级人民政府及其有关部门环境保护工作的监督。发现有关工作人员有违法行为，依法应当给予处分的，应当向其任免机关或者监察机关提出处分建议。依法应当给予行政处罚，而有关环境保护主管部门不给予行政处罚的，上级人民政府环境保护主管部门可以直接作出行政处罚的决定"。第六十八条规定，"地方各级人民政府、县级以上人民政府环境保护主管部门和其他负有环境保护监督管理职责的部门有下列行为之一的，对直接负责的主管人员和其他直接责任人员给予记过、记大过或者降级处分；造成严重后果的，给予撤职或者开除处分，其主要负责人应当引咎辞职：（一）不符合行政许可条件准予行政许可的；（二）对环境违法行为进行包庇的；（三）依法应当作出责令停业、关闭的决定而未作出的；（四）对超标排放污染物、采用逃避监管的方式排放污染物、造成环境事故以及不落实生态保护措施造成生态破坏等行为，发现或者接到举报未及时查处的；（五）违反本法规定，查封、扣押企业事业单位和其他生产经营者的设施、设备的；（六）篡改、伪造或者指使篡改、伪造监测数据的；（七）应当依法公开环境信息而未公开的；（八）将征收的排污费截留、挤占或者挪作他用的；（九）法律法规规定的其他违法行为"。

按照上述规定的责任条款，下面就围绕环保部门包括环保部门的技术支撑单位，在履职中应承担的法律责任、损害连带责任作简要的解读。另外，对应法律责任规定的要求，把环保部门现实工作情况与法律要求不相适应、在实践中如何把握几个重要环节等方面，结合自己的工作体会和认知，就10个方面的条文规定，提出一些借鉴和看法。

（一）环保工作管理体制、职责的责任规定

国家的环保部和地方的环保厅、环保局等环保部门作为环境保护主管部门，对环保工作实施统一监督管理，是本法规定的主要执法部门。其中，环保部负责对全国环保工作实施统一监督管理，省级、地级、县级环保厅（局）负责对本省、本地（市）、本县的环保工作实施统一监督管理。根据本法的规定，环保部门的主要职责包括：编制环境保护规划，报同级人民政府批准并颁布实施；制定国家环境质量标准和污染物排放标准；建立健全环境监测制度；依法审批建设项目环境影响评价文件，依法实行排污许可管理制度；开展环境保护执法检查和行政处罚；依法公开环境信息。

（二）编制和公布环境保护规划的责任规定

随着环境污染形势日趋严峻及人们环保意识的逐步增强，环保工作在社会事务中的地位不断提高，环境保护规划必须纳入国民经济和社会发展规划中。环境保护规划由县级以上人民政府环境保护主管部门会同有关部门编制。

地方环境保护规划的编制、公布程序同国家环境保护规划的编制、公布程序一致。无论是国家环境保护规划还是地方环境保护规划，都要根据国民经济和社会发展规划编制，地方环境保护规划还要落实国家环境保护规划的相关要求。这是基于不同规划的地位、效力而作出的处理，目的在于厘清这两个规划的关系。环境保护规划的基本内容包括生态保护和污染防治的目标、任务、保障措施等，除此之外，也可以根据需要，纳入其他内容，如对环境形势的分析、指导思想、基本原则等。

（三）各级环保部门深入现场检查的责任规定

现场检查制度，在修订前的《环保法》第十四条中就作出了规定。此次修订与原条文对比有两处修改，一是新《环保法》规定经环境保护主管部门委托的环境监察机构享有现场检查权，通过本次修订，明确了环境监察机构的法律地位，便于其"名正言顺"地执法。二是将检查的单位由"排污单位"修改为"企业事业单位和其他生产经营者"，通过本次修订，扩大了检查的范围，突破了被检查单位的局限性。

现场检查权是行政机关进行日常监管活动、实现行政目的的一项具有基础性、普遍性的权力。在环境执法中，现场检查的目的就在于督促排污企业事业单位和其他生产经营者依照有关环境保护法律规定，采取措施积极防治污染；促使排污企业事业单位和其他生产经营者加强管理，减少污染物的排放，消除污染事故隐患，及时发现和处理环境保护问题；提高排污企业事业单位和其他生产经营者的环保意识和环境法制观念，自觉履行环保义务。

（四）环保部门采取行政强制措施权的责任规定

行政强制权是行政权的一项重要内容，是行政机关实现行政目的的有效保障。由于行政强制权直接限制公民、法人和其他组织的人身权、财产权，故对于是否赋予行政部门该项权力应当持慎重态度。在《环保法》修订前，尚未有法律赋予环境保护主管部门行政强制权。面对严峻的环境形势以及在环境执法中遇到的种种困难，为强化各级环保部门环境执法行政强制权，在修订时，赋予环保部门可以查封、扣押造成污染物排放的设施、设备，意在转变环保部门执法软弱无力的现状。将查封、扣押两种形式的行政强制措施权，直接授予县级以上人民政府环境保护主管部门和其他负有环境保护监督管理职责的部门。这样的立法规定，是为了有效解决环保执法偏软的现实困难。实践中，许多违规企业消极应对环保部门的执法，有的污染企业检查时停产，检查后继续违法生产；有的企业白天达标排放，黑夜加足马力超标排放，属地居民常常抱怨一到晚上就臭气冲天，夜不能寐；有些"三无"企业甚至收到罚款单后一走了之，换个地方"死灰复燃"。环保执法的软弱性和不彻底性，致使许多环境违法行为不能得到及时制止，许多违法案件久拖不决甚至不了了之，给环境与生态带来不可逆转的损害与破坏，同时也是对环境执法的权威性和严肃性形成了挑战。产生这些问题的根本原因，就是因为环保执法对企业非法行为没有震慑作用所致。本条立法规定赋予环保部门查封、扣押两种形式的行政强制措施权，是介于环境犯罪前的最有效的行政手段，可见立法的用意就在于，通过环保部门使用此手段来管控环境违法行为的继续发生，突出强化环境执法的执行效果。

（五）环保部门实施"区域限批"的责任规定

根据《环保法》第四十四条第二款的规定，"区域限批"适用于对超过国家重点污染物排放总量控制指标或者未完成国家确定的环境质量目标的地区（包括区域、流域）。对超总量或者未完成环境质量目标的地区暂停新增总量项目的环评审批，即"区域限批"，是一项在环境监管实践中发展起来的、确保环保目标如期完成的重要制度。

污染物排放总量控制，简称"总量控制"，是将某一个控制区域作为一个完整的系统，采取措施将排入这一区域的污染物总量控制在一定范围内，以满足该区域的环境质量要求。总量控制是环保领域的基本制度，也是国际上普遍实施的一项制度。此次《环保法》修订，将总量控制日常管理制度确立为环境保护的一项基本法律制度。"国家确定的环境质量目标"是指国家为改善环境质量而确定的具有约束力的阶段性目标，各相关地区必须按时完成。国务院与各省（区、市）人民政府签订《大气污染防治目标责任书》，对没有完成年度目标任务的,环保部门要对有关地区的涉气建设项目,实施环评限批。根据本款规定,"区域限批"的实施主体是国务院环境保护主管部门和省、自治区、直辖市人民政府环境保护主管部门。"区域限批"的具体内容是暂停审批该地区新增重点污染物排放总量的建设项目环境影响评价文件,而节能减排、生态保护等不增加重点污染物排放总量的建设项目,不受影响。本条立法的用意在于,通过"区域限批"的手段,倒逼该区域调整产业结构,治理环境污染,改善区域环境质量。

（六）环保部门完善公众参与的责任规定

公众参与,简单的理解就是指以普通民众为参与主体,推动社会决策和社会活动更加符合公众利益的实施。公众参与的内容可以分为3个层面:一是立法层面的公众参与,如立法听证和利益集团参与立法;二是公共决策层面的公众参与,包括政府和公共机构在制定公共政策过程中的公众参与;三是公共治理层面的公众参与,包括法律政策实施、基层公共事务的决策管理等。面对环境恶化的严峻形势,如何调动全社会的力量共同关注环境保护,形成人人关心、人人参与、人人监督的良好社会氛围?在这次《环保法》的修订中确立了公众参与环境保护的新理念,从立法的层面,规定了各级环保部门维护公众环境权益、完善公众参与程序的责任。

关于维护公众环境权益的责任。由于环境问题涉及公众的切身利益,为切实维护公众环境权益,在《环保法》修订时专门作出立法规定,即公众针对环境保护的行政管理行为,享有依法获取环境信息权利、参与和监督环境保护的权利。所谓获取环境信息权,就是公众对行政机关所持有的环境信息拥有适当的获得权利,途径包括行政机关主动公开相关环境信息和申请行政机关公开相关环境信息。所谓参与环境保护的权利,包括依法编制环境影响报告书的建设项目,建设单位在编制报告书草案时,应当向可能受影响的公众说明情况,充分征求意见等。所谓监督环境保护的权利,包括对污染环境和破坏生态行为,以及行政不作为,公众有权举报;有关社会组织有权就污染环境、破坏生态、损害社会公共利益的行为,提起公益诉讼等。

关于保障有关环境权利实现的责任。依照本条法律规定，环境保护主管部门应当予以重视和依法保障公民获取环境信息的权利、参与和监督环境保护的权利。环境权利的顺利实现除需要当事人主张、权利受损后的救济外，还需要环保部门的配合，建立制度、完善程序和履行职责，通过各种行政措施来为公民、法人和其他组织参与和监督环境保护提供便利，这是环保部门法定的义务。如公民要实现获取环境信息权利，就需要环境保护主管部门履行信息公开职责，建立环境信息公开目录，依法主动公开相关信息或者依申请公开。

强化公众参与机制，既是对行政监管力量有限、行政管理效果参差不齐等现状的反思，也是对社会公众环境关切的回应。环境保护涉及广大群众的切身利益，属于公共利益的范畴，是政府行政管理的重要组成部分。事实上，环境保护离不开政府的主导，但仅靠环保部门显然是力不从心的，需要全社会共同参与，发挥"众人拾柴火焰高"的作用。现实中，公众参与是推动环境保护的重要力量。一方面，通过公众参与，可以让社会公众更好地了解环境污染产生的来源以及危害，可以增强社会公众的环保意识，引导社会公众采用低碳、节俭的生活方式，减少资源消费和生活垃圾产生，自觉履行环保义务。另一方面，可以充分发挥社会公众对环境污染的义务监督，及时发现和报告环境污染的实时情况，弥补环保执法力量的不足。同时，各级政府和各有关部门应维护公众的环境权益，要体现民主决策的社会准则，要让社会公众积极参与涉及环境敏感的重大项目建设的决策，要满足社会公众环境保护知情权和参与权，从而避免因环境纠纷导致社会矛盾的频发。

近年来，公众对雾霾等环境污染越来越关注，因环境问题引发的社会矛盾越来越激烈，环境群体性事件不断发生，环境污染成为影响社会和谐稳定的社会问题。环境问题是日积月累形成的，解决环境问题也不是一蹴而就的，但公众期盼能够立竿见影；环境污染不是环保部门造成的，治理也并非环保一个部门就能完成的，但社会舆论往往把责任都推到环保部门身上，总是认为环保部门不作为。现实中，发生污染事件，骂环保局；臭气难闻，骂环保局；死猪漂浮，骂环保局；河水臭了，骂环保局；雾霾遮日，骂环保局。总之，环境被污染了，都是环保局的罪责。因此，现实要求各级政府和各级环保部门，要及时回应社会公众对环境问题的高度关切，必须加快建立公众参与机制，完善公众参与的程序，使地方政府的决策更为科学、民主，使环保工作更能得到社会公众的理解和支持。通过让公众参与环境敏感项目建设的决策过程，通过让公众知晓环境污染产生的缘由，有利于公众了解情况，促进理解和信任，避免误会、误判和过激行为的发生。实践表明，公众参与作为社会监督机制，有利于尽早地发现环境污染行为，有利于从源头上解决社会矛盾，有利于对环境污染形成"过街老鼠人人喊打"和"群起而攻之"的巨大力量，更有利于人们对环保工作的理解和支持。

（七）环保部门公开环境信息的责任规定

信息公开，是政府开门办公的一种重要形式，是政府与老百姓形成良好沟通的重要渠道，为民主参政、议政提供更多信息而搭建的重要平台。据介绍，环境信息公开是本次《环保法》修订中改动较大且各方意见较为一致的内容。修订前的《环保法》只规定了国务院和省级人民政府环境保护主管部门定期发布环境状况公报。新《环保法》明确了环境信息公开制度，将公开的内容进行较大程度的扩展，不再限于宏观的环境总体状况。

政府信息是指行政机关在履行职责过程中制作或者获取的，以一定形式记录、保存的信息。环境保护主管部门对环保工作实施统一监督管理，因此，各级环保部门是公开环境信息的主体，负有环境信息公开的责任。环境信息公开的内容不仅包括环保部门的环境信息，还包括其他负有环境保护监督管理职责部门的环境信息；不仅包括整体层面的国家环境质量信息、总量控制、环境状况公报，也包括局部的重点污染源监测信息、环境监测信息、排污费的征收和使用情况，还有环境行政许可、行政处罚、突发环境事件的情况；不仅要公开环境行政处罚信息，还要向社会公布违法者名单，还要将环境违法信息记入社会诚信档案，通过社会诚信档案向社会公开。

经过近几年的探索和实践，公开环境信息，是解决环境问题、推动环保工作的一个重要手段。其缘由：一是政府信息公开已经深入人心，是广大老百姓最受欢迎的行为。环境信息是政府信息中与群众关系较为紧密的部分,《政府信息公开条例》规定环境保护的监督检查情况是重点公开的政府信息。二是环境信息公开是公众参与和监督环境保护的一个重要平台,是促进环境决策科学、合理,改善环境质量的新武器。公众获取环境信息后,才能有效地参与环保工作,形成促进环保工作的重要力量,这也是本次修订《环保法》的着力点之一。三是环境与公众息息相关,公众对环境信息的需求很大,社会推动力的作用不可忽视。环境信息的公开、透明有利于消除误解、建立信任,可以防止形成群体性事件,维护社会稳定。四是公开了环境信息,尤其是公开了企业排放污染物的信息,对企业治理污染形成了巨大的压力,促进企业主动治理污染,更便于社会公众的监督,也缓解了环保部门监管的压力。五是环境信息公开已是国际普遍做法,多部国际条约都明确规定了环境信息公开原则。

由于环境信息是多要素组成的,涉及政府各行业主管部门的业务领域,因此,公开环境信息需要一个统一的出口,需要一个专业的权威平台来统一发布。如果环境信息多部门发布,在信息内容上不一致,还易"打架",就会给社会公众带来困扰和不解,既不利于环保工作的开展,更有损于政府公信力的权威。因此,本法第一款规定了一些重要环境信息由环保部和省级环保部门统一发布。

关于环境信息公开的具体内容、方式和要求等有关规定,将在加强社会监督措施中作详解,这里不再阐述。

(八)环评机构、监测机构和专门从事环境监测设备和防治污染设施维护、运营的机构要承担连带责任的规定

环评机构、监测机构和专门从事环境监测设备和防治污染设施维护、运营的机构在从事有关环境服务的过程中,如果与排污者恶意串通,弄虚作假,出具虚假的环境影响评价文件或者监测数据等,将会严重破坏监管秩序,导致环境恶化或生态破坏,因此必须加重从事环境服务的有关机构的法律责任。所谓连带责任,根据我国《侵权责任法》第十三条、第十四条规定,法律规定承担连带责任的,被侵权人有权请求部分或者全部连带责任人承担责任。连带责任人根据各自责任大小确定相应的赔偿数额；难以确定责任大小的，平均承担赔偿责任。

环评机构的连带责任。如果环境影响评价机构接受委托后，与委托人恶意串通，在环境影响评价活动中弄虚作假，致使评价结果严重失实，或者环境影响评价机构虽未与委托人恶意串通，但为了保住自己的市场地位，明知委托人提供的材料虚假，却故意作出有利于委托人的评价，致使评价结果严重失实。无论是前一种有共同故意的行为，还是后一种无共同故意的分别行为，委托人在环境影响评价文件获得审批后，其经营行为造成了环境污染或者生态破坏，除依照有关法律规定对委托人和环评机构予以处罚外，环评机构还应当与委托人对给第三人造成的损害承担连带责任。

现实中，为争抢环评市场、获得更多利益，一些环评机构的确制作过不负责任的环评报告书（表），甚至有些环评机构为赶时间摘抄同行业、同类型的环评报告书（表）的章节，经常出现"驴唇不对马嘴"的笑话；有些环评机构因自身没有监测能力，为依法获得项目选址周边的环境要素的监测数据，到处胡编拼凑，失去了项目建设对周边环境影响的评价依据，更谈不上科学和技术的支撑；有些环评机构不是评价项目建设对环境的影响程度，而是按照项目业主单位如何获得环评审批来进行评价，只是把环评措施作为牟利的工具；有些环评机构为揽生意，超资质、超范围、挂买"环评工程师"证、挂靠上一级资质承揽建设项目环评，与此同时，滥竽充数的环评报告书（表）屡禁不止。这些问题在社会中介组织的环评机构尤为突出，在各级环保部门下属的环评机构也普遍存在。项目建设单位花钱买环评报告，不仅使环评丧失了源头控制污染的前置作用，破坏了环评制度，也践踏了《环评法》的尊严。新《环保法》规定环评机构负有连带责任，就是对环评机构长期乱作为的现象予以遏制打击，这是对现有的环评机构业务水平、依法有偿服务的巨大挑战，特别是对各级环保系统环评机构来说，既有当好环评专业"排头兵"的责任，又有维护环保部门良好形象的责任。对于管理环评机构的各级环保部门来说，环评机构乱象重生，暴露出管理环节的不足和漏洞，亟待改进和加强。

环境监测机构的连带责任。我国目前已经建立了重点排污单位的自行监测制度。新《环保法》第四十二条第三款规定:"重点排污单位应当按照国家有关规定和监测规范安装使用监测设备,保证监测设备正常运行,保存原始监测记录。"2013年7月30日,环保部发布了《国家重点监控企业自行监测及信息公开办法(试行)》。所谓企业自行监测,该办法第二条第二款规定:"本办法所称的企业自行监测,是指企业按照环境保护法律法规要求,为掌握本单位的污染物排放状况及其对周边环境质量的影响等情况,组织开展的环境监测活动。"但是如果企业自行监测有困难的,按照该办法第十一条规定,应当委托经省级环境保护主管部门认定的社会检测机构或环境保护主管部门所属环境监测机构进行监测。无论受委托的是公立监测机构还是社会监测机构,如果与委托人恶意串通,在环境监测活动中弄虚作假,故意隐瞒委托人超过污染物排放标准或者超过重点污染物排放总量控制指标的事实,出具虚假的监测数据,在委托人的排污行为造成了环境污染或者生态破坏以后,除依照有关法律规定对委托人和受托人予以处罚外,受托人还应当与委托人对给第三人造成的损害承担连带责任。

当前,我国的社会环境监测机构还比较少,从事环境监测的机构主要是各级环保部门的下属事业单位。现实中,至今还没有发现各级环保部门的监测站与排污单位同流合污、出具虚假监测数据的现象。但对于旗、县、区环境监测站来说,现有的监测水平参差不齐,有的是有设备无专业技术人员,有的既无设备又无专业技术人员,甚至连监测站房也没有。在这种背景下,有些旗、县、区环境监测站压根就出具不了监测数据,有的能出具的监测数据但根本不准确,不能真实反映污染物排放是达标还是超标,协商收缴排污费就变成了自然,更说不清污染物排放对周边环境质量的影响和危害。这不仅丧失了依法监管的作用,也是环保部门环境监测失职行为的表现。产生这些问题最根本的原因是地方政府不重视环境监测设备的装备和专业人员的配备,甚至有的旗、县政府把环境监测站房卖了用来偿还政府欠账,与经济发展相比,说到底还是环保工作的好坏没有影响到地方领导的政绩和"官帽"。因此,新《环保法》专门规定了地方政府负有加大环保投入、加强环保能力建设的责任，以此来解决这个问题。对于各级环保部门来说，本法规定的连带责任对环境监测站业务技能是一个巨大的挑战，对出具的监测数据是一个巨大的考验。

从事环境监测设备和防治污染设施维护、运营的机构的连带责任。现实中，有些企业将自己的污染监测设备委托给监测设备的生产商、代理商等机构维护、调试，而由自己的人员实施监测。从性质上讲，这种行为仍属于自行监测，不属于委托监测。但是，如果出现受托人在监测设备的维护、调试过程中，与委托人恶意串通，致使监测结果严重失实，给他人造成污染损失的情况，除依照有关法律规定予以处罚外，受托人还应当与委托人对给第三人造成的损害承担连带责任。

就当前实际执行情况来看，我国确实存在设备的生产商、代理商为卖设备牟利，以及在设备维护、运营、调试过程中，故意与排污企业串通更改监测数据的现象。这类问题，在很多企业普遍存在，有些企业也为此多次受过环保部门的通报和处罚。但是按法律规定企业违法后处罚过轻，违法成本过低，反而纵容了企业故意篡改监测数据，肆意排污。篡改监测设备数据是有一定科技含量的，需要设备生产商或代理商的技术配合，否则仅靠企业难以实现。因此，为打击这种造假行为，《环保法》在修订时，专门列此条规定了负责设备运维的单位除了要被处罚外，还要承担损害连带责任。

从事防止污染设施运维的问题。现实经济生活中，有些企业将自己的防治污染的设施委托给专门从事污染防治的环保企业维护、运营。应该说，交由第三方专业公司运营、维护是当前的潮流，也是社会分工细化和更加科学合理的模式，应予以支持和鼓励。近年来，污染防治设施不正常运行是企业超标排污、环境污染得不到有效控制的最主要的原因。企业之所以停运治污设施，是由于开启设施治理污染的成本增大，因而以超标排污、牺牲环境换取丰厚利润，就成为排污企业生财之道的潜规则。现实中，企业为减少给污染设施运营商的开支，实际也需要与污染设施运营商紧密配合，双方篡改污染物排放数据和环境监测数据，实现"同流合污"之目的。为打击这种"同流合污"行为，

《环保法》在修订时,专门列此条规定了负责设备运维的单位在防治污染设施维护、运营过程中,造成污染物超标排放或者超总量控制排放,除依照有关法律规定予以处罚外,应当与委托人对给第三人造成的损害承担连带责任。

(九)环保部门上级对下级进行监督责任的规定

造成我国目前环保工作形势严峻的原因有很多,但其中一个重要的原因是一些地方为追求"唯GDP"的政绩观,对招商引资的项目放宽环保标准。而环境保护的管理体制是"条块结合、以块为主"。"条",重点是业务指导;"块"是行政领导。地方政府掌控着地方环保部门的人、财、物,环保部门需要按地方领导的意图和需求来办事,这样环保部门在严格执法过程中难免受制于行政长官的意志,出现不敢执法或者执法不到位的情况。有些地方领导干预、阻碍环保执法的情况也不鲜见。为改变我国的环境现状,在环保工作中有必要加强上级对下级的监督,这是本条立法的用意。

依据本法规定,上级环保部门有权对下级环保部门的工作进行监督。上级环保部门发现下级环保部门有关工作人员有违法行为,依法应当给予处分的,应当向其任免机关或者监察机关提出处分建议。

为排除环保执法屡屡受到地方保护主义和当地领导的干预,纠正属地环保部门对一些超标准排放或者超总量排放的污染大户睁一只眼闭一只眼,甚至对一些未批先建企业的排污行为视而不见的行为,解决属地环保部门不敢执法或者执法不到位的实际问题,本法第二款规定,属地环保部门对环境违法行为不给予行政处罚的,上级环保部门可以直接作出行政处罚的决定。

(十)地方各级人民政府、县级以上环保部门应当承担法律责任的规定

地方各级人民政府、县级以上环保部门享有环境监督管理的权利,同时承担相应的环境监管职责,对于不依法履行监管职责的,应当承担相应的法律责任。这是新《环保法》对各级环保部门是否依法履职的责任追究规定。时下,被环保部门俗称为"头顶八条高压红线",其主要有以下几种情形:

1. 不符合行政许可条件准予行政许可的。涉及环保部门的行政许可事项主要有,环境影响报告审批,大气、水排污许可证核发,危险废物(医疗废

物)经营许可证核发,辐射安全许可证核发,废弃电器电子产品处理资格许可证核发等。每一项许可都分别规定了相应的许可条件。环保部门在受理行政许可申请后,应当进行认真审查,只有在申请人具备从事行政许可事项的资格或者条件的情况下,才可以作出准予行政许可的决定,对不符合条件的准予行政许可,依照本法规定,环保部门的负责人将会受到行政处分,甚至还会承担法律责任。

2. 对环境违法行为进行包庇的。环保监管部门本应是监督环境违法行为的主体,但实践中,出于地方保护主义、政府施压或经济利益诱惑等诸多因素,政府和环保部门对企业环境违法行为不仅不依法履行监管职责,还帮助弄虚作假,瞒报监测数据,掩盖违法事实,既对环境造成了严重损害,又对其他的守法企业造成了不公平竞争,严重损害了政府公信力和形象。对于这种包庇行为应当严惩。

3. 依法应当作出责令停业、关闭决定而未作出的。本法第六十条规定,企业事业单位和其他生产经营者超过污染物排放标准或超过重点污染物排放总量控制指标排放污染物的,县级以上人民政府环境保护主管部门可以责令其采取限制生产、停产整治等措施;情节严重的,报经有批准权的人民政府批准,责令停业、关闭。《水污染防治法》《大气污染防治法》等单行法也规定了对于不符合法定条件的企业,环保部门可以依法责令停业、关闭。责令停业、关闭是法律赋予地方政府和环保部门的一项重要职责,是督促企业停止环境违法行为、停止对环境侵害的一项重要手段。如果不认真履行这一职责,对于符合停业、关闭条件却不作出责令停业、关闭决定的,应当承担本条规定的法律责任。

4. 对超标排放污染物、采用逃避监管的方式排放污染物、造成环境事故以及不落实生态保护措施造成生态破坏等行为,发现或者接到举报未及时查处的。本法第四项规定了4种违法情形,包括:超过污染物排放标准排放污染物的;通过暗管、渗井、渗坑、灌注或者篡改、伪造监测数据,不正常运行防治污染设施等逃避监管的方式排放污染物的;造成了环境事故的;因不落实生态保护措施造成生态破坏的。对这些行为，有关部门如不及时查处，消极履行职责，将纵容环境违法行为，间接加重对环境的损害，应当追究有关人员的行政责任。

5. 违反本法规定，查封、扣押企业事业单位和其他生产经营者的设施、设备的。根据本法第二十五条规定，"**企业事业单位和其他生产经营者违反法律法规规定排放污染物，造成或者可能造成严重污染的，县级以上人民政府环境保护主管部门和其他负有环境保护监督管理职责的部门，可以查封、扣押造成污染物排放的设施、设备**"。环保部门应当严格按照本法规定的条件、方式、内容进行查封、扣押。如果排污单位违法排污，但不会造成严重污染的，实施查封、扣押。查封、扣押仅限于造成污染物排放的设施、设备，对于与排污行为无关的设施设备，不能查封扣押。

6. 篡改、伪造或者指使篡改、伪造监测数据的。本法规定，环保部门为排污企业篡改、伪造或者指使篡改、伪造监测数据的行为是违法的，要承担相应的法律责任。现实中，地方政府为了政绩、经济增长和地方形象，帮助企业隐瞒违法排污事实的行为并不鲜见，有的也授意私下篡改、伪造监测数据，或者指使有关部门和单位篡改、伪造监测数据，使不达标的数据达标，造成了十分恶劣的影响。有这种行为的必须追究其法律责任。从职业精神、职业素养和职业道德来说，在正常情况下，环保部门是不会帮助企业篡改和伪造监测数据的，如果有这种例子，或是受领导的外部压力，否则就该严肃处理。

7. 应当依法公开环境信息而未公开的。本法第五十三条规定，公民、法人和其他组织依法享有获取环境信息、参与和监督环境保护的权利。各级人民政府环境保护主管部门和其他负有环境保护监督管理职责的部门，应当依法公开环境信息、完善公众参与程序，为公民、法人和其他组织参与和监督环境保护提供便利。第五十四条第二款规定，县级以上人民政府环境保护主管部门和其他负有环境保护监督管理职责的部门，应当依法公开环境质量、环境监测、突发环境事件以及环境行政许可、行政处罚、排污费的征收和使用情况等信息。环境信息公开是环保部门的一项法定义务，是保障公民有序参与环境监督的重要途径，对于不依法公开环境信息的行为，应当承担法律责任。

8. 将征收的排污费截留、挤占或者挪作他用的。本法第四十三条第一款规定，排污费应当全部专项用于环境污染防治，任何单位和个人不得截留、挤占或者挪作他用。2003年《排污费征收使用管理条例》第十八条规定，排污费必须纳入财政预算，列入环境保护专项资金进行管理，主要用于下列项目的拨款补助或者贷款贴息：①重点污染源防治；②区域性污染防治；③污染防治新技术、新工艺的开发、示范和应用；④国务院规定的其他污染防治项目。截留、挤占、挪用排污费，应当承担法律责任。

9. 法律法规规定的其他违法行为。这是一项"兜底"条款，对于上述8项情形之外的违法行为，如果法律法规有规定的，地方政府、环保部门也要承担法律责任。地方政府、环保部门违反本条规定，承担责任的主体是直接负责的主管人员和其他直接责任人员。承担法律责任的方式是行政处分，一般给予记过、记大过或者降级处分；造成严重后果的，给予撤职或者开除处分，其主要负责人应当引咎辞职。引咎辞职是专门针对领导成员的问责方式，当担任领导职务的成员因工作严重失误、失职造成重大损失或者恶劣社会影响的，或者对重大事故负有领导责任的，应当引咎辞去领导职务，这是一种非常严厉的行政处分。

这8条行政处分的"红线"，都是为衡量地方政府和环保部门履职行为是否到位而制定的，也就是可能被"问责"、被"处分"的8种情形。其中，有1条红线是针对地方政府不依法"应当作出责令企业停业、关闭决定"规定的，其余7条红线都是针对基层环保部门不依法履行监管职责规定的。由此可以看出，在政府所属的职能部门中，由于履职不到位，可能受到行政处分或依法被追究刑事责任的，环保部门的可能性最大，这就印证了社会调侃"环保人"从事的职业是高危职业的说法。当前，环保部门在适应新《环保法》的要求，贯彻执行好新《环保法》的各项规定，以及依法解决环境污染问题时，既面临推进工作的大好机遇，同时也面临负重爬坡的严峻考验和挑战，不仅需要担当，更需要智慧！

新《环保法》是环保部门"向污染宣战"的一把利剑,凡是剑就有"双刃性"的特点。如果环保部门在监管过程中履职不到位,同样要被问责或承担相应的法律责任。当前,对于各级环保部门来说,既有动力,也有压力。动力在于新《环保法》在一定程度上解决了长期以来环保执法偏软的问题,为环保部门依法控制环境污染和生态破坏、"向污染宣战"、打击环境违法行为提供了法律保障;压力在于环保部门依法履职仍面临许多难题,环保部门的制度建设、人员素质、业务水平和监管能力如何快速适应《环保法》的新要求、新规定,是当前环保部门加强自身建设的首要任务。但更艰难的是,一些地区领导还在追求传统的经济增长模式,在这种惯性和冲动之下,环保部门仍处于依法履职的困境之中,处于受外部因素干扰阶段。要摆脱这种尴尬的困境,可能尚需一些时日和一段过程。在经济社会发展和环保工作转型阶段,环保部门如何摆脱尴尬、如何博弈,是摆在每一个环保人面前不容回避的课题。

现将一位环保工作者的所见所闻略作一叙,以供读者思考。前不久,有位上级领导带着相关部门的负责人到某地搞调研,途经该地的一个制药企业。该地领导担心该企业排放的恶臭气体被上级领导闻到,于是让市环保局局长责令该企业停产一天,并要求驻厂监管,绝不能排出恶臭气体。为严格执行严防死守的命令,市、县和开发区3级环保局局长和有关科长、股长等十几个人,为了一天无臭,驻厂昼夜值班看守这个臭气车间,坚决做到万无一失。更有趣的是,就在第二天凌晨3点多的时候,市环保局局长猛然从睡梦中惊醒,惊呼闻到了制药厂的臭味,问其爱人是否闻到。爱人告诉他今天根本没有闻到臭味,是他神经过敏、太紧张的缘故。有趣的现象背后,恰恰折射出当前环保工作中存在的问题。

后来,另一位县环保局局长就此事发表了感言。他说,这种个别现象是有的,上级领导到基层检查指导工作,途经旗、县、区的领导都会要求当地环保局局长对污染企业采取临时监管措施。事实上,基层环保部门面临的最大压力,就是对排污企业不能采取最有效的停产措施,要给企业下达停产通知,必须报请同级政府批准后才可执行。现实中,报请政府给企业下达停产报告,有些地方政府出于地区经济发展考虑，往往不予批准。你说该怎么办？那一刻，我们才真正读懂了什么是"无言"与"无奈"！什么是夹缝中生存，为什么环保部门总是处在尴尬之中！

当笔者写到此处，顿时感到浑身冰凉！一种莫名的酸楚和悲哀涌上心头，环保人究竟怎么了？到底谁之错？

某基层环保部门领导苦言，现在有些招商引进的建设项目的环评审批，最让人头疼。批了，睡不着觉；不批，不让睡觉。还有一个环保部门领导说，环保部门既要严格执法，又常常被问责，尽职与失职转瞬即逝。据有关资料统计，2012年1月至2013年6月，全国环保系统先后有1000多人，因违纪违规而受到处分，其中失职、渎职行为占了一多半。

这几年，凡是发生重大环境事故或被央视曝光的突出环境污染问题，在处理责任企业负责人的同时，属地环保部门领导有时也未能幸免。据报道，河北某地的一起小电镀环境污染案件，16人被处分，其中环保部门就有8人。有位地方环保部门领导自嘲说，伤敌一千，自损八百，这仗怎么打？面对环境污染的曝光，面对新闻媒体记者的采访，有些地区的环保部门领导往往支支吾吾，有故意遮掩污染事实的嫌疑。为什么面对新闻镜头躲躲闪闪、无言以对？他们恐怕也有难言之隐。有些基层环保局领导认为，环保局局长这个岗位就是"挨骂"岗位。也许这就是有时环境保护要为经济发展让路的代价，行政意志超越其他规定的现实。

当前，在既要经济快速发展又要无污染的矛盾中，有些环保部门往往是进退两难。在某些地方，跑项目的环评成了环保部门很重要的一项任务，环保部门本身是管控环境污染的"裁判员"，却摇身一变成为跑项目环评审批的"运动员"，这样的"变身"，能不尴尬吗？在经济发展与环境保护不协调、行政意志与法律规定相碰撞时，无疑就造成了环境保护"职能尴尬"，环保"部门尴尬"，因而环保局局长的"岗位尴尬"也在情理之中！

最近，《环境经济》刊物连续刊登了个别地区环保部门领导的一些感言，颇耐人寻味，摘编部分，共同体会和思考。

某省环保厅厅长是由地委书记岗位转任,有记者采访他,您在担任市长和市委书记时,对您的环保局局长有哪些要求?他说,当时对环保局局长的要求就两条。第一,别污染;第二,需要的环评批文给搞定,别影响当地经济发展。作为地方一把手,尽管其他方面的工作都要考虑,但发展还是硬道理,这在各地基本上是一样的。而现在来到环保部门,工作性质就完全不一样了,环保职责主要是监管,是盯着别人,是指着人家说"这个不能干、那个不能干"。如果怕承担责任又想追求仕途进步,最好离开环保部门。在环保战线工作了20多年的一位地区环保局局长直言:在追责和协调上,现在有人让环保局局长下河游泳,这真是既滑稽又尴尬。毋庸置疑,抓污染治理,"抓"很关键,但环保部门的"抓"指的是监管。可公众往往将环保部门误认为是所有污染物的"治理者"。特别是在个别地方领导的经济快速发展冲动和畸形政绩观的左右下,保发展还是保环境,环保部门说了不完全算,地方政府领导说了算。环境污染的造成,与地方政府个别领导的错误发展理念有关。目前的环保工作,越是上级越重视,中央比省里重视,省里比市里重视,市里比县里重视,县里比乡里重视。环保工作既需要勇气,也需要智慧,该坚持原则的要坚持,该讲求方法的要灵活多变,有时候曲折迂回也在所难免,甚至要善于将压力转换为动力。环保部门的工作富有挑战性,需要应对的矛盾非常突出,来自各方面不同诉求的压力很大。一是要应对公众对环境质量不满的压力;二是要应对企业对环保要求抵触的压力;三是要应对有的领导同志对环保提出的要求不切实际的压力,他们或是对环保要求太高,巴不得环境质量在短期内快速改善,或是认为环保要求过严不利于经济发展。方方面面的要求都需要重视和妥善解决,既不能随便妥协,也不能死扛硬顶。同时,在环境风险防范方面把好关,给地方政府出谋划策,帮助地方政府领导作出正确的判断和决策,避免犯下不可逆转的错误。如能否布局工业区,该引进什么项目,哪些产业不适合大规模发展等,环保部门要主动提出意见,大胆献策,不能违心也不能完全顺着个别领导的意思走。

现实中,地方政府都不愿意污染环境,更不愿意让老百姓遭受污染之苦。问题就在于当地方经济发展与环境保护出现矛盾时，有些地方政府为追求GDP的增长，体现政绩，往往只能牺牲环境，甚至舍弃环境，以加大招商引资作为经济增长的支撑和引擎；而排污企业需要快速扩大规模，追求利润最大化，以投资项目回应地方政府招商引资的需求。因为相互之间的需要，在一定程度上形成了契合，因此有些地方政府也就难免对排污企业不达标排放有宽容和保护的色彩，甚至有时只能忍痛割爱。为什么总是以牺牲环境为代价来换取GDP的暂时增长呢？这也就不言而喻了！也正因为现实中存在这样的问题，党中央、国务院才高瞻远瞩，下决心纠正以GDP论英雄的片面观念，要求各地要遵循自然规律和经济发展规律，转变发展理念，既要绿水青山，又要金山银山，要承受得起经济发展转型时期所带来的阵痛，要提升负重爬坡的韧劲和耐力。所有这些，都很值得我们每一个人理解、把握和深思！

二、有关部门保护环境的责任规定

新《环保法》对各有关部门在重视和加强环保工作方面都作出一些应尽责任的规定，在表述上有的是用"鼓励"、"可以"，但有的是用"应当"。立法时在规定各部门责任上，用不同的词语表明了部门所承担的环保的责任大小也有区别。因此，在这里就财政、城建、教育行政部门和新闻媒体的保护环境责任规定作简要介绍。

（一）财政部门保护环境的责任规定

环境保护涉及千家万户，保护环境是全社会共同的责任。新《环保法》规定了各有关部门都有保护环境的法定责任，除了对环保部门规定的责任条目最多外，在部门中对财政部门规定的责任也是较多的，位居第二。其立法的用意在于有效解决各级财政对环保长期投入不足的问题，体现加大环保投入是各级政府解决环境问题的一项重要举措，要加快研究制定环境经济政策，坚决遏制环境污染蔓延的严峻态势。因此，新《环保法》明确了财政部门的3条法律责任规定，分别是：第三十六条第二款规定，"**国家机关和使用财政资金的其他组织应当优先采购和使用节能、节水、节材等有利于保护环境的产品、设备和设施**"。第二十二条规定，"企业事业单位和其他生产经营者，在污染物排放符合法定要求的基础上,进一步减少污染物排放的,人民政府应当依法采取财政、税收、价格、政府采购等方面的政策和措施予以鼓励和支持"。第二十三条规定,"企业事业单位和其他生产经营者,为改善环境,依照有关规定转产、搬迁、关闭的,人民政府应当予以支持"。

从国内外的实践经验来看,制定和采取环境经济政策,有利于转变经济增长方式,有利于调整经济结构,有利于实施治理环境污染这个重大民生问题,有利于保障国家环境安全、实现永续发展。从上述立法条款来看,国家意在从发展战略方面来强化这几方面的措施,以此作为推动和促进经济社会转型的重要调节手段,但关键在执行。

1. 关于财政部门组织实施绿色消费、绿色采购的责任规定。从发达国家的经验来看,减少废弃物的产生是从源头上削减污染的重要措施,涉及节约能源、循环利用资源、转变经济发展方式和人民群众生活方式等问题,国家必须从战略高度上予以重视。我国于2002年制定了《清洁生产促进法》,经过10年的实践,于2012年进行了修订,规定了国家鼓励和促进清洁生产。我国于2008年还制定了《循环经济促进法》,规定了国家鼓励和引导公民使用节能、节水、节材和有利于保护环境的产品及再生产品,减少废物的产生量和排放量。在此背景下,新《环保法》规定国务院及其有关部门应当采取措施,从战略上要总体布局,提高全社会的环保意识,鼓励和引导公民、法人和其他组织使用有利于保护环境的产品和再生产品,减少废弃物的产生。国家机关和使用财政资金的其他组织还应当以身作则,践行绿色消费和绿色采购。

所谓国家机关和使用财政资金的其他组织优先采购和使用节能、节水、节材等有利于保护环境的产品、设备和设施,是指在市场经济中,国家机关以及使用财政资金的组织也是市场消费者,而且可能占有相当大的市场份额,因此国家机关以及使用财政资金的组织,一方面可以用自己的优先采购和使用来引导社会公众的消费行为,另一方面可以通过绿色消费行为本身来引导生产企业供给节能、节水、节材等有利于保护环境的产品、设备和设施。例如,美国环保署公布了若干指导原则,用于政府机关优先采购各类再生产品和对环境与资源友好型产品。目前,美国联邦政府工作人员使用的许多电脑是节能型产品,联邦政府大楼中运行的中央空调大多数是绿色环保型产品。借鉴发达国家的经验,我国为了发挥政府的绿色消费对公众消费行为的导向作用,新《环保法》立法规定,要求国家机关和使用财政资金的其他组织应当率先垂范,践行绿色采购和绿色消费,优先采购和使用有利于保护环境的产品、设备和设施,促进形成绿色环保化市场。通过消费促进有利于环保的商品和服务提升市场竞争力,形成优胜劣汰的良性循环机制。笔者认为这就是立法的本意。

怎样消费和采购有利于保护环境的产品、设备和设施呢?解决这个问题,关键在于推广和使用"环保标志"的产品标识。所谓"环保标志",是指环境与资源保护的产品标志。它不同于一般商标,是指通过产品或包装的印记表明这些产品比其他功能和竞争性都类似的产品更有利于环境和资源的保护。环保标志代表了对产品的全面环境评价,表明产品具有有利于提高资源利用率,使用后易于回收,可再用,可更新,功能合理,使用寿命长,包装易处理与降解等特征。

现实中,有利于保护环境的产品、设备和设施,在我国现阶段仍是一个模糊的概念。作为普通的消费者根本分不清哪些产品是有利于保护环境的产品,哪些设备和设施是有利于保护环境的设备和设施,实际就是"一头雾水"。要解决这个模糊的概念,其实也不复杂,关键是政府有关职能部门要重视此项工作,要完善这方面的法规制度,做好引导和宣传,把属于有利于保护环境的产品、设备和设施,贴上"环保标志"的标识,让消费者和采购者一看到有"环保标志"的标识,就知道这是有利于保护环境的产品、设备和设施,就像欧盟推广环保产品都要贴"欧盟之花"一样,使消费者清清楚楚,明明白白。

当前,我国环境保护产业协会正在致力于"环保标志"产品的宣传、推广和认证等。与此同时,向全社会宣传推广的力度还亟待加强,特别是对产品"环保标志"的认证如何规范和透明,增强"环保标志"的社会公信力,还需要加快制定和完善"环保标志"等一系列的制度措施来保障,还需要健全和完善"环保标志"公众参与、社会监督、信息公开等管理手段,确保能为消费者提供各类产品环保方面的可信赖信息，为绿色采购和绿色消费提供积极正确的引导。否则，理念很好，效果很差。

2. 关于财政部门要鼓励和支持减排企业的责任规定。一般来说，任何生产经营活动的出发点就是追求利润最大化。由于减少污染物排放就增加成本、减少获利，因此生产经营者往往缺乏主动治污的积极性。促使生产经营者主动治理污染，需要外部因素"加压"和"给力"。所谓"加压"，就是通过处罚、赔偿、信息公开、公众参与等方式对生产经营者施压，让其承担环保责任。所谓"给力"，就是通过财政、税收、价格、政府采购等方面的政策和措施予以支持，引导企业主动治理污染、积极保护环境。

随着我国环境污染问题的日益突出，环境管理的方式也面临着挑战，单一靠事后惩戒已不能适应新形势的要求，需要通过经济手段来激励生产经营者的环保积极性，促使其自觉实施清洁生产、循环利用资源并减少污染排放，推动环保事业健康发展。

减排企业要获取鼓励和支持，必须具备两个前提条件：一是污染物排放达到排放标准和总量控制排放标准；二是在达标基础上，通过工艺改进和技术升级，进一步减少污染物排放，达到"以奖促治"的目的。

发达国家为鼓励和支持企业减少污染物排放制定了许多优惠政策和措施。据介绍，一是加大财政支持力度。美国在1980年制订的《固体废弃物处置法》中决定，对能减少各种废弃物产生的新工艺或对工艺进行改造，给予财政补贴。法国从1980年起还设立了无污染工厂的奥斯卡奖金，奖励在采用清洁生产方面作出成绩的企业，每年给清洁生产示范工程补贴10%的投资。荷兰为促进清洁生产，给企业提供新设备费用的15%～40%的补贴。二是采取税收优惠措施。例如，日本、法国、印尼等国对节能环保汽车减税。三是鼓励绿色采购。国外的普遍做法，是引导和促进社会公众向环保产品消费需求转变。发达国家推动绿色采购的方式大致可分为两种模式：一种是政府绿色采购，如美国、法国、丹麦、日本；另一种是以民间团体自发的绿色采购为主导，政府仅处于辅助、协助地位，如瑞士。

我国为鼓励和支持企业减少污染物排放也制定了许多优惠政策和措施。①关于财政支持。《清洁生产促进法》规定，对必须进行强制性清洁生产审核以外的企业，可以自愿与清洁生产综合协调部门和环保部门签订进一步节约资源、削减污染物排放量的协议。对协议中载明的技术改造项目，由县级以上政府给予资金支持。《循环经济促进法》规定，国务院和省、自治区、直辖市人民政府设立发展循环经济的有关专项资金，支持循环经济的科技研究开发、循环经济技术和产品的示范与推广、重大循环经济项目的实施、发展循环经济的信息服务等。②关于税收优惠。《企业所得税法》规定，从事符合条件的环境保护、节能节水项目的所得可以免征、减征企业所得税；企业购置用于环境保护、节能节水、安全生产等专用设备的投资额，可以按一定比例实行税额抵免。《车船税法》规定，对节约能源、使用新能源的车船可以减征或者免征车船税。《清洁生产促进法》《循环经济促进法》等法律中对清洁生产、综合利用资源的活动给予税收优惠。③关于价格支持。《国家环境保护"十二五"规划》提出，落实燃煤电厂烟气脱硫电价政策，研究制定脱硝电价政策。根据有关政府文件，现有燃煤机组按要求安装减排设施后，在现有上网电价基础上每千瓦时脱硫加价1.5分钱，脱硝加价0.8分钱。④关于绿色采购。《清洁生产促进法》规定，各级人民政府应当优先采购节能、节水、废物再生利用等有利于环境与资源保护的产品。各级人民政府应当通过宣传、教育等措施，鼓励公众购买和使用节能、节水、废物再生利用等有利于环境与资源保护的产品。《循环经济促进法》规定，国家实行有利于循环经济发展的政府采购政策。使用财政性资金进行采购的，应当优先采购节能、节水、节材和有利于保护环境的产品及再生产品。《国家环境保护"十二五"规划》提出，推行政府绿色采购，逐步提高环保产品比重，研究推行环保服务政府采购；制定和完善环境保护综合名录。⑤关于绿色信贷。《循环经济促进法》规定，对符合国家产业政策的节能、节水、节地、节材、资源综合利用等项目，金融机构应当给予优先贷款等信贷支持，并积极提供配套金融服务。《国家环境保护"十二五"规划》提出，建立企业环境行为信用评价制度，加大对符合环保要求和信贷原则企业和项目的信贷支持。建立银行绿色评级制度，将绿色信贷成效与银行工作人员履职评价、机构准入、业务发展相挂钩。

上述5项政策措施，在实际执行中，财政支持、优惠价格和税收相比，绿色采购、信贷等政策措施都发挥了一些调节作用，但与严峻的环境形势和治理任务的紧迫性相比，力度还远远不够，调节效果尚未显现。

3. 关于财政部门支持对环境污染整治企业搬迁、转产、关闭的责任规定。目前，我国已步入经济发展转型期，这一时期以转变经济发展方式为主线。我国长期以来是以"三高一低"（高能耗、高污染、高排放、低效率）传统的粗放型经济增长方式来实现加快发展。要加快转变我国经济发展方式，必然要求以"三高一低"为特征的高碳型模式，向"三低一高"（低能耗、低污染、低排放、高效率）为特征的可持续发展模式转变，走经济效益好、资源消耗低、环境污染少的新型工业化道路。这就需要下大力气进行产业结构调整，淘汰落后产能，减少污染物排放。主要针对电力、炼铁、炼钢、焦炭、电石、铁合金、电解铝、水泥、平板玻璃、造纸、酒精、味精、柠檬酸、铜冶炼、铅冶炼、锌冶炼、制革、印染、化纤以及涉及重金属污染的行业，实施转产、搬迁和关闭等措施。对那些确实改善了环境的企业，本条立法规定各级人民政府财政部门应当予以资金补贴支持。

《国务院关于印发〈大气污染防治行动计划〉的通知》提出，有序推进位于城市主城区的重污染企业环保搬迁、改造，到2017年基本完成。建立以节能环保标准促进行业过剩产能退出的机制。制定财政、土地、金融等扶持政策，支持产能过剩行业企业退出、转型发展。《国务院关于进一步加强淘汰落后产能工作的通知》提出，以电力、煤炭、钢铁、水泥、有色金属、焦炭、造纸、制革、印染等行业为重点加快淘汰落后产能。中央财政利用现有资金渠道，统筹支持各地区开展淘汰落后产能工作。资金使用重点支持解决淘汰落后产能有关职工安置、企业转产等问题。对经济欠发达地区淘汰落后产能工作，通过增加转移支付加大支持和奖励力度。《淘汰落后产能中央财政奖励资金管理办法》提出，中央财政将继续安排专项资金，对经济欠发达地区淘汰落后产能工作给予奖励。中央财政根据年度预算安排、地方当年淘汰落后产能目标任务、上年度目标任务实际完成和资金安排使用情况等因素安排奖励资金。对具体项目的奖励标准和金额由地方根据本办法要求和当地实际情况确定。奖励资金必须专项用于淘汰落后产能企业职工安置、企业转产等淘汰落后产能相关支出。优先支持淘汰落后产能企业职工安置，妥善安置职工后，剩余资金再用于企业转产、化解债务等相关支出；优先支持淘汰落后产能任务重、职工安置数量多和困难大的企业，主要是整体淘汰的企业。

各地区为治理环境污染，也及时出台了对环境污染整治企业的搬迁、转产、关闭的优惠政策措施。如浙江，对转产企业、对运用先进技术设备和工艺、对建设污染治理设施、对实施清洁生产与发展循环经济的企业，各级政府在技术改造、环境保护与治理等专项资金补助安排上给予支持；对搬迁企业，优先安排易地项目建设用地，并给予优惠，其土地出让金可以按基准地价或标定地价的80%确定；对关闭企业，原土地使用权无论以出让方式还是划拨方式取得，原则上均由当地政府直接收回，按合同剩余年限确定出让土地使用价格，或按相应的划拨土地价格予以补偿。

（二）城乡建设部门保护环境的责任规定

新《环保法》第三十五条规定："**城乡建设应当结合当地自然环境的特点，保护植被、水域和自然景观，加强城市园林、绿地和风景名胜区的建设与管理。**"城乡建设中环保措施如何，事关我国当前新型城镇化发展道路的成败。伴随着我国经济的高速发展，以往的城市化建设过程中出现了城市环境基础设施建设滞后、城市公共交通不足和环境污染严重等弊端。当前我国提出新型城镇化发展战略，要求在认真总结经验教训的基础上，考虑整体环境承载能力，结合当地自然环境的特点，因地制宜地搞好城乡建设。2012年，中央经济工作会议给"新型城镇化"定调，要把生态文明理念和原则全面融入城镇化过程，走集约、智能、绿色、低碳的新型城镇化道路。

本条立法规定，城乡建设中要结合当地自然环境的特点，重点考虑环境保护的几项因素。一是要保护好现有的植被。二是要保护水域。一般认为水域就是有一定含义或用途的水体所占有的区域。三是自然景观。我国法律法规中的"自然景观"应当理解为天然景观和人文景观的自然方面的总称,强调景物的自然方面的特征。与其并列的"人文景观",则是强调景物的经济、社会等方面的特征。四是城市园林。城市园林是指在城市一定的地域运用工程技术和艺术手段,通过改造地形(如进一步筑山、叠石、理水)、种植树木花草、营造建筑和布置路园等途径创作而成的美的环境场所,如城市公园、植物园等。五是城市绿地。城市绿地是人工绿化的绿色地域系统,包括各种公园绿地、街道绿地、居住绿地、机关单位绿地等共同组成的绿化地域。绿地是城市生态环境系统的重要组成部分,对美化城市、改善城市生态环境质量起着极大的作用。本法沿用了原条文中"城市园林"与"绿地"的概念。六是风景名胜区。依照《风景名胜区条例》的规定,风景名胜区是指具有观赏、文化或者科学价值,自然景观、人文景观比较集中,环境优美,可供人们游览或者进行科学、文化活动的区域。国家对风景名胜区实行"科学规划、统一管理、严格保护、永续利用"的原则。

在加快新型城镇化建设过程中,为防止环境污染,城建部门要继续重视城镇环境基础设施建设的统筹规划,做好顶层设计,把城市集中供热、集中供气、污水处理及回收利用、生活垃圾处置利用等各种节约资源、保护环境的工程建设统一到城市建设规划中,同步实施,实现城市经济与环境保护协同发展。这也是城乡建设部门环境保护的重要责任之一。

(三)教育行政部门保护环境的责任规定

新《环保法》第九条第二款规定,"**教育部门和学校应当将环境保护知识纳入学校教育内容,培养学生的环境保护意识**"。

少年强,则国家兴;少年弱,则国家亡。这是我们千百年来的国训。教育是一个民族振兴的基础,从娃娃抓起又是教育的起始。环保教育是环保工作的重要组成部分,也是教育工作的重要内容之一。抓好学生的环保素质教育,就是抓住了环保教育的源头。

为突出学校环保教育这个关键环节,本条立法规定,教育行政部门和各类学校，应当将环保知识纳入学校教育内容，要培养学生的环保意识。环保教育是以学生为主导对象的基础教育，要把环保教育作为学生综合素质全面提升的重要载体，在学生中广泛开展环保教育，有利于提高全民族的环境意识和文明道德素质。少年儿童是祖国的未来、民族的希望。学生阶段是一个人身心发展的黄金时期，在学习自然知识的同时，对学生广泛开展环保教育、普及环保知识，不仅可以开阔学生的视野、拓宽学生的知识面，也可以增强学生的环保意识、公德意识和爱国意识，还可以从小培养学生热爱自然、尊重自然、善待自然的责任感。加强学校环保教育，不仅为学生参加社会实践活动提供了平台，也有利于锻炼学生参与能力、提高认知能力，同时也是培养可持续发展人才的切实需要。

抓好学校环保教育，不仅仅是学校的责任，同时也是各级教育行政部门的职责所在。教育行政部门作为教育的主管部门，为提升环保教育质量，要积极组织广大学校开展环保教育活动，大力普及环保科普知识；也要对教师和其他教育工作者进行环保法律法规和环保知识方面的培训，提高教育工作者的环保意识和授课水平；还要对学校的环保教育工作进行指导、督促和检查，确保环保教育取得实效。

目前，就我国的教育机构和学校开展的环保教育来看，几乎是寥寥无几，即使有开展的也是敷衍了事、走马观灯、走过场的现象较为严重。这种现实情况，确实需要教育行政主管部门引起高度重视，在教学大纲、课程设置、教学内容设定、教师培训、学校课外实践活动等方面，都应该考虑环保教育的现实需求，都应该考虑培养综合人才的未来需求。

（四）新闻媒体保护环境的责任规定

新《环保法》第九条第三款规定，"**新闻媒体应当开展环境保护法律法规和环境保护知识的宣传，对环境违法行为进行舆论监督**"。当今社会，新闻媒体具有受众广、传播快、影响大的特点。新闻媒体通过一定的手段和表现形式进行宣传，突出新闻反映的积极面，来引导人们从正确的方向思考社会现状和政治格局，从而达到其引导群众思想的作用。舆论导向作用是新闻媒体独具一格的特征，无论是在人们的生活中，还是在国家建设中都起着至关重要的作用。本条立法规定了新闻媒体，既有宣传环保的责任，也有对环境违法行为舆论监督的责任。

1. 关于新闻媒体应当开展环保法律法规和环保知识宣传的责任。就目前而言，新闻媒体大体包括报纸、广播、电视、互联网等四大类新闻宣传媒介。所以在环保宣传方面，应充分发挥新闻媒体的作用。新闻媒体应当发挥其自身优势，以群众喜闻乐见的形式开展环保法律法规和环保知识的宣传，这也是新闻媒体应当履行的社会责任。应当指出的是：第一，媒体的环保宣传是一种公益宣传。公益宣传是指为促进、维护社会公众的利益而制作、发布的广告，或是为社会服务的宣传活动。一般来说，公益宣传是不收取费用的。第二，新闻媒体对环保的宣传是其应当履行的社会责任和法律责任，不是可做可不做的一种活动。

2. 关于新闻媒体要发挥对环境违法行为舆论监督的责任。新闻媒体除了要做好有关环保方面的宣传之外，还要对环境违法行为进行舆论监督。舆论监督是指针对社会上某些组织或个人的违法违纪行为，或者其他不良现象及行为，通过新闻媒体的宣传报道进行曝光和揭露，抨击时弊、抑恶扬善，以达到舆论监督的目的。舆论监督具有事实公开、传播快速、影响广泛、揭露深刻等特点和优势，能够迅速将公众的注意力聚焦，形成巨大的社会压力，并引起政府和有关部门的关注，促使执法部门依法对违法行为进行查处。

媒体监督是对环保部门工作力量的补充和延续，特别是主流媒体敢于揭露大型企业肆虐排污的真相，敢于说出环保部门不敢说的真话，发挥了比环保部门更强势的作用。通过对相关违法企业的报道，能够将其恶行公之于世，使其受到社会全员的评价，将其置身于社会舆论之中，对其形成一股强大的压力。现在地方政府和很多排污企业都十分重视和惧怕主流媒体的真实报道，不仅对地方政府转变发展观念是一个巨大的促进，而且对排污企业的违法行为将起到巨大的威慑作用，倒逼企业增加治理污染设施，减少污染物的排放，降低对环境质量的影响程度。由于其对上市企业震慑更大，其信誉一旦受到影响，企业将会遭受灭顶之灾。这是环保部门替代不了的作用。

应该说，新闻媒体的舆论监督是一种捍卫社会公平与正义、诠释社会道德与良知的进步力量，是推动社会进步的重要力量。新闻媒体客观、全面、准确地报道环境违法行为，对加快环境问题的解决有着积极的推动作用。当媒体的失实报道、虚假报道等现象层出不穷，低俗报道、不良文化被广泛传播，新闻报道中侵害他人合法权益的事件屡有发生时，新闻媒体的负面影响也层出不穷。特别是近几年来，一些非主流媒体、非主流刊物的记者打着媒体监督环境污染的幌子，到处去企业招摇撞骗、敲诈勒索、要钱要物、骗吃骗喝，损害了媒体监督的形象，败坏了社会风气，遭到了社会的非议和谴责。新闻媒体该如何监督和约束媒体自身成为宣传管理部门的一大命题。按照《侵权法》规定，新闻媒体要对报道的环境违法行为的真实性负责，如果因不实报道使单位的合法权益造成了损害，应当依法承担侵权赔偿责任。目前，《新闻媒体行业自律准则》已颁布实施，打击假新闻、假记者、回击不实报道的力度在加大，有望一股清风会扑面而来。

三、企业单位保护环境的责任

"谁污染谁治理、谁开发谁保护、谁损害谁担责"，这是我国环境保护的一项基本原则。污染物排放是在企业生产经营过程中产生的，治理环境污染、减少污染物对环境的影响必然是企业应尽的法定责任。"谁污染谁治理"喊了好久，但在实际执行中往往打了折扣，而且是不小的折扣。理论上说，排污企业必须治理污染，但由于治污成本高，不治污的交点罚款但赚得多，治污的不交罚款但赚得少。当前，有诸多的环境问题，就是因企业长期不履行保护环境的责任，治理污染成本外部化，治理污染主体责任不落实所致。因而，新《环保法》用13条立法规定了企业事业单位保护环境的责任，加大对排污企业的管控和惩处，这是新《环保法》实施的重中之重，也是"向污染宣战"的利器。

企业承担的法律责任分别是：第六条第三款规定，"**企业事业单位和其他生产经营者应当防止、减少环境污染和生态破坏，对所造成的损害依法承担责任**"。第四十条第三款规定，"**企业应当优先使用清洁能源，采用资源利**

用率高、污染物排放量少的工艺、设备以及废弃物综合利用技术和污染物无害化处理技术,减少污染物的产生"。第四十二条第一款规定,"排放污染物的企业事业单位和其他生产经营者,应当采取措施,防治在生产建设或者其他活动中产生的废气、废水、废渣、医疗废物、粉尘、恶臭气体、放射性物质以及噪声、振动、光辐射、电磁辐射等对环境的污染和危害";第二款规定,"排放污染物的企业事业单位,应当建立环境保护责任制度,明确单位负责人和相关人员的责任";第三款规定,"重点排污单位应当按照国家有关规定和监测规范安装使用监测设备,保证监测设备正常运行,保存原始监测记录";第四款规定,"严禁通过暗管、渗井、渗坑、灌注或者篡改、伪造监测数据,或者不正常运行防治污染设施等逃避监管的方式违法排放污染物"。第四十三条规定,"排放污染物的企业事业单位和其他生产经营者,应当按照国家有关规定缴纳排污费。排污费应当全部专项用于环境污染防治,任何单位和个人不得截留、挤占或者挪作他用"。第四十四条规定,"企业事业单位在执行国家和地方污染物排放标准的同时,应当遵守分解落实到本单位的重点污染物排放总量控制指标"。第四十五条第二款规定,"实行排污许可管理的企业事业单位和其他生产经营者应当按照排污许可证的要求排放污染物;未取得排污许可证的,不得排放污染物"。第四十七条第三款规定,"企业事业单位应当按照国家有关规定制定突发环境事件应急预案,报环境保护主管部门和有关部门备案。在发生或者可能发生突发环境事件时,企业事业单位应当立即采取措施处理,及时通报可能受到危害的单位和居民,并向环境保护主管部门和有关部门报告"。第四十九条第三款规定,"畜禽养殖场、养殖小区、定点屠宰企业等的选址、建设和管理应当符合有关法律法规规定。从事畜禽养殖和屠宰的单位和个人应当采取措施,对畜禽粪便、尸体和污水等废弃物进行科学处置,防止污染环境"。第五十九条规定,"企业事业单位和其他生产经营者违法排放污染物,受到罚款处罚,被责令改正,拒不改正的,依法作出处罚决定的行政机关可以自责令改正之日的次日起,按照原处罚数额按日连续处罚。前款规定的罚款处罚,依照有关法律法规按照防治污染设施的运行成本、违法行为造成的直接损失或者违法所得等因素确定的规定执行。地方性法规可以根据环境保护的实际需要，增加第一款规定的按日连续处罚的违法行为的种类"。第六十条规定，"企业事业单位和其他生产经营者超过污染物排放标准或者超过重点污染物排放总量控制指标排放污染物的，县级以上人民政府环境保护主管部门可以责令其采取限制生产、停产整治等措施；情节严重的，报经有批准权的人民政府批准，责令停业、关闭"。第六十一条规定，"建设单位未依法提交建设项目环境影响评价文件或者环境影响评价文件未经批准，擅自开工建设的，由负有环境保护监督管理职责的部门责令停止建设，处以罚款，并可以责令恢复原状"。第六十二条规定，"违反本法规定，重点排污单位不公开或者不如实公开环境信息的，由县级以上地方人民政府环境保护主管部门责令公开，处以罚款，并予以公告"。第六十三条规定，"企业事业单位和其他生产经营者有下列行为之一，尚不构成犯罪的，除依照有关法律法规规定予以处罚外，由县级以上人民政府环境保护主管部门或者其他有关部门将案件移送公安机关，对其直接负责的主管人员和其他直接责任人员，处十日以上十五日以下拘留；情节较轻的，处五日以上十日以下拘留：（一）建设项目未依法进行环境影响评价，被责令停止建设，拒不执行的；（二）违反法律规定，未取得排污许可证排放污染物，被责令停止排污，拒不执行的；（三）通过暗管、渗井、渗坑、灌注或者篡改、伪造监测数据，或者不正常运行防治污染设施等逃避监管的方式违法排放污染物的；（四）生产、使用国家明令禁止生产、使用的农药，被责令改正，拒不改正的"。第六十四条规定，"因污染环境和破坏生态造成损害的，应当依照《中华人民共和国侵权责任法》的有关规定承担侵权责任"。

（一）关于企业应当减少环境污染和生态破坏的责任规定

企业单位是最主要的排污者，应当严格遵守本法的规定，切实履行环境保护义务。本法第六条规定，"企业事业单位和其他生产经营者应当防止、减少环境污染和生态破坏，对所造成的损害依法承担责任"。

生产经营者的义务主要体现在两个方面：一是生产经营者应当防止、减少环境污染和生态破坏。开发利用自然资源，应当合理开发，保护生物多样性，保障生态安全，依法制定有关生态保护和恢复治理方案并予实施。引进外来物种以及研究、开发和利用生物技术，应当采取措施，防止对生物多样性的破坏。企业应当优先使用清洁能源，采用资源利用率高、污染物排放量少的工艺、设备以及废弃物综合利用技术和污染物无害化处理技术，减少污染物的产生。排放污染物的企业事业单位和其他生产经营者，应当采取措施，防治在生产建设或者其他活动中产生的废气、废水、废渣、粉尘、恶臭气体、放射性物质以及噪声、振动、光辐射、电磁辐射等对环境的污染和危害。二是本法规定了"损害担责"的环境保护基本原则。任何生产经营者对所造成的环境损害应当依法承担责任，承担责任的方式包括缴纳排污费或者环境保护税，承担民事、行政和刑事责任等。

（二）关于企业使用清洁能源的责任规定

清洁生产和资源循环利用是从源头上防止污染和其他公害的重要途径。我国十分重视促进清洁生产和资源循环利用，制定了《清洁生产促进法》《循环经济促进法》《可再生能源法》《节约能源法》等法律。新《环保法》明确了企业应当优先使用清洁能源，采用资源利用率高、污染物排放量少的工艺、设备以及废弃物综合利用技术和污染物无害化处理技术，减少污染物的产生。关于资源利用率高、污染物排放量少的工艺、设备和技术，国家有关部门公布了《国家重点行业清洁生产技术导向目录》《当前国家鼓励发展的环保产业设备（产品）目录》《促进产业结构调整暂行规定》等政策文件，企业应当依照上述文件选择相关的工艺、设备和技术对废弃物进行综合利用，对污染物进行无害化处理，提高资源利用率，减少污染物的产生。

当前，虽然立法规定了企业应当优先使用清洁能源，采用资源利用率高、污染物排放量少的工艺、设备以及废弃物综合利用技术和污染物无害化处理技术等要求，但需要有关部门抓紧制定出台与之相配套的经济政策，才能使法律规定落在实处，产生实实在在的效果，否则就失去了立法的意义。

（三）关于排污者防治污染的责任规定

对排污者防治污染的责任规定，是此次修订《环保法》的重点，也是解决环境问题屡禁不止的关键。本法第四十二条用4款的条文，对排污者提出了明确要求。企业单位和其他生产经营者排放的污染物是造成环境污染的最主要原因。只有排放污染物的企业单位和其他生产经营者做好污染防治，环境质量才能得到根本改善。近年来一些生产经营者为了自身的经济利益，不遵守环保法规，肆意排污，特别是通过暗管、渗井、渗坑等逃避监管方式违法排污的现象较为普遍，给环境造成了巨大损害。此次《环保法》的修订，在原法的基础上进一步强化了排污者的环保责任，对违法排污行为作出有针对性的规定。（1）排放污染物的单位应当采取措施，防治生产经营活动对环境造成的污染和危害。其中包括：**废气**，指生产经营过程中产生的二氧化硫、氮氧化物等有毒有害气体。**废水**，指生产经营过程中产生的污水和废液，其中含有随水流失的生产用料、中间产物以及各种有毒有害物质。**废渣**，指生产经营过程中产生的有毒的、易燃的、有腐蚀性的、传染疾病的以及其他有害的固体废物。**医疗废物**，指医疗卫生机构在医疗、预防、保健以及其他相关活动中产生的具有直接或者间接感染性、毒性以及其他危害性的废物。医疗废物中可能含有大量病原微生物和有害化学物质，甚至会有放射性和损伤性物质，因此医疗废物是引起疾病传播或相关公共卫生问题的重要危险性因素。防治医疗废物污染是这次修订新增加的内容。**粉尘**，指悬浮在空气中的固体微粒。国际标准化组织将粒径小于75皮米的固体悬浮物定义为粉尘。**恶臭气体**，《恶臭污染物排放标准》将其定义为：一切刺激嗅觉器官引起人们不愉快及损害生活环境的气体物质。工业生产、市政污水、污泥处理及垃圾处置设施等产生的气体是恶臭气体的主要来源。**放射性物质**，指铀、钍等能向外辐射能量，发出α射线、β射线和γ射线的物质。**噪声**，指生产设备、建筑机械、汽车、船舶、地铁、火车、飞机、家用电器、社会活动等产生的妨碍人们正常休息、学习和工作的声音。**振动**，指以弹性波的形式在地面、墙壁等环境中传播的给人体及生物带来有害影响的振动，在建筑施工、轨道交通建设和运营等生产经营活动中时有发生。振动会引起人体内部器官的共振，从而导致疾病的发生。**光辐射**，按辐射波长及人眼的生理视觉效应分为紫外辐射、可见光辐射和红外辐射。过量的光辐射会给人体健康和生产生活环境带来不良影响，成为光污染。防治光辐射污染是这次修订新增加的内容。**电磁辐射**，《电磁辐射环境保护管理办法》将其定义为以电磁波形式，通过空间传播的能量流，且限于非电离辐射，包括信息传递中的电磁波辐射，工业、科学、医疗应用中的电磁辐射，高压送变电中产生的电磁辐射。（2）排放污染物的单位应当建立环保责任制度，明确单位负责人和相关人员的责任。单位负责人和相关人员是排污单位承担环保责任的人员。其中，单位负责人是指排污单位的主要负责人，是排污单位环保工作的总负责人，在排污单位内全面负责环保工作，对相关责任人员进行指导、监督，落实环保管理制度。相关人员指排污单位的环境监督员等。环境监督员具体负责排污单位的污染防治、日程检查等环保工作。单位负责人和相关人员没有履行环保职责，导致发生污染事故的，应当承担相应的法律责任。（3）重点排污单位应当按照国家有关规定和监测规范安装使用监测设备。重点排污单位包括国家监控的重点排污单位和地方监控的重点排污单位，具体名录由环保部和地方环保部门公布。重点排污单位可依托自有监测设备及人员开展自行监测，也可委托其他监测机构进行监测。重点排污单位应当保证监测设备正常运行。根据环保部《国家重点监控企业自行监测及信息公开办法（试行）》的规定，国家重点监控企业自行监测内容包括：①水污染物排放监测；②大气污染物排放监测；③厂界噪声监测；④环境影响评价报告书（表）及其批复有要求的，开展周边环境质量监测。采用自动监测的，全天连续监测；采用手工监测的，应当按以下要求频次开展监测，其中，国家或地方发布的规范性文件、规划、标准中对监测指标的监测频次有明确规定的，按规定执行。重点排污单位自行监测应当遵守国务院环境保护主管部门颁布的《环境监测质量管理规定》，确保监测数据科学、准确。重点排污单位应当保存原始监测记录。自行监测记录应当包含监测各环节的原始记录、委托监测相关记录、自动监测设备运行维护记录。（4）严禁通过暗管、渗井、渗坑、灌注或者篡改、伪造监测数据，或者不正常运行防治污染设施等逃避监管的方式违法排放污染物。现实中，一些不法企业受经济利益驱使通过各种方式逃避监管，违法排放污染物。比如，白天达标排放，黑夜超标排污。还有一些企业为逃避监管，存在篡改、伪造监测数据，掩盖超标、超总量排污等违法行为。比如破坏采样系统，在线监测设备的采样管上私接稀释装置，使得监测设备采集不到实际排放的污染物样品；修改监测设备的参数，将超标排放变成"达标"排放。还有一些不法企业为降低运行成本，只在环保部门检查时运行防治污染设施，平时不运行或者时开时停，造成大量污染物未经处理直接排放，严重污染环境。对这些通过逃避监管的方式违法排放污染物的行为，必须予以严厉打击。为加大惩处力度，本法第六十三条、第六十九条规定，通过逃避监管的方式违法排放污染物的，尚不构成犯罪的，对直接负责的主管人员和其他直接责任人员予以行政拘留；构成犯罪的，依法追究刑事责任。为依法惩治环境污染犯罪，最高人民法院、最高人民检察院于2013年联合发布了《关于办理环境污染刑事案件适用法律若干问题的解释》，对环境污染刑事案件有关问题的认定等作出解释，将私设暗管或者利用渗井、渗坑等排放、倾倒、处置有放射性的废物、含传染病病原体的废物、有毒物质的行为列为"严重污染环境"的犯罪行为，依法追究刑事责任。

（四）关于企业依法缴纳排污费的责任规定

排污费是排污者为其生产和消费活动产生的污染要支付的环境成本。1979年通过的《环境保护法（试行）》确立了排污收费制度，此后通过的《水污染防治法》《大气污染防治法》《固体废物污染环境防治法》《环境噪声污染防治法》等环保单行法也规定了排污收费。1982年，国务院制定的《征收排污费暂行办法》对排污费的征收目的、范围、标准和管理使用等作出具体规定。2003年，国务院制定《排污费征收使用管理条例》，对排污收费制度作出重大改革，从"超标才收费"转变为"排污即收费、超标加倍收费"，由单纯按浓度收费转变为按浓度与总量收费，由单因子收费转变为多因子收费，规定了一系列排污费征收、使用、管理制度。

排放污染物的企业事业单位和其他生产经营者，应当按照《排污费征收使用管理条例》等国家有关规定缴纳排污费。征收排污费，首先要进行排污申报和核定。排污者应当按照国务院环保部门的规定，向县级以上地方人民政府环保部门申报排放污染物的种类、数量,并提供有关资料。县级以上地方人民政府环保部门,应当按照国务院环保部门规定的核定权限对排污者排放污染物的种类、数量进行核定。排污者对核定的污染物排放种类、数量有异议的,可以申请复核。其次要确定排污费数额。负责污染物排放核定工作的环保部门,应当根据排污费征收标准和排污者排放的污染物种类、数量,确定排污者应当缴纳的排污费数额,并予以公告。排污费数额确定后,由负责污染物排放核定工作的环保部门向排污者送达排污费缴纳通知单。排污者应当自接到排污费缴纳通知单之日起7日内,到指定的商业银行缴纳排污费。

排污收费制度是一项有利于保护环境的经济政策,对环保工作发挥了重要作用,但同时也存在着若干弊端,依靠收费来增加违法排污成本,依靠收费来刺激企业治理污染,依靠收费来调节资源环境的保护,其作用捉襟见肘,效果很不明显。这主要因为:一是征收效率低。排污费作为政府非税收入,由环保部门向污染企业征收,实际征收效率始终不高。按照排污费征收程序,排污费征收额测算的基础是排污者申报和环保部门核定,而目前一些地区主要依靠企业自报,申报数据的准确性、真实性难以保证,谎报、瞒报现象较为严重。由于排污费的公示、稽查制度执行不到位,加之地方保护主义,排污费少缴、欠缴、拖缴问题比较突出。二是征收标准低于污染治理成本。理论上排污费标准应不低于污染防治费用,否则污染单位将不会致力于污染的治理。而考虑到企业承受能力,目前排污费征收标准过低,收费制度对防治污染的效果甚微,加之对超标处罚的力度不够,一些高污染企业宁愿"交费认罚",也不愿投资治理污染。三是排污费使用不规范。由于环保投入包括环保部门的工作经费在财政支出中所占比例较小,投入和保障资金不够,一些地方政府将部分排污费用于环保部门日常工作经费和环保部门监管能力建设,以弥补财政投入的不足。

(五)关于排污许可管理制度的责任规定

排污许可是主管机关根据企业事业单位和其他生产经营者的申请,经依法审查,允许其按照许可证载明的种类、浓度、数量等要求排放污染物的管理制度。我国的排污许可制度始于20世纪80年代。1988年,原国家环保局发布的

《水污染物排放许可证管理暂行办法》规定，各地环保部门结合本地区实际情况，在申报登记的基础上，分期分批对重点污染源和重点污染物实行排放许可证制度。目前，《水污染防治法》《大气污染防治法》两部法律规定了排污许可制度。在行政法规层面，《中华人民共和国水污染防治法实施细则》规定，地方环保部门根据总量控制实施方案，审核排污单位的重点污染物排放量，对不超过排放总量控制指标的，发给排污许可证；对超过排放总量控制指标的，限期治理，发给临时排污许可证。在地方层面，除个别省份外，均出台了有关排污许可证管理的地方性法规或者地方政府规章。

依据本法规定，实行排污许可管理的企业事业单位和其他生产经营者应当按照排污许可证的要求排放污染物；未取得排污许可证的，不得排放污染物。排污许可证上载明的要求包括：排放污染物的种类、浓度、数量，有效期，污染物排放的方式、时间、去向，排污口地点和数量，污染物的处理方式和流程，污染物排放总量控制指标、削减数量和时限等。法律规定实行排污许可管理的企业事业单位和其他生产经营者，应当按照排污许可证的要求排放污染物。企业事业单位和其他生产经营者未取得排污许可证的，不得排放法律规定应当取得排污许可证方可排放的污染物。

目前，这项制度急需出台具体的实施办法和操作规范，进一步明确违反许可证制度受处罚的具体规定，使该项制度能够真正发挥其应有的控制作用。否则，再好的制度操作不了，就失去制定的意义了。

（六）关于企业事业单位预防突发环境事件的责任规定

为了切实落实企业的防范处置突发环境事件的主体责任，这次修订《环保法》增加了相关内容，要求企业事业单位认真履行环境风险隐患排查、治理的主体责任，加强环境风险管理和突发事件的应急处置。

按照《中华人民共和国突发事件应对法》《国家突发环境事件应急预案》《突发环境事件应急预案管理暂行办法》的规定，企业事业单位，应当编制环境应急预案，并报环境保护主管部门和有关部门备案。企业事业单位的环境应急预案包括综合环境应急预案、专项环境应急预案和现场处置预案。其中，对环境风险种类较多、可能发生多种类型突发环境事件的，应当编制综合环境应急预案；对某一种类的环境风险，企业事业单位应当根据存在的重大危险源和可能发生的突发事件类型，编制相应的专项环境应急预案；对危险性较大的重点岗位，企业事业单位应当编制重点工作岗位的现场处置预案。环境应急预案的编制还应当包括以下内容：①本单位的概况、周边环境状况、环境敏感点等；②本单位的环境危险源情况分析，主要包括环境危险源的基本情况以及可能产生的危害后果及严重程度；③应急物资储备情况。

一旦发生突发环境事件，企业事业单位处在第一线，掌握第一手材料，其反应是否快速，采取的措施是否得当，直接影响突发环境事件的涉及面和危害程度。因此，责任单位有义务及时、主动、有效地采取应急处置措施，控制事态。事发后，责任单位和责任人应在1小时内向所在地县级人民政府和环保部门报告，同时向上一级相关专业主管部门报告，并立即组织进行现场调查。紧急情况下，可以越级上报。

目前，有些企业在这方面的认识还不到位，不报、晚报的现象时有发生，为应急处置丧失了最佳时机，造成了很大的被动。这可能还需要通过加大处罚或严肃追责，才能得以扭转。

（七）关于畜禽养殖场、养殖小区、定点屠宰企业以及从事畜禽养殖的单位和个人的责任规定

畜禽养殖和屠宰产生的畜禽粪便、废水含有大量的水分和有机物，含有较多的致病菌和寄生虫卵，养殖废弃物处理不当，不仅会带来地表水的有机污染和富营养化，还会产生大气恶臭污染甚至地下水污染，畜禽粪便中所含病原体会威胁人体健康。近年来，随着畜牧业的迅速发展，畜禽养殖业产生的固体废物污染环境问题日益突出。据了解，全国畜禽粪便年产生量约30亿吨，是工业废物的2.7倍。据调查，80%以上的养殖场没有综合利用和污水治理设施。畜禽养殖污染已成为农业污染源之首。针对这个问题，我国多部法律、法规对畜禽养殖、养殖小区、定点屠宰场所的设置和管理作出规定。

畜禽养殖场、养殖小区、定点屠宰企业以及从事畜禽养殖的单位和个人要按照相关法律、法规和规章规定的要求采取措施，对畜禽粪便、尸体和污水等废弃物进行科学处置，防止污染环境。目前现实问题是规定很多，但实际执行的较差，一是在这方面政府投入不够，污染物处置的基础设施建设十分滞后，不能满足生产发展的需要；二是引导和鼓励从事畜禽养殖、屠宰产业的环境经济政策没有形成配套，没有发挥价格、税收等经济杠杆调节作用；三是依法监管的配套措施也没有跟上，在有些地区尚处于空白。

（八）关于重点排污单位不公开或者不按照规定公开环境信息的法律责任规定

近年来，我国因环保问题引发的群体性冲突时有发生，社会矛盾尖锐。其中一个重要原因，是公众得不到相关环境信息。公众作为环境损害的直接受害者，对涉及其切身利益的环境信息享有知情权。企业是环境信息资源的占有者，具有天然的话语权优势，但由于担心遭到公众反对，有的企业往往对其排污设施建设和运行等环境信息一概采取垄断和封闭措施，导致公众在信息获取方面完全被动，使得公众难以对项目的实际环境影响作出科学客观的评价，在对企业具体的排污情况和实际危害程度并不清楚的情况下，造成了恐慌和不信任心态。随着公民生活水平和文化素质的提高，公众环保意识日渐增强，民主法制不断健全，公众关注公共事务的程度越来越高，获取政务信息的方式越来越主动，参与社会管理的愿望越来越强烈，对信息公开的需求愈加强烈。本次《环保法》修订时，立法规定了排污单位尤其是重点排污单位要如实、全面、及时地公开企业的环境信息，便于公众了解和监督。

2008年，《环境信息公开办法（试行）》开始施行，标志着我国的企业环境信息公开制度的建立。该办法规定企业环境信息公开实行自愿公开与强制性公开相结合的原则。对污染物排放超过国家或地方排放标准，或污染物排放总量超过地方政府核定的排放总量控制指标的污染严重的企业，要强制公开环境信息。新《环保法》将重点排污单位的环境信息公开义务首次纳入法律规范，本法第五十五条规定："**重点排污单位应当如实向社会公开其主要污染物的名称、排放方式、排放浓度和总量、超标排放情况，以及防治污染设施的建设和**

运行情况，接受社会监督。"违反这一规定的，本条立法规定，企业应当承担法律责任。

重点排污单位的环境信息是信息公开的核心内容，是保障公众有效参与环境监督的必要保障。企业向社会公开其排放的主要污染物、排放方式、排放浓度和总量、超标排放情况以及防治污染设施的建设和运行情况，有利于公众科学判断对环境所造成的影响，加强对企业排污治污行为的监督。

本条规定的违法情形有两种：一是不公开环境信息。目前我国企业环境信息公开的总体意识不强，一些企业出于自身发展和逃避监督的考虑，对公开环境信息比较抵触，按照要求进行环境信息公开的企业和行业数量不多，大多数企业对环境信息公开都选择了沉默或者逃避态度。二是不如实公开环境信息。一些企业由于自身排放污染物不达标，对人体和环境产生危害，担心公开信息后会引发公众的抗议，于是采取篡改、伪造监测数据等弄虚作假的方式，公开虚假的污染物名称、排放浓度和总量，隐瞒超标情况等，逃避公众监督。

依照本法规定，重点排污单位不公开或者不如实公开环境信息的，环保部门应首先责令其公开，并处以罚款。但单一的罚款难以有效威慑违法企业，实现惩戒目的，因此在此之外，还应当对企业的该违法行为予以公告，使公众知晓。

（九）关于对企业严重的环境违法行为处以行政拘留的规定

对于一般的环境违法行为，由环保部门通过责令改正、处以罚款等处罚方式可以实现管理和制止的目的，但对于一些严重的环境违法行为，必须要对有关责任人员处以人身处罚，才能形成有效威慑。因此，本次修订《环保法》时增加了行政拘留的规定。这是强化环境执法效力的重要手段，也是解决屡禁不止的环境违法行为最直接、最有效的惩戒。

本条规定的拘留是行政拘留，是对违法公民在短期内限制其人身自由的一种处罚措施，属于行政处罚的一种，是对尚未构成犯罪的一般违法行为给予的一种最为严厉的制裁，由此决定了这类行为只能由法律设定，行政法规、地方性法规、规章等都不能设定。为此对其适用条件作出严格限定，只适用本条规定的4种情形，包括：①建设项目未依法进行环境影响评价，被责令停止建设，拒不执行的；②违反法律规定，未取得排污许可证排放污染物，被责令停止排污，拒不执行的；③通过暗管、渗井、渗坑、灌注或者篡改、伪造监测数据，或者不正常运行防治污染设施等逃避监管的方式违法排放污染物的；④生产、使用国家明令禁止生产、使用的农药，被责令改正，拒不改正的。这4种情形是对我国目前环境领域中存在的较为突出的问题作出的有针对性的规定，主观恶意较强，一般处罚难以制止才适用本条规定。

由于涉及对公民人身自由的限制，因此行政拘留权只能由县级以上公安机关行使。具有本条规定的4种行为之一且尚不构成犯罪的，环保部门应当将案件移送公安机关，由公安机关依法处以拘留，环保部门无权直接拘留。如果构成犯罪的，应当依法追究刑事责任。

另外，对违法行为责任人实施行政拘留，并不排除依照有关法律法规规定对其予以处罚。实施行政拘留是在其他法律法规规定的处罚的基础上，又新增加的法律责任，意在加重对这些违法行为的处罚。

新《环保法》的各项硬措施，宛如给企业、政府套上了保护生态环境责任的"紧箍咒"，把决策者的官帽子、企业的钱袋子都和保护生态环境的责任捆绑在一起。

对于企业来说，凡是高排放、高污染、高耗能的"三高"企业，套上"紧箍咒"后逼着他们作出选择：要么转产做高端产业；要么掏天价的排污费，由政府请专业公司代劳；要么硬着头皮继续排污，面对高额的罚款，甚至被罚得倾家荡产。还有就是责任人可能要被行政拘留，严重的要被追究刑事责任，还要在诚信记录上留下污点。比如，天津市从2014年4月起，排污费的征收标准提高了9倍多，近64家排污大户的排污费从1.38亿元上升到6亿多元。2014年的最后一天，江苏省高院二审判决，泰州市6家化工企业败诉，开出了1.26亿元的巨额环保罚单，树立了一个里程碑式的判决。

对于政府来说，环境保护问责制，是套在政府官员头上的"紧箍咒"。在任官员作出的决策，如果导致环境资源的损坏，谁拍板的，谁就会被追究责任。那种不管造成环境后果只顾追求GDP政绩观的官员，今后不但没功反倒有过，不但不得分还要挨板子，最终影响仕途。离任官员，无论是高升还是平调，都要接受环境资源资产审计，不能撇下环境资源烂摊子，拍屁股走人。这种政策导向一出台，考核地方政府的政绩指标也及时作出调整，地方领导的政绩观也随之跟上转型。比如，湖南资兴市在对政府官员的考核中就取消了招商引资、新型工业化、财政收入这些和GDP直接相关的项目，与此同时，把环境保护的考核权重直接从9分提高到25分，占考核总分数的1/4。

当前，中央深化生态文明改革的目标之一，就是明确企业和政府的生态环保责任，让决策者为生态环境负责，让排污者为污染埋单。这就是用制度来扭转落后的发展观的一种措施。事实上，污染的背后是落后的产能，落后产能的背后是落后的发展观和畸形的政绩观。生态环境恶化是政府的政绩冲动和企业的牟利冲动搅和在一起的结果。

2014年的生态文明体制改革和《环保法》的修订，恰恰是用制度的力量来限制这种冲动式的发展，让政府和企业都形成敬畏自然、呵护自然的惯性思维。应该说，改革的设计切中了要害，制度完善具有更强的针对性，有利于从根本上解决环境污染，克服环境保护体制、机制上的弊端。但是，只有这些理念和制度真正落在实处，全社会都自觉投入到保护生态环境的事业中，才能让广大民众生活在良好的生态环境中，才能实现遵循自然规律的可持续发展。

四、公民保护环境的责任与义务

环境保护与每个人的切身利益都息息相关。呼吸新鲜空气，喝干净的水，吃放心的食品，一直以来是我国公民高度关注的大事，是社会的热点，也是社会舆论热议的焦点。在增强公民环保意识的同时，每位公民也应当自觉履行环保义务。《环保法》用2条立法规定了公民保护环境的责任与义务，分别是：第六条第三款规定，"公民应当增强环境保护意识，采取低碳、节俭的生活方式，自觉履行环境保护义务"。第三十八条规定，"公民应当遵守环境保护法律法规，配合实施环境保护措施，按照规定对生活废弃物进行分类放置，减少日常生活对环境造成的损害"。

（一）关于公民保护环境的责任

公民环保意识如何，是衡量一个国家、一个地区文明程度的标志，是社会进步的具体体现。联合国教科文组织认为有环境素养的人具有下列特征：（1）对整体环境的感知与敏感性；（2）对环境问题了解并具有经验；（3）具有价值观及关心环境的情感；（4）具有辨认和解决环境问题的技能；（5）参与解决环境问题的工作。

公民保护环境，首先应当采取低碳、节俭的生活方式。低碳，是指较低（更低）的温室气体（二氧化碳为主）排放。低碳生活，是指低能量、低消耗的生活方式，如步行和骑自行车绿色出行，尽量少用一次性物品等。节俭是指勤俭节约。节俭的生活方式包括节约用水、节约用电、节省文具用品，如提篮子去买菜等。其次要养成良好的生活习惯。比如，生活垃圾要分类放置；把废弃物特别是废电池，要扔到指定的地点或者容器内，避免对水体和土壤造成重金属污染；要用废纸制作的铅笔，少用木材制造的铅笔和一次性木筷，减少对森林的消费等。

近年来，大妈广场舞引发了一系列因噪声扰民的社会矛盾，当然大妈锻炼身体无可厚非，但噪声扰民也是有违社会公德的。这对城市管理部门来说，是一大难题。最近，笔者看到一条新闻报道，居民社区管委会为解决广场舞的噪声问题，给大妈们都佩戴了无线耳机，既解决了跳舞锻炼身体的需求，又解决了噪声扰民的问题。实践证明，办法总比困难多，有效的措施就能很好地解决噪声污染。本条立法规定，公民应当遵守环保法律法规，配合实施环保措施，减少日常生活对环境造成的损害。

为了我们的生活多一分健康，多一分美好，为了我们共同拥有一个绿色的世界，让我们积极行动起来，携手共行环保之旅！

（二）关于公民履行环保义务的规定

面对雾霾、面对污水横流、面对污染的食品，每一个公民既是受害者，又是责任人。我国是一个有13亿人口的发展中国家，在我国强调每个公民都履行环保义务，意义重大。本条立法规定，公民应当遵守环保法律法规，配合实施环保措施，按照规定对生活废弃物进行分类放置，减少日常生活对环境造成的损害。同时，公民要依法行使权利，有序参与环保活动，真正成为环保的践行者。

有些环保的单行法，也对公民履行环保义务作出有关规定。比如，《大气污染防治法》规定，对未划定为禁止使用高污染燃料区域的大、中城市市区内的其他民用炉灶，限期改用固硫型煤或者使用其他清洁能源。禁止在人口集中地区、机场周围、交通干线附近以及当地人民政府划定的区域露天焚烧秸秆、落叶等产生烟尘污染的物质。违反上述规定的，环保部门责令停止违法行为；情节严重的，可以处200元以下罚款。对城市饮食服务业的经营者，必须采取措施，防止油烟对附近居民的居住环境造成污染。《环境噪声污染防治法》规定，禁止任何单位、个人在城市市区噪声敏感区域内使用高音广播喇叭，避免对周围居民造成环境噪声污染。《固体废物污染环境防治法》规定，产生固体废物的单位和个人，应当采取措施，防止或者减少固体废物对环境的污染。禁止任何单位或者个人向江河、湖泊、运河、渠道、水库及其最高水位线以下的滩地和岸坡等法律、法规规定禁止倾倒、堆放废弃物的地点倾倒、堆放固体废物。对城市生活垃圾应当按照环境卫生行政主管部门的规定，在指定的地点放置，不得随意倾倒、抛撒或者堆放。我国应当尽快建立和完善废弃物分类的有关规定，减少对环境的污染。

另外，地方性法规也对公民环保义务作出规定。例如《北京市大气污染防治条例》中规定，任何单位和个人不得进行露天焚烧秸秆、树叶、枯草、垃圾、电子废物、油毡、橡胶、塑料、皮革等向大气排放污染物的行为。任何单位和个人不得在政府划定的禁止范围内露天烧烤食品或者为露天烧烤食品提供场地。公民应当认真遵守环保法律法规，任何违反环保法律法规的行为都要承担相应的法律责任。

第四节 "两高司法《解释》"加大了惩处环境违法的力度

《最高人民法院、最高人民检察院关于办理环境污染刑事案件适用法律若干问题的解释》（法释〔2013〕15号）已于2013年6月8日由最高人民法院审判委员会第1581次会议、2013年6月8日由最高人民检察院第十二届检察委员会第7次会议通过，自2013年6月19日起施行。

通过学习"两高司法《解释》"文本，笔者认为对强化环境污染治理和生态保护最大的着力点是：拓宽了定罪的范围，降低了入罪门槛，转变结果犯为行为犯，通过细化入刑标准，有利于实际司法操作，加大了对环境违法的打击力度。下面，笔者将结合工作实际，谈谈自己的理解和体会。

一、"两高司法《解释》"出台的背景

1. 人民群众对环境污染反映强烈。2013年1月，京津冀地区共计发生5次强雾霾污染过程，受雾霾影响的人群达到8亿以上。与全国相比，京津冀、珠三角、长三角地区雾霾污染尤其严重，北京成为国人心目中新"雾都"。广大公民对空气污染叫苦不迭、怨声载道。"要绿色、要健康，不要污染"的呼声持续高涨，依法严厉惩处污染环境者，已是众望所归。

2. 党中央、国务院高度关注环境污染执法问题，多次提出明确要求。2013年4月25日，习近平总书记在召开的中央政治局常委会上强调，要把环境保护放到更加突出的位置，抓紧研究大气污染防治行动计划，强化重点流域和地下水污染防治。5月24日，习近平总书记在主持政治局学习时强调，在生态环境保护问题上，就是不能越雷池一步，否则就应该受到惩罚。6月上旬，李克强总理在河北考察时强调，要加强环境治理和环保执法力度，督促企业落实环保责任。随后，国务院常务会议部署大气污染防治10条措施，要求强制公开重污染行业企业环境信息，加大环境违法行为的处罚力度。

3. 刑法已作重大修改。2011年5月1日起施行的《刑法修正案（八）》将"重大环境污染事故罪"修改为"严重污染环境罪"。这是对定罪定义的重大调整，由于定罪概念调整，确认罪行的依据也发生巨大的变化，原来必须有重大损害后果才能入罪，转变为只要有环境违法行为就入罪，"结果罪"转变为"行为罪"。降低入罪门槛，就是为了扩大打击范围，起到强有力的震慑效果，其目的是把污染控制在最小的程度和范围，减轻对环境的影响和危害。比如"私设暗管或者利用渗井、渗坑、裂隙、溶洞等排放、倾倒、处置有放射性的废物、含传染病病原体的废物、有毒物质的",这就是"行为犯",有此行为,即使没有危险结果也要入刑,也要追究刑事责任。

要注意的是,无论是污染环境罪,还是非法处置进口的固体废物罪,个人和单位均可构成犯罪。单位构成犯罪的,除了要对单位判处罚金外,同时对其直接负责的主管人员和其他直接责任人员追究刑事责任。

二、"两高司法《解释》"出台的作用

更加明确了环境违法案件定罪量刑的标准。现实中,各种环境违法事件发生后,通过对照"两高司法《解释》"中规定的具体条款,为司法部门依法裁定环境违法罪行提供了更为准确的法律依据,既有针对性,又有可操作性。同时,"两高司法《解释》"对环境违法者也亮出了走向环境犯罪的"尺度表"和"风向标",对打击环境犯罪形成了强大的震慑力。

"两高司法《解释》"的出台,已经成为社会关注的焦点,成为基层执法的依据。实践表明,"两高司法《解释》"实施一年来,此规定的可操作性大大增强,在一定程度上打压了环境污染犯罪势头。据最高人民法院统计,截至2013年12月,全国法院共审结以污染环境罪、非法处置进口固体废物罪、环境监管失职罪判罚刑事案件100件,比2012年同期分别增长194%和76%。其中,审结以污染环境罪判罚的刑事案件87件,生效判决人数97人,分别增长295%和155%。以上数据表明,一方面,环境犯罪的行为比较多,需要打击,否则治理污染就成为空话;另一方面,佐证了"两高司法《解释》"出台的必要性,起到了强大的震慑作用。下一步,司法部门和环保部门应加大环境污染案件审判的宣传,既可普法又能起到"杀一儆百"的作用。

据司法专家介绍,"两高司法《解释》"对加强行政执法和刑事司法的衔接作出具有操作性的规定,主要体现在4个方面。

一是为了减轻执法的成本,明确规定了哪些行为可以定罪,如利用渗井向地下排污等。过去司法鉴定很难,现在有这些标准后,只要存在这些行为,达到了"两高司法《解释》"的标准,就可以定罪,方便了司法部门查处这类

犯罪。

二是在有合法司法鉴定机构鉴定的情况下，鉴定意见经过法庭质证，查证属实，可以定罪。

三是省级以上环保部门指定的机构作出的检验报告，经过法庭查证属实，也可以认定。

四是环保部门在对大气、水体、土地等日常监测过程中取得的数据，如关于空气质量、水体质量等数据，只要经过省级环保部门的认定，确认它是客观真实的，也可以直接作为证据。这样以后会方便行政部门执法、公安机关查处此类犯罪。

三、正确理解和把握"两高司法《解释》"的规定

为依法惩治有关环境污染犯罪，根据《中华人民共和国刑法》《中华人民共和国刑事诉讼法》的有关规定，现就办理此类刑事案件适用法律的若干问题解释如下：

第一条 实施刑法第三百三十八条规定的行为，具有下列情形之一的，应当认定为"严重污染环境"：（一）在饮用水水源一级保护区、自然保护区核心区排放、倾倒、处置有放射性的废物、含传染病病原体的废物、有毒物质的；（二）非法排放、倾倒、处置危险废物三吨以上的；（三）非法排放含重金属、持久性有机污染物等严重危害环境、损害人体健康的污染物超过国家污染物排放标准或者省、自治区、直辖市人民政府根据法律授权制定的污染物排放标准三倍以上的；（四）私设暗管或者利用渗井、渗坑、裂隙、溶洞等排放、倾倒、处置有放射性的废物、含传染病病原体的废物、有毒物质的；（五）两年内曾因违反国家规定，排放、倾倒、处置有放射性的废物、含传染病病原体的废物、有毒物质受过两次以上行政处罚，又实施前列行为的；（六）致使乡镇以上集中式饮用水水源取水中断十二小时以上的；（七）致使基本农田、防护林地、特种用途林地五亩以上，其他农用地十亩以上，其他土地二十亩以上基本功能丧失或者遭受永久性破坏的；（八）致使森林或者其他林木死亡五十立方米以上，或者幼树死亡二千五百株以上的；（九）致使

公私财产损失三十万元以上的；（十）致使疏散、转移群众五千人以上的；（十一）致使三十人以上中毒的；（十二）致使三人以上轻伤、轻度残疾或者器官组织损伤导致一般功能障碍的；（十三）致使一人以上重伤、中度残疾或者器官组织损伤导致严重功能障碍的；（十四）其他严重污染环境的情形。

上述内容表明，为有效遏制环境污染和生态破坏蔓延的趋势，加大对环境犯罪行为的打击力度，起到惩戒效果，此条款明确了14种"严重污染环境"的犯罪行为和认定标准。这与之前《最高人民法院关于审理环境污染刑事案件具体应用法律若干问题的解释》（法释〔2006〕4号）的内容范畴和界定标准相比，一是扩大了污染物的范围；二是降低了入罪门槛。这一点也回应了现实需要出台"两高司法《解释》"的意义和目的。

第二条　实施刑法第三百三十九条、第四百零八条规定的行为，具有本解释第一条第六项至第十三项规定情形之一的，应当认定为"致使公私财产遭受重大损失或者严重危害人体健康"或者"致使公私财产遭受重大损失或者造成人身伤亡的严重后果"。

第三条　实施刑法第三百三十八条、第三百三十九条规定的行为，具有下列情形之一的，应当认定为"后果特别严重"：（一）致使县级以上城区集中式饮用水水源取水中断十二个小时以上的；（二）致使基本农田、防护林地、特种用途林地十五亩以上，其他农用地三十亩以上，其他土地六十亩以上基本功能丧失或者遭受永久性破坏的；（三）致使森林或者其他林木死亡一百五十立方米以上，或者幼树死亡七千五百株以上的；（四）致使公私财产损失一百万元以上的；（五）致使疏散、转移群众一万五千人以上的；（六）致使一百人以上中毒的；（七）致使十人以上轻伤、轻度残疾或者器官组织损伤导致一般功能障碍的；（八）致使三人以上重伤、中度残疾或者器官组织损伤导致严重功能障碍的；（九）致使一人以上重伤、中度残疾或者器官组织损伤导致严重功能障碍，并致使五人以上轻伤、轻度残疾或者器官组织损伤导致一般功能障碍的；（十）致使一人以上死亡或者重度残疾的；（十一）其他后果特别严重的情形。

此条规定，是第一条规定的"严重污染环境罪"的升级版，达到上述11种情形之一的，将被认定为"后果特别严重"的罪行。这是分类定罪的界限，便于在司法实践中操作。

此外，过去污染环境造成1人以上死亡的才能定罪，现在只要造成1人以上重伤就可以了；过去造成3人以上死亡的才能加重处罚，现在只要造成1人以上死亡的就可以加重处罚。这些都体现了降低入罪门槛的特点，对司法机关更好地行使审判职能、威慑不法者停止污染环境行为都有很好的作用。

第四条 实施刑法第三百三十八条、第三百三十九条规定的犯罪行为，具有下列情形之一的，应当酌情从重处罚：（一）阻挠环境监督检查或者突发环境事件调查的；（二）闲置、拆除污染防治设施或者使污染防治设施不正常运行的；（三）在医院、学校、居民区等人口集中地区及其附近，违反国家规定排放、倾倒、处置有放射性的废物、含传染病病原体的废物、有毒物质或者其他有害物质的；（四）在限期整改期间，违反国家规定排放、倾倒、处置有放射性的废物、含传染病病原体的废物、有毒物质或者其他有害物质的。实施前款第一项规定的行为，构成妨害公务罪的，以污染环境罪与妨害公务罪数罪并罚。

从司法实践来看，一般在"两高司法《解释》"中规定从重情节是比较慎重的，但为加大对恶意的环境犯罪行为惩处力度，在这部"两高司法《解释》"中，专门规定了4种从重处罚的情形，意在对恶意排污行为形成高压打击的态势，坚决遏制环境污染社会公害事件的发生。

第五条 实施刑法第三百三十八条、第三百三十九条规定的犯罪行为，但及时采取措施，防止损失扩大、消除污染，积极赔偿损失的，可以酌情从宽处罚。

此条规定，是对虽已造成环境犯罪事实，但其行为不是恶意的，而且能够从主观上积极采取措施消除污染、减少损失，法律给予了改过自新的机会，可以酌情从宽处理。

第六条 单位犯刑法第三百三十八条、第三百三十九条规定之罪的，依照本解释规定的相应个人犯罪的定罪量刑标准，对直接负责的主管人员和其他直接责任人员定罪处罚，并对单位判处罚金。

现实中，不少环境污染犯罪是由单位实施的，此类行为往往具有更大的社会危害性。此条规定主要针对单位实施环境污染犯罪的行为，不单独规定定罪量刑标准，而是使用与个人犯罪相同的定罪量刑标准，对直接负责的主管人员定罪处罚，还要对单位判处罚金。

第七条 行为人明知他人无经营许可证或者超出经营许可范围，向其提供或者委托其收集、贮存、利用、处置危险废物，严重污染环境的，以污染环境罪的共同犯罪论处。

此条款专门规定了一种"污染环境的共同犯罪情形"。在过去，有些企业为减少危险废物的处置或降低处置费用，把危险废物转嫁给无证或超出危险废物经营许可证范围的业主，因此造成了严重的环境污染，像这种情形就要按共同犯罪的行为来打击。

第八条 违反国家规定，排放、倾倒、处置含有毒害性、放射性、传染病病原体等物质的污染物，同时构成污染环境罪、非法处置进口的固体废物罪、投放危险物质罪等犯罪的，依照处罚较重的犯罪定罪处罚。

此条款是针对环境污染犯罪行为同时触犯多项罪名的现象而制定的。为进一步加大环境犯罪打击力度，此条款坚守了"从一重罪处断原则"，对同时犯有多项罪名的，按较重的犯罪行为予以定罪处罚。坚持这项原则，表明了政府坚决打击环境犯罪的决心和力度。

第九条 本解释所称"公私财产损失"，包括污染环境行为直接造成财产损毁、减少的实际价值，以及为防止污染扩大、消除污染而采取必要合理措施所产生的费用。

"公共财产损失"是个大概念，本条款对此含义予以明确的解释，增强了对量罪的可操作性。

第十条 下列物质应当认定为"有毒物质"：（一）危险废物，包括列入国家危险废物名录的废物，以及根据国家规定的危险废物鉴别标准和鉴别方法认定的具有危险特性的废物；（二）剧毒化学品、列入重点环境管理危险化学品名录的化学品，以及含有上述化学品的物质；（三）含有铅、汞、镉、铬等重金属的物质；（四）《关于持久性有机污染物的斯德哥尔摩公约》附件所列物质；（五）其他具有毒性，可能污染环境的物质。

此条款主要是对"有毒物质"的范围和认定标准作出明确的界定，便于在司法实践中有较强的可操作性。环保部门应加大对"有毒物质"可能会给人们的生活、生产以及人体健康带来的损害加强科普宣传，重点内容应以"危险废物"、"剧毒化学品"、"危险化学品"、"重金属物质"、"持久性有机污染物"目录中所列出的各种物质为主。通过对这5种特有类型物质的危害性、预防常识等的宣传，可以增强老百姓的环保意识、自我保护意识，还可以更有效地寻求社会各界对环保部门工作的理解、关注和支持。

对于基层环保部门来说，一是要熟悉目录、名录所列物质，而且要根据环境保护的需求不断修改和完善目录、名录所列物质，要告知于众；二是要提升对"不明物质"的认定能力和技术，否则就无法打击处置不明有毒物质的违法行为。

第十一条 对案件所涉的环境污染专门性问题难以确定的，由司法鉴定机构出具鉴定意见，或者由国务院环境保护部门指定的机构出具检验报告。县级以上环境保护部门及其所属监测机构出具的监测数据，经省级以上环境保护部门认可的，可以作为证据使用。

这是对环保部门的监测机构，特别是对旗县环保部门监测机构的专业人员工作能力、专用设备装备和单位业务水平，将会是一个巨大的考验和挑战，一旦环保部门的监测数据有误或出了差错，就会承担相应的法律责任。这需要引起各级环保部门和监测机构的高度重视，需要加强人员培训、数据有效性审核，需要加强岗位练兵、增强实战能力。

从司法实践来看，地方环保部门在执法过程中也遇到了一些困惑和不解。比如，"两高司法《解释》"规定，县级以上环保部门及其所属监测机构出具的监测数据，经省级以上环保部门认可的，可以作为证据使用。笔者认为，起初设置此项规定的初衷，可能是考虑旗县环境监测站还存在设备装备差、专业人员业务能力有限的原因，才规定了监测数据由省级环保部门认可的程序，以确保执法数据、司法依据的准确性，维护审判公正，这也在情理之中。但根据现实反映，此规定也给基层环保部门造成了一些不便和困惑，比如，按上级认可规定，每起案件的监测数据都要花大量的时间、精力报省厅认定，省厅认定也需要一个过程，延长了案件办理周期。据介绍，"两高司法《解释》"实施1个多月，仅某省环保厅就出具了认可文件30多份，认可监测报告60多份。在有的省市还有大量的旗县监测报告需要排队等待省级认可。实践表明，这条规定由于程序增加，给上下级环保部门都增加了很多工作量，包括人员往来、文件制作等行政成本的增加。同时，由于确认数据程序多、时间长，也给严格执法留下了一定的空间和变数，不利于打击环境犯罪。

实践表明，"经上级认可"此项规定确实存在不足，需要修改完善。这是因为：一是旗县区监测站是按照《中华人民共和国计量法》、国家质量监督检验检疫总局《实验室和检查机构资质认定管理办法》的规定，通过国家技术监督部门的计量认证后，才有出具监测数据的资格，也就是说只有通过了计量认证，监测站出具的监测数据才具有法律效力。二是省级环保部门对上报的监测数据的认可，也只能是对监测站是否经过计量认证，专业人员是否持证上岗，对监测数据的取样、实验操作的规范、药品及用具操作程序等方面来审核，而这些方面凡是经过计量认证的，都建立了严格的监测质量管理体系。影响监测数据最直接的要素是污染物"取样"这个关键环节，而这个环节省级环保部门又不在现场，还是以旗县监测站为依据，在一定程度上也就没有太大的意义了。三是按照现在的问责规定，实行"谁出错、问谁责"，"谁监测、谁负责"的原则，旗县区环境监测站也有巨大的压力，因为要承担法律责任，因而出具的监测数据也是审慎的，是经得起验证的。如果取消了认可程序，因有"担责"的前提，恐怕对旗县监测站的业务能力反而是更大的促进。另外，对没有经过计量认证验收的监测站，也会起到倒逼环境监测业务提升的作用。为此，本着实事求是的原则，国家应该对"两高司法《解释》"中的个别条款，再作进一步修改解释为宜。

第十二条 本解释发布实施后,《最高人民法院关于审理环境污染刑事案件具体应用法律若干问题的解释》(法释〔2006〕4号)同时废止;之前发布的司法解释和规范性文件与本解释不一致的,以本解释为准。

总的看,"两高司法《解释》"的出台,解决了长期以来打击环境犯罪面临的"取证难"、"鉴定难"、"认定难"的老大难问题,在一定程度上大大地降低或减少了环境执法成本。比如,"私设暗管或者利用渗井、渗坑、裂隙、溶洞等排放、倾倒、处置有放射性的废物、含传染病病原体的废物、有毒物质的",在司法鉴定中作出明确规定,只要有这些行为存在,就可以定罪。将原来重视追究结果,改为现在重视追究行为,也就是将"结果犯"改为了"行为犯"。就追究的范围和打击的范围来说,"结果犯"比"行为犯"打击的范围扩大了许多。另外,司法鉴定中对证据的认定也作出明确的规定,即环保部门的监测数据只要经过省级环保部门的认定,就可以直接作为犯罪证据,以此来定罪。此外,过去环境污染的治理不是很严格,地方政府出于自身利益考虑,执法部门在处理时可能会采取一些弹性做法,让一些污染者逃避处罚。而"两高司法《解释》"出台后,有了量化指标,有了具体的入刑标准,这不仅给司法机关提供指导,也给行政执法机关提供了指导。他们可以据此判断哪些行为已经达到刑事责任条件,哪些需要移交给公安机关侦破,或者由法院进行审理。企业、个人也可以据此判断自己的行为是否已经触犯《刑法》,自觉地停止违法行为。

另外,对于环境违法行为,需要追究刑事责任的,应当按照《刑事诉讼法》的规定办理。公安机关应当加强对破坏环境资源保护罪的侦办工作。环境保护主管部门和其他负有环境保护监督管理职责的部门,发现有关环境违法行为可能构成犯罪的,应当及时向公安机关移送案件。由于环境违法犯罪具有较强的技术性,在案件办理中,环保部门和公安机关应当加强协调配合,确保案件办理的质量和效率。

四、对几起严重污染环境罪案例的反思

浅析近期在全国有影响的几个严重污染环境罪案例,对严惩环境违法行

为、遏制环境污染事件频发、形成强有力震慑作用具有十分重要的现实意义。提供几起案例，供大家参考。

（1）紫金矿业重大环境污染事故案。2010年7月，紫金矿业因将危险废物泄漏至汀江造成严重水污染，福建省龙岩市中级人民法院作出判决：以重大环境污染事故罪判处紫金矿业罚金人民币3000万元；判处被告人林文贤厂长有期徒刑3年，并处罚金人民币30万元；判处被告人王勇分管环保的副厂长有期徒刑3年，并处罚金人民币30万元；判处被告人刘生源车间主任有期徒刑3年零6个月，并处罚金人民币30万元；对被告人陈家洪矿长、黄福才环保安全处处长宣告缓刑。

（2）云南澄江锦业公司重大环境污染事故案。2005年至2008年间，锦业公司长期将含砷生产废水通过地表径流和渗透随地下水进入阳宗海，造成阳宗海的水质从Ⅱ类下降到劣Ⅴ类，致使饮用水中断，水产品养殖功能丧失。玉溪市中级人民法院作出判决：以重大环境污染事故罪判处锦业公司罚金人民币1600万元；判处公司董事长李大宏有期徒刑4年，并处罚金人民币30万元；判处公司总经理李耀鸿有期徒刑3年，并处罚金人民币15万元；判处生产部部长金大东有期徒刑3年，并处罚金人民币15万元。

（3）重庆云光化工公司污染环境案。2011年6月，云光公司法人蒋云川受托重庆长风化学工业公司处置次级苯系物有机产品危险废物，蒋云川将处置工作交给公司员工夏勇负责，夏勇又转交给张必宾处置，张必宾又联系周刚、胡学辉将危险废物75吨倾倒在黄水沱振兴硫铁矿的荒坡处，致使当地环境受到严重污染。四川省兴文县人民法院作出判决：以污染环境罪判处云光公司罚金人民币50万元；判处被告人夏勇有期徒刑2年，并处罚金2万元；判处张必宾有期徒刑1年零6个月，并处罚金2万元；对蒋云川、周刚、胡学辉宣告缓刑。

（4）盐城市标新化工公司投放危险物质案。2007年11月至2009年2月期间，标新化工公司将含有苯、酚类有毒物质的生产废水排入公司北侧的五支河内，流经蟒蛇河污染盐城市区城西、越河自来水厂取水口，致使盐城市区20多万居民停水66小时，造成直接经济损失人民币543万元。盐城市中级人民法院作出判决：以投放危险物质罪，判处公司法人胡文标有期徒刑11年；判处公司生产负责人丁月生有期徒刑6年。

这4起环境犯罪案例，非常典型，也非常简单。所谓典型，就是企业为了赚取高额利润，减少治理污染的投入和治污设施的运行费用，往往少花或者不花治理污染的钱，于是就把污染转嫁给社会来治理，严重违背了我国环境保护"谁污染谁治理"的基本准则。其典型性的表现形式就在于"以牺牲环境为代价换取了一时的经济增长"。以阳宗海污染事件为例，阳宗海面积30平方公里，是云南第三大碧绿透明的深水淡水湖，盛产著名的金线鱼，是风景宜人的淡水湖泊。锦业公司不花钱治理含砷生产废水，而是将污水通过地表径流和渗透随地下水长期注入阳宗海，造成阳宗海的水质从Ⅱ类下降到劣Ⅴ类，不仅使老百姓饮用水中断，也把当地群众靠水产品养殖来谋求生计的生产功能也丧失了，结果是"一人获利、众人遭殃"。当前，要把已变为劣Ⅴ类的水质，再治理恢复成原来的Ⅱ类水质，除了需要巨大的投入外，还要很长的时间和很多的治理工程，何等容易？把企业上缴地方财政的所有税收累加起来，与国家和地方治理阳宗海水污染所投入的资金及由此造成的损失相比，就是"九牛一毛"的比例，这种发展就是得不偿失的典型案例。所谓简单，就是企业排放污水、随意倾倒危险废物的目的非常明确，方式非常直接，把污染物随便排放、倾倒在自然环境之中，污染的是公共资源环境，而收益获利的是自己，何乐而不为呢？就是这种畸形的发展理念，再加上企业老板极端的个人逐利思想观念，上演了一幕又一幕的环境污染闹剧。产生这些问题的根源，就是过去对此种行为处罚过轻，打击力度过弱，企业偷排、偷倒甚至恶意排污都已经习以为常。没有严格的司法惩戒，不足以震慑这种伤天害理的行为，不足以遏制环境污染蔓延的趋势。由此可见，加强环境法制建设、积极施行依法治污是"向污染宣战"最直接、效果最明显的重要举措。

第二章　关于加强行政监管措施（第二拳）

依法行政，是政府行政权运行的基本原则。通过强化执法"向污染宣战"，既是我们国家依法治国、建立现代法治体系的现实需要，也是国家治理体系和治理能力现代化的必然要求。建设现代社会，没有法律是万万不能的，但法律也不是万能的。当前，在全面推进依法治污的同时，我们还必须因地制宜地制定和应用与法律相配套的一系列行政规章，向污染出击；在应用法律利剑的同时，还要善于应用行政监管手段，形成组合，凝集合力，实现治理污染、改善环境、建设家园的美好目标。

下面，就围绕如何通过严格的目标考核、区域限批、总量控制、排污许可、环境监察、按日计罚、生态红线等7个方面，进一步强化行政监管措施，进行分项解读。

第一节　实行严格的环境保护目标考核

实行环境保护目标责任考核以来，对于转变地方领导发展理念、促进发展方式转变、抑制盲目追求GDP增长的冲劲、解决区域突出环境问题、推动区域减排、改善区域环境质量发挥了积极的作用。实践证明，实行严格的环境保护目标责任考核，是强有力的行政措施，是加强环境保护的重要法宝之一。

一、全面实行环境保护目标责任与领导班子实绩考核

全面实行环境保护目标责任与领导班子实绩考核，是树立科学发展观和正确的政绩观的根本举措，是转变经济增长方式、改善环境质量的重要手段，是"向污染宣战"取胜的重要组织措施。2013年12月6日，中央组织部印发《关于改进地方党政领导班子和领导干部政绩考核工作的通知》（以下简称

《通知》），对全面实行环境保护目标责任与领导班子实绩考核作出明确规定，具体内容如下。

一是今后对地方党政领导班子和领导干部的各类考核考察，不能仅仅把地区生产总值及增长率作为政绩评价的主要指标，不能搞地区生产总值及增长率排名，中央有关部门不能单纯依此衡量各省（自治区、直辖市）的发展成效，地方各级党委政府不能简单地依此评定下一级领导班子和领导干部的政绩和考核等次。

二是完善政绩考核评价指标体系。根据不同地区、不同层级领导班子和领导干部的职责要求，设置各有侧重、各有特色的考核指标，把有质量、有效益、可持续的经济发展和民生改善、社会和谐进步、文化建设、生态文明建设、党的建设等作为考核评价的重要内容。

三是强化约束性指标考核。加大资源消耗、环境保护、消化产能过剩、安全生产等指标的权重。更加重视科技创新、教育文化、劳动就业、居民收入、社会保障、人民健康状况的考核。

四是对限制开发区域不再考核地区生产总值。对限制开发的农产品主产区和重点生态功能区，分别实行农业优先和生态保护优先的绩效评价，不考核地区生产总值、工业等指标。对禁止开发的重点生态功能区，全面评价自然文化资源原真性和完整性保护情况。对生态脆弱的国家扶贫开发工作重点县取消地区生产总值考核，重点考核"扶贫开发"的成效。

五是选人用人不能简单以地区生产总值及增长率论英雄。不能简单地把经济增长速度与干部的"德、能、勤、绩、廉"的实绩考核画等号。

从规定的考核内容上不难看出，这是党中央对"唯GDP发展观"的重大否定和重大调整，是对领导班子怎样抓发展，领导干部为谁发展，用什么样的领导干部推动发展，从讲政治的高度出发、在用干部的导向上，作出根本性的转变。党中央、国务院高瞻远瞩，作出一系列的重大调整改革，就是对历史经验教训的总结，就是对单纯追求GDP的增长而忽视保护环境和资源永续利用所付出的沉重代价的总结。在总结经验教训的基础上，改变对领导班子和领导干部的"唯GDP考核"内容，就等于及时调整了经济社会粗放型的、高速的发展方式和转变了"指挥棒"的方向，就意味着发展方式要发生根本性的转变。经济增速从高速增长转为中高速增长，资源环境的要素投入呈下降趋势，能源消费总量尤其是以煤炭为主的能源消费比重也会呈下降趋势，从而污染物的排放量也随之下降，环境污染蔓延的趋势就会得到相应的遏制，新的环境问题也会相应地减少。由此可以看出，转变和改进对领导干部的实绩考核，实质上是解决经济发展与资源环境这个矛盾最直接、最有效的行政措施，是"向污染宣战"、改善环境质量、建设生态良好的"两型社会"的重要组织制度保障。把握好这些重大变革，对于调整发展思路、转变发展方式、改变消费方式，实现"五位一体"的全面发展具有深远的历史意义、现实意义。

二、认真落实《大气行动计划考核办法》

国家要全面推进大气、水、土壤污染防治三大行动计划。目前，《大气污染防治行动计划》（简称大气《国十条》）和《大气污染防治行动计划实施情况考核办法（试行）》（以下简称《大气行动计划考核办法》）都已经国务院印发执行。《清洁水行动计划》和《土壤行动计划》的实施方案正在送审中，在不久的将来会付诸实施。下面重点介绍《大气行动计划考核办法》的相关要求和重点把握的事项。

（一）《大气行动计划考核办法》出台的现实意义

2014年5月28日，国务院印发《大气污染防治行动计划实施情况考核办法（试行）》。该考核办法共12条，明确了实行大气《国十条》的责任主体、考核内容、考核方法以及考核结果的应用。该考核办法与2013年9月12日国务院公布的大气《国十条》相配套、相呼应，是"兄弟政策"，是组合措施。《大气行动计划考核办法》明确规定，各省、自治区、直辖市人民政府是实行大气《国十条》的责任主体，政府主要负责人对本行政区域大气污染防治工作负总责；环保部将会同发改委、工信部、财政部、住建部、能源局等部门开展大气《国十条》实施情况的考核工作。

(二)《大气行动计划考核办法》规定的考核内容

《大气行动计划考核办法》的内容充分体现了"分区指导"原则,根据大气污染严重程度划分为重点区域、一般区域,并据此确定考核内容和任务,体现了结合实际、区别对待、科学引导的新理念。

关于对重点地区的考核。国家把京津冀及周边地区（北京市、天津市、河北省、山西省、内蒙古自治区、山东省）、长三角区域（上海市、江苏省、浙江省）、珠三角区域（广东省广州市、深圳市、珠海市、佛山市、江门市、肇庆市、惠州市、东莞市、中山市等9个城市）、重庆市,确定为大气污染严重的3个区域11个省市。对重点地区实行"双考核"措施,既考核该区域空气质量改善目标完成情况,也考核该区域大气污染防治重点任务完成情况。

关于对一般地区的考核。除了重点地区以外,国家把其他地区确定为大气污染一般地区。对一般地区实行"一考核、一评估"措施。对这些地区的空气质量改善目标完成情况实行单一考核；对这些地区的大气污染防治重点任务完成情况只进行评估,不再考核。

(三)《大气行动计划考核办法》规定的计分方法

考核记分方法如同考核内容一样,划分为重点地区和一般地区两种。对于重点地区实行"双百分制"计分。第一个百分制是考核空气质量改善目标完成情况。空气质量改善目标完成情况以各地区细颗粒物或可吸入颗粒物年均浓度下降比例作为考核指标。重庆市以细颗粒物年均浓度下降比例作为考核指标。第二个百分制是考核大气污染防治重点任务完成情况。包括产业结构调整优化、清洁生产、煤炭管理与油品供应、燃煤小锅炉整治、工业大气污染治理、城市扬尘污染控制、机动车污染防治、建筑节能与供热计量、大气污染防治资金投入、大气环境管理等10项指标共计29项子指标。在10项指标中,"工业大气污染治理"和"产业结构调整"占了很大分值,这也说明了我国的很多环境污染问题,都是由产业结构不合理、重污染工业比重较大所致,这既是环境污染的根源,也必将成为加大治理的重点。而对城市来说,机动车也是造成大气污染的重要来源,因此机动车尾气污染防治必然也是治理重点。

对一般地区来说，只对空气质量改善目标完成情况实行一个百分制计分，空气质量改善目标完成情况以可吸入颗粒物年均浓度下降比例作为考核指标。

在考核过程中，还要处理好三个"相结合"，即综合评分和一票否决相结合，定期核查与日常监督相结合，地方上报与现场核查相结合。

（四）《大气行动计划考核办法》结果应用

考核就是为了推动，考核就会有奖惩。《大气行动计划考核办法》规定，国务院对各省（区、市）的空气质量改善目标完成情况和大气污染防治重点任务完成情况的考核结果审定后，要向社会公开，让社会监督。组织部门将把考核结果作为对各地区领导班子和领导干部综合考核评价的重要依据。一是对完成好的地区要给予奖励。中央财政将考核结果作为安排大气污染防治专项资金的重要依据，优秀的加大支持，不合格的适当扣减。二是对未完成任务的地区，要启动问责程序。首先，对未通过年度考核的地区，环保部会同组织部门、监察机关等部门约谈省（区、市）政府及其相关部门有关负责人，提出整改意见，并暂停该地区有关责任城市新增大气污染物排放建设项目（民生与节能减排项目除外）的环评文件审批，取消国家授予的环境保护荣誉称号。其次，对未通过终期考核的地区，除暂停其所有新增大气污染物排放建设项目（民生与节能减排项目除外）的环评文件审批外，要加大问责力度，必要时由国务院领导同志约谈省（区、市）政府主要负责人。

（五）各级环保部门在大气考核中应重点把握的事项

尽管《大气行动计划考核办法》规定，大气行动计划考核责任主体是各级人民政府，但各级环保局是政府职能部门，负有大气污染防治业务指导、监督管理的主要职能，是全面把握大气考核中的主要指标和重点任务能否完成的关键环节。在此项工作中，环保部门的首要任务是说准情况、找出问题、提出建议，为政府制定政策和采取措施提供决策依据，通过加强监管和督促检查，推进大气考核任务的完成。这是各级环保部门分内的事，也是应尽的职责。在实际工作中需要注意的，一是按照《大气行动计划考核办法》规定，要把握好年度考核、中期评估、终期考核这3个重点环节。二是《大气行动计划考核办法》突出强化了改善空气质量的刚性约束目标。也就是说，无论是年度考核和中期评估都过关，还是重点治理工程完成得好，只要在终期考核时空气质量改善未完成任务，就实行绩效"一票否决"。三是做好日常监管的台账记录。《大气行动计划考核办法》规定，在考核手段运用上，由重突击检查、轻日常监管，向强化日常监管、突击检查与日常监管相结合转变，将日常综合督察结果作为考核的重要依据。四是未完成目标则被视为未通过考核。五是考核中发现篡改、伪造监测数据的，认定其考核结果不合格。

《大气行动计划考核办法》确立了以空气质量改善为宗旨、为核心的评估考核指导思想，标志着我国治理大气污染系列制度已形成，必将发挥其极大的推动作用。另外，这一举动将给我国节能环保产业的发展带来很强的推动力。

三、全面推进重点流域水质考核

国家为加强重点流域水污染防治，拟出台《清洁水行动计划》等一系列配套政策措施。在此，重点介绍我国已出台的《重点流域水污染防治规划》、《重点流域水污染防治专项规划实施情况考核办法》和《重点流域水污染防治考核指标解释及计分方法》等制度体系的内容，以便在实际工作中借鉴。

（一）《重点流域水污染防治规划》明确了防治目标任务和政策措施

2012年5月，国务院批复《重点流域水污染防治规划（2011—2015年）》（国函〔2012〕32号）（以下简称《规划》），环保部、发改委、财政部、水利部《关于印发〈重点流域水污染防治规划（2011—2015年）〉的通知》（环发〔2012〕58号）。在《规划》中，进一步阐述了当前重点流域水污染防治面临的严峻形势，说明了重点流域水环境质量的现状和水污染排放的状况，同时也表明了过去水污染治理所取得的成效和当前面临的有利因素及困难。

1.《规划》的总体目标。到2015年，城镇集中式地表水饮用水水源地水质稳定达到功能要求；跨省界断面、污染严重的城市水体和支流水环境质量明显改善，重点湖泊富营养化程度有所减轻，水功能区达标率进一步提高；滇池的湖体水生态系统明显改善；辽河流域率先由污染治理转入生态恢复阶段；主要水污染物排放总量和入河总量持续削减；水环境监测、预警与应急能力显著提高。

2. 《规划》中涉及内蒙古流域的水质目标。到2015年，按照《地表水环境质量标准》（GB 3838-2002）评价，重点流域总体水质由中度污染改善到轻度污染，Ⅰ—Ⅲ类水质断面比例提高5个百分点，劣Ⅴ类水质断面比例降低8个百分点。松花江流域总体水质由轻度污染改善到良好，嫩江干流水质稳定达到Ⅲ类；海河流域重度污染程度有所缓解，海河干流水质达到Ⅴ类；滦河、沙河等河流水质稳定达到Ⅲ类；饮马河等河流水质基本达到Ⅴ类；辽河流域、黄河中上游流域总体水质由中度污染改善到轻度污染，辽河干流水质基本达到Ⅳ类，重点支流水质全面消除劣Ⅴ类；浑河、太子河等支流水质明显改善；黄河干流水质稳定达到Ⅲ类；乌梁素海的总排干、大黑河等主要支流水质基本消除劣Ⅴ类。

3. 《规划》明确了水污染防治的六大任务。包括：加强饮用水水源保护、提高工业污染防治水平、系统提升城镇污水处理水平、积极推进环境综合整治与生态建设、加强近岸海域污染防治、提升流域风险防范水平。进一步明确了八大政策措施。包括：加强组织领导，落实政府责任；巩固联防联控，注重协同配合；完善法规标准，强化环境执法；创新环境政策，形成长效机制；注重科技研发，提高治污水平；实施信息公开，鼓励公众参与；严格规划考核，推进规划实施。

与此同时，环保部又印发了《重点流域水污染防治专项规划实施情况考核指标解释》，从考核断面水质达标率、项目完成率、扣分项目等方面确定了指标定义、记分方式等。

（二）配套出台了《重点流域水污染防治专项规划实施情况考核办法》（以下简称《考核办法》），进一步加大了监督落实力度

《考核办法》是由环保部、发改委、监察部、财政部、住建部、水利部6个部委共同制定签发，是由环保部会同其他5个部委组织实施。考核对象主要是对重点流域的22个省（区、市）人民政府的实施规划情况进行考核。

《考核办法》规定了政府的三大责任。一是重点流域各省（区、市）人民政府是实施各专项规划的责任主体，要切实加强本行政区域内水污染防治工作的组织领导，将相关规划目标、任务分解落实到市、县级人民政府，并纳入地方国民经济和社会发展计划组织实施。二是重点流域各省（区、市）人民政府按年度对专项规划实施情况进行自查，自查内容除水质指标和项目指标外，还包括治理项目投资完成情况、排污单位的废水达标排放情况、城镇污水处理率和生活垃圾无害化处理率及收费情况、饮用水水源地保护和在线监控设备安装运行及联网情况等。自查报告于次年2月底前报送环保部，同时抄送发改委、财政部、住房城乡建设部和水利部。三是重点流域各省（区、市）人民政府可根据本办法，结合实际情况，制定本地区的专项规划实施情况具体考核办法，确保规划目标的实现。对非重点流域水污染防治专项规划实施情况的考核，可参考本办法执行。

《考核办法》规定了考核内容及方法。考核内容主要是水质指标和项目指标。年度考核指标的计算方法和各流域的考核断面，由环保部会同有关部门依据专项规划确定并公布。

水质指标，即流域考核断面水质综合达标率。各专项规划确定的跨省界断面、湖区（水库）断面及重要支流断面为考核断面。人工监测数据（为主）和水质自动监测站监测数据（为辅）为断面水质综合达标率的考核依据。

项目指标，即水污染防治项目完成率。水污染防治项目包括各专项规划确定的工业污染治理、城镇污水和垃圾处理设施建设、重点区域污染防治、流域综合整治等项目。相关行政主管部门的验收报告或认可文件为水污染防治项目完成情况的考核依据。

考核工作采用百分制记分，其中水质指标70分，项目指标30分。考核结果分为好（80分以上）、较好（70分以上80分以下）、一般（60分以上70分以下）、差（60分以下）。环保部会同发改委、监察部、财政部、住房城乡建设部、水利部对重点流域各省（区、市）上一年度专项规划实施情况进行考核，并于每年5月底前将考核结果向国务院报告,经国务院同意后,向社会公告。

(三)《重点流域水污染防治规划》考核结果应用

考核采用现场核查和重点抽查相结合的方式进行。考核结果经国务院同意后,交由干部主管部门,依照中央组织部印发的《体现科学发展观要求的地方党政领导班子和领导干部综合考核评价试行办法》的规定,作为对各省(区、市)人民政府领导班子和领导干部综合考核评价的重要依据。

对考核结果为好的,有关部门优先加大对该地区污染治理和环保能力建设的支持力度;对考核结果为差的,则认定为未通过年度考核。对未通过考核的,同时还有几条惩罚性措施。一是未通过年度考核的省(区、市)人民政府应在30天内向国务院作出书面报告,提出限期整改措施,并抄送环保部、发改委、住房城乡建设部和水利部。二是对未通过考核的,环保部暂停该地区相关流域新增主要水污染物排放建设项目的环评审批。三是对未通过考核且整改不到位或因工作不力造成重大社会影响的,监察部门按照《环境保护违法违纪行为处分暂行规定》(监察部、环保总局令第10号),追究有关人员责任。四是对在考核工作中瞒报、谎报情况的地区,予以通报批评。对直接责任人员,要严肃处理。

四、积极开展重金属污染防治考核

(一)重金属污染的来源及危害

重金属污染的危害性特别巨大,尤其对人体健康危害更大,被称为"第一杀手"。世界各国将此列为一类污染物,严格防控。重金属污染是指比重大于5或4以上的金属或其化合物所造成的环境污染。重金属污染可由自然因素(如土壤、岩石风化和火山喷发等)引起,但主要是采矿、制造、污水灌溉和使用重金属制品或含金属污染物等人为因素所致。很多重金属如铅、汞、铬、镉、砷等进入大气、水、土壤,造成严重的环境污染。

首先,重金属不能被生物降解,却能在食物链的生物放大作用下,成千万倍地富集,最后进入人体。有些重金属如锰、铜、锌等是人体所必需的微量元素,但是大部分重金属如汞、铅、镉等不是人体所必需的。超过一定浓度,所有金属元素对人体都是有害的。援引国土资源部早前报告,据不完全调查,全国受污染的耕地约有1.5亿亩,污水灌溉污染耕地3250万亩,固体废弃物堆存占地和毁田200万亩,合计约占耕地总面积的1/10以上,其中多数集中在经济较发达的地区。其次,土壤污染危害巨大。据估算,全国每年因重金属污染的粮食达1200万吨,造成的直接经济损失超过200亿元。土壤污染造成有害物质在农作物中积累,并通过食物链进入人体,引发各种疾病,最终危害人体健康。

目前,由于全国土壤污染的面积、分布和程度不清,导致防治措施缺乏针对性。防治土壤污染的法律还是空白,土壤环境标准体系也未形成。资金投入有限,土壤科学研究难以深入进行。随着我国经济社会的快速发展、人口增长、工业化和城镇化的加快推进,涉及重金属的行业正保持着较强的增长势头,由此带来的重金属污染压力必将有增无减。

为加强此项工作,重金属污染防治的基本思路和措施与重点流域水污染防治的做法相同,也是先出台《重金属污染综合防治"十二五"规划》,再出台《规划实施考核办法》和《排放指标考核实施细则》,形成了一套完整的制度体系。

(二)出台了《重金属污染综合防治"十二五"规划》,明确了防治目标任务和政策措施

2011年4月,国务院批复了《重金属污染综合防治"十二五"规划》(国函〔2011〕13号)(以下简称《规划》)。这是我国出台的第一个"十二五"专项规划,充分体现了党中央、国务院对重金属污染防治的高度重视。同年,全国全面开展涉铅行业排查整治,首次将该行业所有企业的环境信息向社会公开,接受监督。目前,全国80%以上的铅蓄电池企业被关闭或处于停产中,整治力度之大前所未有。

1. 《规划》明确了总体目标。一是到2015年,重点区域重点重金属污染物排放量比2007年减少15%,非重点区域重点重金属污染物排放量不超过2007年水平。二是到2015年建立起三大体系,即建立起比较完善的重金属污染防治体系、事故应急体系和环境与健康风险评估体系,解决一批损害群众健康和生态环境的突出问题。进一步优化重金属相关产业结构,基本遏制住突发性重金属污染事件高发态势。

2. 《规划》确立了新理念、新举措。一是遵循源头预防、过程阻断、清洁生产、末端治理的全过程综合防控理念。二是重金属污染物排放实行总量控制。《规划》首次提出重金属污染物排放实行总量控制的目标。这意味着重金属污染防治将采取总量控制与浓度控制相结合的新举措。这是一个重大创新,也是一个重大进步。只有采取总量控制的方式,才能真正改善环境质量。重金属污染物的特点之一是,不可降解,一旦排放,其污染具有长期性,所以必须控制排放总量。采用总量控制的方式,并不意味着放弃过去的浓度控制的方式。重金属污染的另一个特点是对人的身体健康有直接的危害,必须控制好其浓度,否则在一个区域内可能会出现总量达标了,但浓度依然超标的现象。因此,浓度控制的目标和监管依然是难题。

由于重金属污染排放的区域非常明显,所以在总量控制指标上,区分为重点区域和非重点区域。另外,《规划》对于重点监控污染物排放量控制属于"硬性指标",要求极其严格,重点区域原则上不再建立增加重金属排放的项目。

3. 《规划》明确了两大类重点防控对象。第一类防控的金属污染物有5种:铅、汞、镉、铬和类金属砷等。第二类防控的金属污染物有8种:铊、锰、铋、镍、锌、锡、铜、钼等。

4. 《规划》明确了五大重点防控行业。重点防控行业包括有色金属矿(含伴生矿)采选业、有色金属冶炼业、含铅蓄电池业、皮革及其制品业、化学原料及化学制品制造业。重点防控企业有4452家。

5. 《规划》明确了14个重点防控地区138个重点防控单元。内蒙古、江苏、浙江、江西、河南、湖北、湖南、广东、广西、四川、云南、陕西、甘肃、青海14个省区被列为重点治理省区,在14个重点省区中又明确了138个重点防控单元。按照规划,对上述地区将突出重点,从严惩治。内蒙古是华北地区唯一的省区，有3个重点防控单元，分别是赤峰市巴林左旗、克什克腾旗、巴彦淖尔市乌拉特后旗。

　　为抓好《规划》的落实，环保部在全国开展了四大区域排查，采取了三大举措。四大区域的涉重企业隐患排查：一是涉重金属产业密集地区，或者涉重金属企业数量多、规模小、技术水平不高、投诉事件多发企业多的区县。二是单位面积的重金属产生量大，或者涉重金属产业产值（产品）较高、涉重产业集中的区县等。三是包括环境质量严重恶化的地区，重金属污染物排放量大的区县。四是非背景性因素造成的连续多年环境质量持续较大幅度超标、重金属污染特征明显的区县，历史性重金属环境问题集中爆发的区县，社会关注的环境热点地区或事故频发区等。三大具体措施：一是突出重点，从严惩治。各地要对重金属污染企业，特别是工艺落后、污染严重企业的环境安全隐患认真进行排查，发现一个，解决一个，警示一片，坚决把污染隐患消灭在萌芽状态。对未进行环评和"三同时"验收的企业一律停产整改，对位于饮用水水源地的企业一律停产关闭，对污染治理设施不正常运行、长期超标排放的企业一律停产治理，对发现重大环境安全隐患的企业一律停产整改，对整改不到位的企业坚决予以关闭，对有劣迹的公司上市或再融资，两年内各级环保部门一律不得出具同意其通过上市核查的文件。二是源头防范，严格准入。科学调整重金属企业环境安全防护距离，禁止在重要生态功能区和因重金属污染导致环境质量不能稳定达标区域新建相关项目。组织好重点区域重金属产业发展规划、重点行业专项规划的环境影响评价，健全法规标准体系，并将其作为受理审批区域内重金属行业相关建设项目环境影响评价文件的前提。今后，凡没有完成淘汰落后产能任务的地区、重大污染导致群体性事件的地区，暂停其新增重点防控污染物排放的建设项目审批。三是妥善处置，维护稳定。各级环保部门要切实加强对重金属污染事件的信息报送工作，一旦发生问题，要及时报告，妥善处置，并协助地方政府做好信息公开、群众安抚和宣传教育工作，切实维护群众环境权益，保持社会和谐稳定。

（三）出台了《重金属污染综合防治"十二五"规划实施考核办法》，进一步加大了监督落实力度

为控制重金属污染物排放，加大监督考核力度。环保部根据《国务院办公厅转发环境保护部等部门〈关于加强重金属污染防治工作指导意见〉的通知》（国办发〔2009〕61号）和《国务院关于重金属污染综合防治"十二五"规划的批复》（国函〔2011〕13号）的有关规定，制定了《重金属污染综合防治"十二五"规划实施考核办法》（以下简称《考核办法》）。

《考核办法》规定，对各省（区、市）人民政府的重金属污染综合防治"十二五"规划执行情况，实行年度考核、中期评估和全面考核。年度考核：指自2012年起，每年对上一年度各省（区、市）《规划》实施情况进行年度检查和考核（不含中期评估和全面考核）。中期评估：指2013年对各省（区、市）2011年度和2012年度两年规划实施情况进行检查和评估。全面考核：指2016年对各省（区、市）"十二五"期间《规划》实施整体情况进行全面检查和考核。

1. 《考核办法》明确了政府的三大责任。一是各省（区、市）人民政府是实施《规划》的责任主体，应切实加强本行政区域内重金属污染综合防治工作的组织领导，落实项目资金，严格监督管理，将规划目标、任务和项目层层分解落实到本省辖区内各级人民政府、各重点区域和企业，确保实现《规划》目标。二是各省（区、市）人民政府要统筹《规划》实施的总体要求，制定《重金属污染综合防治年度实施方案》（以下简称《年度实施方案》），合理确定重点项目实施进度安排、重点重金属污染物削减年度目标、环境质量年度目标等，《年度实施方案》的目标、项目和工作任务要落实到区域和企业。《年度实施方案》于本年度6月底前上报环保部进行备案，环保部审核确定的《年度实施方案》作为考核的基本依据之一。三是各省（区、市）人民政府应结合年度实施方案和考核要求，及时调度重点项目进展和重点重金属污染物排放量数据等，对《规划》实施情况进行自查。自查报告于本年度12月底前报送环保部，同时抄送发改委、工业和信息化部、财政部、国土资源部、农业部、

卫生部。

2. 考核内容有5个方面：排放量、环境质量、重点项目、环境管理、风险防范等。关于排放量方面，包括重点区域重点重金属污染物排放量指标和非重点区域重点重金属污染物排放量指标。重点重金属不分介质、按照元素分别考核。关于环境质量方面，包括城镇集中式地表水饮用水水源重点重金属污染物达标率、地表水国控断面重点重金属污染物达标率、重点区域水和大气环境质量主要防控重金属污染物达标率指标。关于重点项目方面，考核列入《规划》的重点项目完成率，包括重金属污染源综合治理项目、落后产能淘汰项目、民生应急保障项目、技术示范项目、清洁生产项目和解决历史遗留问题试点项目等类型，基础能力建设项目不纳入考核。关于环境管理方面，包括重点企业达标排放率、强制性清洁生产审核率和环境影响评价制度执行情况指标。关于风险防范方面，考核涉及重金属突发环境事件发生的频次和级别。

3. 考核计分方式：采用定量打分的方式进行。考核分值以百分制为基础，其中环境影响评价制度执行情况和风险防范为扣分项指标。考核结果分为优秀、良好、合格和不合格4档。分值在90分以上（含90分）为优秀，70—90分（含70分）为良好，60—70（含60分）为合格，60分以下为不合格。对于中期评估和全面考核，在定量打分的基础上，如果重点区域和非重点区域排放量指标中有一项未完成的，考核结果不得评为良好以上（含良好）；两项均未完成的，考核结果为不合格。环境质量指标中有一项未完成的，考核结果不得评为优秀；两项及以上未完成的，考核结果不得评为良好以上（含良好）。排放量指标和环境质量指标的考核结果，得分没有达到相应指标分值的50%，记为该项指标未完成。

4.《考核办法》制定了奖惩制度。环保部会同发改委、工业和信息化部、财政部、国土资源部、农业部、卫生部，将考核结果向国务院报告，并向社会公告。奖励方面有2项：财政部、发改委会同环保部对考核结果优秀的地区，一是优先加大对该地区重金属污染综合防治工作的支持力度；二是优先加大对该地区污染治理和环保能力建设的支持力度。惩罚方面有4项：一是考核结果为不合格的省（区、市）人民政府应在30天内向国务院作出书面报告，提出限期整改措施，并抄送环保部、发改委、工业和信息化部、财政部、国土资源部、农业部、卫生部。二是对考核结果不合格的省（区、市），环保部将暂停该地区涉及重点重金属污染物排放的建设项目环评审批。三是对考核结果不合格且在限期内整改不到位或因工作不力造成重大社会影响的地区，任免机关或者监察机关按照相关规定依法追究有关责任人员的责任。四是对在考核工作中瞒报、谎报情况的地区，予以通报批评；对直接责任人员依法追究责任。

第二节 实行严格的"区域限批"制度

以科学发展观为指导，建设"环境友好型社会"和"资源节约型社会"是推进我国现代化建设的奋斗目标。但是一些地方仍然我行我素，依然追求"大干快上"，一大批高污染、高耗能的产业迅速扩张，环境污染日趋严重，环境影响评价就成了一纸空文，环保局就成了一个橡皮章。资源环境的大量损耗制约了经济社会的全面发展。面对这种矛盾和挑战，2007年1月，环保部为加大执法力度、推动总量减排，首次启动了"区域限批"行政惩罚手段，限批了河北唐山市、山西吕梁市、贵州六盘水市、山东莱芜市4个行政区域；限批了大唐国际、华能、华电、国电四大电力集团；限批了涉及12个行业的82个项目，其中23个是严重违反"三同时"验收制度，59个严重违反环评制度，项目累计金额达到1123亿元。力度之大，前所未有，令许多地方政府和一些企业惊出一身冷汗。

"区域限批"制度经历了渐进发展、逐步成熟的一个过程。近年来，通过应用这种行政处罚手段，有效遏制了"先污染后治理"的恶性循环，促进了区域产业结构的调整。这是用行政惩罚促进经济效益和环境保护的平衡发展，是督促行政机关加强环境保护、实现经济社会可持续发展、保障社会公众环境效益的有效手段。"区域限批"制度的发展是从行政措施逐步上升到法律制度，是从"可以"暂停转变为"应当"暂停，由"软性要求"转变为"刚性执行"。这种成熟转型,表明该项制度在实践中已经取得了较好的效果,是环境法制建设的丰富和发展。

一、实施"区域限批"的政策依据和法律依据

2005年7月,国务院出台了《关于落实科学发展观加强环境保护的决定》,该决定第五条第(二十一)项规定:严格执行环境影响评价和"三同时"制度,对超过污染物总量控制指标,生态破坏严重或者尚未完成生态恢复任务的地区,暂停审批新增污染物排放总量和对生态有重大影响的建设项目。

2008年2月修订的《水污染防治法》第十八条第三款作出规定,对超过重点水污染物排放总量控制指标的地区,有关人民政府环境保护主管部门应当暂停审批新增重点水污染物排放总量的建设项目环境影响评价文件。

2009年4月,《重点流域水污染防治专项规划实施情况考核办法》规定,对未通过年度考核的,环境保护部暂停该地区相关流域新增主要水污染物排放建设项目的环评审批。

2009年10月,《规划环境影响评价条例》第三十条规定,规划实施区域的重点污染物排放总量超过国家或者地方规定的总量控制指标的,应当暂停审批该规划实施区域内新增该重点污染物排放总量的建设项目的环境影响评价文件。

2011年10月,《国务院关于加强环境保护工作重点意见》规定,对未完成目标任务考核的地方实行区域限批,暂停审批该地区除民生工程、节能减排、生态环境保护和基础设施建设以外的项目。

2011年12月,《国家环境保护"十二五"规划》规定,对未完成环保目标任务或对发生重特大突发环境事件负有责任的地方政府要进行约谈,实行区域限批。

2012年7月,《重金属污染综合防治"十二五"规划实施考核办法》规定,凡没有完成淘汰落后产能任务的地区、重大污染导致群体性事件的地区,暂停其新增重点防控污染物排放的建设项目审批。

2014年5月,《大气行动计划考核办法》规定,完不成大气考核目标的,

要对责任城市的涉气项目实施环评限批。

目前，新《环保法》第四十四条第二款对"区域限批"作出明确规定，"对超过国家重点污染物排放总量控制指标或者未完成国家确定的环境质量目标的地区，省级以上人民政府环境保护主管部门应当暂停审批其新增重点污染物排放总量的建设项目环境影响评价文件"。《环保法》修订时，把"区域限批"从行政措施上升为法律制度，使"区域限批"措施冲破了许多其他法规的制约，揭开了蒙羞的面纱，终于登上法律的殿堂，成为环保部门控制区域污染、改善区域环境质量的一把"撒手锏"。这是"区域限批"制度的一次重大转折，是环保部门的一项重大调控权力。本次立法还明确了"区域限批"的适用对象、实施主体和具体内容。这是新《环保法》的又一大亮点，是一次重大的进步。

二、谁是"区域限批"的实施主体

也就是说，谁有权实施"区域限批"。无论从以前的政策依据还是到此次修订的《环保法》内容上来看，法律规定只有环保部、省级环保部门是"区域限批"的实施主体，只有这两级部门才有权实施"区域限批"制度。地市级和县级环保部门是无权实施的。

实施"区域限批"制度一般是由环保部或省级环保部门来执行，向社会公告被限批区域的决定，抄送同级发改委以及监察、金融、工商、电力等相关部门。公告内容包括环境违法事实、限批内容、限批时限和整改要求等。对限批地区达到整改要求的或经验收合格的，环保部门作出解除限批决定；对未通过验收的，可以延长限批时间，直至达到整改要求。

三、怎样把握实施"区域限批"的几种情形

"区域限批"，是环保部门因某一地区污染物排放超总量控制目标、环境承载力负荷过重或环境问题突出等原因，采取的一种对地区的惩罚性措施。对某地区新建项目实施限批的目的，主要是为了减少重点污染物的排放，以此来改善区域环境质量。一般对下列几种情形将会采取"区域限批"。

一是对污染物排放超过总量控制指标的区域，暂停审批该区域内新增该

污染物排放总量的建设项目的环评文件。

二是对未完成国家确定的环境质量目标的地区，暂停审批其新增重点该污染物排放总量的建设项目的环评文件。

三是对生态破坏严重或者尚未完成生态恢复任务的区域，暂停审批该区域内对生态有较大影响的建设项目环评文件。

四是对未按期完成重点污染物总量削减目标责任书确定的烟气脱硫项目以及其他污染治理重点项目的区域，暂停审批该区域内新增该污染物排放的建设项目环评文件。

五是对没有完成淘汰落后生产能力任务的区域，暂停审批该区域内同类行业新增生产能力的建设项目环评文件。

六是对不按法定条件、程序和分级审批权限审批环境影响评价文件，不依法验收，或者因不依法履行职责致使环评、"三同时"制度执行率低的地区，暂停审批该区域内除污染防治、循环经济及生态恢复以外的建设项目环评文件。

七是对未依法进行环境影响评价的开发建设规划控制区域，在完成规划环境影响评价前，暂停审批该区域内除污染防治、循环经济及生态恢复以外的建设项目环评文件。

上述这几种被限批的情形，第一、二种限批的前提要件是属于综合性的要求，只要未按时完成目标，就要对新增重点污染物排放的建设项目实施限批。其他几种采取"区域限批"的情形，均属于单项目标要求，因而被限批的仅是涉及单向目标未完成的新建项目。因制约要素不同，对地区实施"区域限批"的影响程度和制约效能也不同。

四、实施"区域限批"的时限与特点

根据近几年实践来看，环保部或省级环保部门实施过限批政策的，大部分是根据被限批对象的具体情形，确定为一个月、三个月或者半年的限批时限，一般最长没有超过一年的。

"区域限批"，是一项在环境监管实践中发展起来的，是环境行政处罚的一种新措施,其特点也很明显。一是停止审批新建项目范围大,包括整个行政区域内除循环经济类项目以外的所有新建项目,不只针对个别的相关企业。二是调控力度强,当一个地区的环境承载力和地方经济利益相冲突时,通过实施"区域限批",可以得到缓解和改善。

根据目前政策法律规定和限批制度的应用来看,限批名称大概有:区域限批、流域限批、行业限批、企业限批。现实中,环保部和有的省市最常用的是"区域限批",所以在一定程度上"区域限批"涵盖其他几种限批方式,但无论是哪种名称方式,使用"区域限批"措施的法律依据,就是新修订的《环保法》。

五、实施"区域限批"取得的成效

近几年的实践证明,国家实施"区域限批"制度以来,对转变经济增长方式、减少环境污染、改善区域环境质量取得了较好的效果,主要表现在以下几方面。

一是实施"区域限批"制度,促使地方党政领导转变发展观念。它是对发展观的一种校正措施。"区域限批",不仅控制有污染物排放的建设项目,也遏制了落后生产力的继续存在,有利于被限批的地区加快转方式、调结构进程,有利于地区产业布局更加审慎实际、更加科学合理,有利于转变靠拼资源或靠牺牲环境谋求加快发展的急功近利的做法。"区域限批"针对的是一个行政区域或某个行业,对一个地方而言,可能不怕一两个项目被叫停,但所有新项目都被叫停,其影响是巨大的。本制度的制约效能也就在于此吧。

二是实施"限批制度",促进了地方政府开始同步注重经济增长与资源环境承载能力的协调性和同步性,加快了集中供热、使用清洁能源、污水收集处理、生活垃圾处置、固体废弃物、危险废物等环境基础设施建设步伐,有效提升了区域环境承载能力。

三是实施"限批制度",不仅有效遏制了区域、流域环境质量严重恶化的趋势,而且还在一定程度上使这种恶化趋势得到了缓解和改善。

四是实施"限批制度",倒逼排污企业加快传统工艺改造和技术升级进程，投资增建减污设施，促使企业走上新兴工业化道路，实现了污染排放减量化，使有限的资源迸发出更大的经济效益、社会效益、环境效益。

五是实施"限批制度"，促进了地方领导更加重视和支持环保部门监督管理，使地方环保部门长期处于软弱无力的尴尬角色有所改变，环保部门严格执法的政治环境得到改善。

当前，"区域限批"是《环保法》授予环保部门的一项调控权，环保部门要大胆地用好用足限批权，不用就是失职。被"区域限批"的地区，如果不执行限批的要求，且一意孤行，那就是违法。地方领导谁批准，谁就要被问责或追究其责任。

第三节 实行严格的污染物排放总量控制制度

实行污染物排放总量控制，目的是为了改善环境质量。因此，笔者认为，总量控制是手段，风险控制是关键，质量控制是根本。由污染总量控制和环境风险控制向环境质量控制过渡和转变，是对环境管理模式的一种探索和进步，最终实现环境质量控制才是最直接、最有效、最根本、最先进、最节约的环境管理模式。

总量控制制度是随着我国经济社会快速发展，借鉴国外经验做法，历经25年的渐变发展逐步走向成熟，从提出到实践成为环保部门控制污染产生的重要监管手段。总量控制是指以控制一定时段内一定区域内排污单位排放污染物总量为核心的环境管理方法体系。它包含了3个方面的内容：一是排放污染物的总量；二是排放污染物总量的地域范围；三是排放污染物的时间跨度。通常有3种类型：目标总量控制、容量总量控制和行业总量控制。总量控制是环保领域的基本制度，也是国际上最普遍实施的一项制度。目前，我国的总量控制基本上是目标总量控制，是将某一控制区域作为一个完整系统，采取措施将排入这一区域的污染物总量控制在一定数量之内，以满足该地区环境质量的要求。

一、污染物排放总量控制制度发展的渐进历程

总量控制是相对于浓度控制而言的。浓度控制是指以控制污染源排放口排出污染物的浓度为核心的环境管理方法体系。其核心内容为国家环境污染物排放标准（主要是浓度排放标准）。回顾污染物排放总量控制制度发展的渐进历程，大致可分为3个阶段。

第一阶段，污染物排放总量控制制度成为行政监管手段。从1989年至2000年，长达11年。1989年召开的第三次全国环境保护会议上，国家环保局提出同时实行浓度控制与总量控制的污染控制对策，确定了由浓度控制向总量控制转变的方向。1996年，国务院批复同意"九五"期间全国主要污染物排放总量控制计划，总量控制制度在我国才算正式实施。"九五"期间，全国主要污染物排放实行总量控制，五年计划基本完成，这是环保部门第一次应用该项制度取得的实效。

第二阶段，污染物排放总量控制制度提升为重要的政策措施。从2000年至2014年，长达14年。2000年4月修订的《大气污染防治法》第十五条规定，"可以划定主要大气污染物排放总量控制区"。这是根据大气污染防治任务，提出了大气污染排放总量控制的要求，首次由"行政手段"向"政策措施"转变。2008年2月修订的《水污染防治法》第十八条规定，"国家对重点水污染物排放实施总量控制制度"。在此法中明确提出了水污染物排放要实施总量控制制度。2011年修订的《重金属污染防治规划》规定，"对重点重金属污染物排放实行总量控制制度"。2013年12月修订的《海洋环境保护法》第三条规定，"国家建立并实施重点海域排放总量控制制度"。这是从海洋防治方面，要求主要污染物排海要实施总量控制。综上所述，通过专项修法和制定污染防治专项规划，使总量控制制度逐步成为控制各种单项污染物排放的重要手段，其管控作用和有效性更加凸显。"十五"期间，全国主要污染物排放总量控制目标未完成，消减10%的控制目标未能如期完成。"十一五"期间，国务院把2项主要污染物排放总量消减10%作为各级政府必须完成的约束性指标，"十一五"末，超额完成了总量控制任务。"十二五"期间，国家把污染物排

放约束性指标在"十一五"时的化学需氧量、二氧化硫减排的基础上,又新增了氨氮、氮氧化物减排2项约束性指标。总量控制目标是:到2015年,主要污染物排放总量明显减少。化学需氧量、二氧化硫排放总量要减少8%,氨氮、氮氧化物排放总量要减少10%。

第三阶段,污染物排放总量控制制度上升为环保基本法律制度。2014年4月,新《环保法》第四十四条规定,"**国家实行重点污染物排放总量控制制度**"。此次《环保法》的修订由原来其他"专项法"规定的对单一污染物排放量实行总量控制,转变为只要是列为国家重点污染物,都要实行总量控制。这是《环保法》修订时,在监管手段上的重大突破。

二、国家实行重点污染物排放总量控制的现实意义

由原来的对单一污染物排放实行总量控制,向凡是列入国家重点污染物的都要实行总量控制转变,这是经验教训的总结,是对总量控制制度的进一步完善和发展。总量控制制度最早在大气污染防治中施行,从近几年的实践来看,对某一种有害气体污染物排放实施单一总量控制,从排放数量上看,确实得到大幅度的减少,但对一个区域的空气环境质量的改善收效却甚微,这就是老百姓常说的一种现象,"减排成绩很大,空气质量很差"。究其原因,影响空气环境质量的不是一两种污染物,而是多种污染物综合作用而形成的,只控制单个污染物总量显然解决不了空气雾霾问题。鉴于此,国家积极调整总量控制政策措施,由单一污染物扩大到多种污染物都要实行总量控制,以此来解决总量控制与环境质量改善脱钩的问题。2000年修订的《大气污染防治法》规定,对重点大气污染物排放实行总量控制制度。之后,借鉴实施大气污染物排放总量控制制度取得的成效,2008年修订的《水污染防治法》规定,对重点水污染物排放实行总量控制制度,2011年又增加了对重点重金属污染物排放实行总量控制制度。

"十一五"期间总量控制最先从大气中的二氧化硫排放、水体中的化学需氧量开始。到"十二五"时,大气中又增加了氮氧化物排放,水体中又增加了氨氮排放。由2种变为4种污染物排放总量控制,就是为进一步改善空气环境质量和水体环境质量所采取的重要举措。污染物总量控制制度的不断创新和发展，其作用就是要全面控制影响环境质量的各种污染物排放。从确定"十二五"污染物排放总量控制目标来看，最明显的意图就是要把污染物排放的总量控制与区域环境质量的改善程度挂起钩来，体现了污染物排放总量控制是改善区域环境质量的重要手段。制度是为目的服务的。今后，根据环境污染防治需求，环境质量改善的需求，可能还会逐步增加更多的污染物种类，最终一定会采取多项总量控制。

三、实施总量控制制度取得了显著成效

经过近10年的探索和实践，自实行污染物排放总量控制制度以来，不仅使环保部门的监管手段更加丰富和多样，而且也为客观评估区域环境承载能力和环境容量提供了科学依据，为地方政府谋划区域产业布局也提供了综合决策依据。应该说，实行总量控制制度为全面提升环境管理水平发挥了积极的作用。

一是实施总量控制成为推动区域环境质量改善的重要抓手。相比浓度控制，总量控制是对一个地区重点污染物排放的总量要控制在一定的数量内。换句话说，浓度控制是针对一种污染物的排放量，主要控制点源达标排放即可；而总量控制是针对一个地区几种重点污染物排放量的总和，主要控制整个地区的排放量不能超出地区排放总量控制目标。从实践经验来看，实施这项措施的最直接的效果在于，找到了改善区域环境质量的切入点和路径问题，即由过去控制单个污染源浓度排放不超标，转变为既要控制单个污染源浓度排放不超标，还要控制这个地区所有污染物排放的叠加总和不超过地区总量控制目标。也就是说，虽然单个污染物排放浓度是达标的，是符合浓度控制法律要求的，但只要这几种污染物排放数量加起来的总量超过了该地区污染物排放总量控制目标的，也是不符合总量控制法律要求的，因而要对单个污染物排放的数量继续按控制目标削减，直至达到总量控制要求方可生产。这就是浓度控制与总量控制双达标的综合措施。

根据有关法律规定，排污者违反排污总量控制制度的要求超过排污总量指标排污的，由有关县级以上地方人民政府责令限期治理，逾期未完成治理

任务的，除按照国家规定征收两倍以上的超标排污费外，还可根据所造成的危害和损失处以罚款，或责令其停业或关闭。实践证明，遏制或改善一个区域的环境质量，采取总量控制措施要比浓度控制措施更直接、更有效、更明显。当然，为更好地控制区域环境质量，现在采取的总量控制与浓度控制相结合的措施，效果会更好一些。因此，实施总量控制已经成为推动区域环境质量改善的重要抓手。

二是实施总量控制成为污染物排放源头控制的重要举措。污染物排放总量控制和环境影响评价是我国现行环保法律法规规定的重要的环境管理制度，体现了预防为主的原则，为实现环保从末端治理向源头削减和全过程控制转变，提供了有力的法律保障。为从源头上控制污染物的排放，我国的建设项目环境影响评价标准，由原来以浓度排放标准为主，变为浓度排放标准和总量控制标准双要素评价标准。通过实行双标准评价制约，对于已无总量指标的地区，就意味着必须通过以新代旧、腾出总量，才能获得新建项目的环评审批，为达到源头控制起到了很好的"闸门"作用，有效地解决了"前面批、后面治"的老大难问题，真正体现了预防为主的总要求。与此同时，有关法律规定，环保部门超总量批准环评的，对负有直接责任的主管人员和其他直接责任人员依法给予行政处分，构成犯罪的，依法追究刑事责任。这是对环保部门违法审批的限制和约束，也是遏制源头污染的一项重要举措。

三是实施总量控制成为调整产业布局、优化经济发展的重要手段。实施污染物排放总量控制制度，对于一个无总量指标的地区来说，必然会倒逼地方政府重新审视现有的产业发展，特别是对现有的高耗能、高排放产业，会加快淘汰落后产能进程，化解过剩产能，实施产污强度评价。通过这些措施，才能腾出环境容量，新建一些科技含量高、污染排放量小的建设项目，从而倒逼地方党政领导更新发展观念，转变经济增长方式，下力气调整产业结构，使总量控制制度成为优化地区经济发展的"催化剂"。从近几年的实践经验来看，当前最重要的是将污染物总量控制制度应用在各级党委、政府的经济发展宏观决策中，发挥其促进产业结构调整、优化经济增长的"调节器"作用，提升区域环境对经济发展的承载力。与此同时，还要将污染物排放总量控制制度与资源、能源消耗等其他制度协同联动，形成相互作用、相互支撑的配套制度体系，形成合力，作用就会体现，效果就会明显。

第四节　实行严格的排污许可证制度

为了加强对污染源的监督管理，控制和减少污染物排放，规范排污行为，我国很早就提出要实行排污许可证制度。排污许可证制度是指凡是需要向环境排放各种污染物的单位或个人，都必须事先向环保部门办理申领排污许可证手续，经环保部门批准后获得排污许可证后方能向环境排放污染物的制度。它是一项环境管理基本制度，是控制污染物排放的重要手段。

一、排污许可证制度的形成与发展

1988年，原国家环保局发布了《水污染物排放许可证管理暂行办法》，标志着我国的排污许可证制度正式开始实施。在这一阶段，排污许可证制度只是属于部门的行政规章，其约束力显然是有限的、薄弱的，发挥的作用也未见成效。之后，在2000年修订的《大气污染防治法》，对污染物排放企业提出了向属地环保部门申报的要求，地方政府要以依照国务院规定的条件和程序，核发主要大气污染物排放许可证；有大气污染物排放总量控制任务的企业，必须按照许可证规定的排放条件排放污染物。但规定的条件和程序一直也没有颁布施行。2008年修订的《水污染防治法》第六条规定，"国家要实行排污许可证制度"。明确规定，"直接或间接向水体排放工业废水和医疗废水以及其他按照规定应当取得排污许可证方可排放的废水、污水的企事业单位，应当取得排污许可证；城镇污水集中处理设施的运营单位，也应取得排污许可证"。明确要求"禁止企事业单位无排污许可证或者违反排污许可证规定向水体排放工业和医疗废水、污水"。在行政法规层面，《中华人民共和国水污染防治法实施细则》规定，地方环保部门根据总量控制实施方案，审核排污单位的重点污染物排放量，对不超过排放总量控制指标的，发给排污许可证；对超过排放总量控制指标的，限期治理，发给临时排污许可证。上述这些规定，是执行排污许可证制度的法律依据，也标志着排污许可证制度由部门的行政规章，渐进到了国家行政法规层面和环保专项法的立法层面。2014年，新修订的《环保法》第四十五条规定，"**国家依照法律规定实行排污许可证管理制度**"，标志着排污许可证制度上升到环保基本法律制度，这是此项制度经过26年的历程，在法律地位上取得的重大进展。

二、排污许可证制度的配套政策亟待完善

目前，排污许可证管理制度的法律地位已明确："国家依照法律规定实行排污许可证管理制度"；总的要求也已明确："对实行排污许可管理的单位应当按照排污许可证的要求排放污染物，未取得排污许可证的，不得排放污染物"；违反规定的法律责任也很明确："违反法律规定，未取得排污许可证排放污染物，被责令停止排污，拒不执行的，对直接负责的主管人员和其他直接责任人员实施行政拘留"。但现在最大的问题，就是"制度落地"问题。遗憾的是，从1988年提出到现在，20多年过去了，至今与排污许可证制度相配套的国家层面的"管理办法"仍未出台，还在孕育之中，这个难产的"老生儿"一天不落地，这项制度就如同空中楼阁好看不中用，如何发挥其制度的作用也无从谈起。目前，全国仍有大量的污染物排放企业是无证排放，甚至有的地方至今未发放过排污许可证，有的地方虽发放了排污许可证，许多也是临时许可，没有发挥许可的管控作用，充其量是一张证书罢了，既没有与总量减排衔接，也没有与排污交易对应，更没有和环境质量改善挂钩，基本处于理念，流于形式。因此，抓紧研究制定与排污许可证管理制度相配套的具体管理办法和实施步骤，才是当务之急，实用之策！

实施排污许可的前提，首先要摸清和核准污染物排放的基础数据。通过近几年的污染源普查、排污申报和总量减排核查所做的工作，各地的污染物排放的台账已基本建立和完善，应该说，实施排污许可的前提已具备。

做好排污许可制度与现有几项环境管理制度的衔接，加快制定排污许可证制度的实施条例或实施办法，是发挥排污许可在环境管理中具有基础性制度的首要前提，是排污许可制度落地的关键环节。笔者认为，这几项环境管理制度之间是"金字塔"关系，各自发挥的作用是：现有的污染源普查和排污申报登记制度，可以摸清和掌握各地污染物的种类和排放量，在满足地区环境质量的前提下，才能准确制定污染物排放总量控制目标，因此污染源普查和排污申报登记是实施污染物排放总量控制制度的基础；只有在明确了各地区各类污染物排放总量目标控制的限值之后，才能科学地确定各类污染物容许的排放数量，因此总量控制又是实施排污许可证制度的基础；许可的污染物排放量就是有权排放量，确定了有权排放的污染物数量，才可以进行市场交易，因此排污许可证制度又是排污权交易制度的基础；有交易才能形成市场，有市场就有竞争，有竞争才能发挥市场配置环境资源的功能，因此排污权交易制度又是充分发挥市场配置环境资源作用的基础；充分发挥市场配置环境资源的功能和作用，标志着环境管理发展到了一个新的历史阶段，也是环境管理创新的最佳模式。

应该说，排污权也是一种环境资源，排污指标应该有价值和使用价值。现在排污指标被企业无偿占有，历史上形成了排污权交易的缺陷，一是用经济手段调整新建项目的市场准入功能缺失，二是企业占用的现有排污指标没有形成流通和交易机制，市场配置环境资源的功能难以发挥出来。

由于缺乏排污许可的规范，排污权交易制度在很多地方都没有实质性的推进，即使有推进，也是把购买排污权作为新建项目的环评审批前置条件，才得以实施，这完全是依靠行政手段而为。况且环保部门所收储的排污量和交易的排污量也是模糊概念，有的收储量和交易量根本不对等。由于各项制度衔接不畅，交易不规范，机制不健全，造成排污交易一直处于半死不活的状态，没有发挥其应有的作用。

排污许可制度，是环保部门对污染物点源控制最关键的环节。实施排污许可制度，便于有效衔接和理顺现有环境管理的相关制度，形成相呼应的配套制度体系。排污许可制度包括环评审批、"三同时"、排污申报、排污收费、总量控制、限期治理、"区域限批"、清洁生产强制审核等。审查颁发排污许可证的过程，既有利于环保部门建立污染源台账，核准污染物排放浓度、总量、种类等基本信息情况，又有利于明确企业排污要求，公开企业环境信息，接受社会公众的监督。实施排污许可证制度，要求环保部门对污染物排放必须实行精细化管理，这对环保部门而言，既是考验，又是挑战。笔者认为，实施排污许可证制度，还要攻克区域环境容量的核算这个难题。因为如果对一个地区环境容量测算清楚了，环境承载力和环境敏感度就更为准确，确定一个地区可承载污染物排放总量就更精准，更具科学性，随之污染物排放总量由"目标控制"可以转化为"容量控制"。这就把某一地区的污染物总量减排和该地区环境质量好坏相挂钩，总量减少越多，环境质量就会越好，环境承载力就越大，支撑经济发展的作用就越强，自然也就回应了社会公众对污染物减排有成效而环境质量不见好的质疑。因此说，什么时候实现了污染物排放容量控制和流量核算，排污许可和排污交易两项制度就能更好地发挥环境资源与经济发展的调节作用。

三、地方对排污许可证制度的探索和实践

为了加强对环境污染源的监管，许多省市相继出台了有关排污许可证的地方性法规或地方政府规章。比如，2010年5月浙江省出台了《排污许可证管理办法》，2012年3月又出台了《实施细则》，规定了对排污许可证实施A和B两类管理，列入A类企业的污染物排放量原则上不得低于当地工业污染物排放总量的85%，其他的均为B类管理。2014年，广东省和福建省也出台了《排污许可证管理办法》。以广东省为例，该办法明确了在广东省行政区域内有排放大气污染物的、排放工业废水和医疗污水以及其他废水和污水的、在城镇和工业园区或者开发区等运营污水集中处理设施的、经营规模化畜禽养殖场的排放污染物行为的排污单位，应当取得排污许可证。由省环保厅负责本行政区域内排污许可证的核发与监督管理工作，建立全省统一的排污许可证管理信息平台，明确办证时限。规定了各地级以上市、县（区）环境保护主管部门根据日常监督管理权限，规定了企业申领排污许可证应当具备的条件，应当提交的证明材料。同时还明确了排污许可证规定的内容。其中，排污许可证正本应当载

明下列事项：排污单位名称、地址、法定代表人或者负责人，所属行业类别，排放污染物的种类、浓度限值和排放主要污染物的总量限值，有效期限，发证机关、发证日期和证书编号；副本还应当载明的事项有：排放污染物的方式、去向等要求，排污口的数量以及各排污口的名称、编号、位置，主要生产工艺、设备，污染物处理工艺和能力，污染物排放执行的国家或者地方标准，有污染物排放总量控制任务的，载明污染物排放总量削减数量和时限。该办法还规定了排污许可证变更申请、延续申请、不予延续、注销排污许可证、排污单位应当履行义务的几种情形。进一步明确了环保部门的责任。比如，环保部门每年要将本行政区域上一年度排污许可证的核发和监督管理情况，向本级人民政府和上一级环境保护主管部门报告；环保部门应当及时向社会公布排污许可证核发和监督管理的相关信息；上级环保部门应当加强对下级环保部门排污许可证管理的业务指导和监督检查，及时纠正下级环保部门在实施排污许可证管理中的违法违规行为。此外，还规定了违反排污许可证管理办法的行政处罚和相关的法律责任。

第五节　实行严格的环境监察制度

环境监察，是指环境保护主管部门依据环境保护法律、法规、规章和其他规范性文件实施的行政执法活动。实行严格的环境监察制度，是环保部门依法行政、惩戒环境违法行为的一项重要手段。目前，执行环境监察制度既有行政规章层面的依据，也有法律层面的依据。行政规章的依据主要是：2012年7月25日，由环保部部令第21号向社会公布的《环境监察办法》。该办法明确了环境监察应当遵循4项原则，环境监察机构的10项主要任务，规定了环境监察机构人员设置、财政经费保障、执法装备标准、执法标识、现场检查程序、核定排污收费、行政处罚、信息公开、案件移送等一系列严格执法和操作规范。法律层面依据：新《环保法》第二十四条规定，环境保护主管部门及其委托的环境监察机构有权对排放污染物的企业和其他生产经营者进行现场检查。被检查者应当如实提供反映情况，提供必要的材料。这是《环保法》在体制上的最大突破。

环境监察是由环境监理演变发展起来的。我国的环境监理制度从1986年开始实行，环境监察机构的诞生，是依据2006年国务院《关于落实科学发展观加强环境保护的决定》中提出"完善环境监察制度、强化现场执法检查"的要求设置的。之后，原国家环保总局印发了《全国环境监察标准化建设标准》，明确了机构人员设置、基本设备装备和基础工作制度及规范。在8年的实践中，由于地方环境监察机构都是事业单位，既没有法律地位，又没有执法权、处罚权，还要承担着环境执法监察职责，主要依据就是部门规章和红头文件，这不得不使环境监察机构更为尴尬。尽管环境监察机构从诞生就带着残缺和遗憾，但这已经成为环保部门实施统一监督、强化执法的主要途径之一。新《环保法》用"委托"，确定了环境监察机构的法律地位和合法身份，明确了全国500多万环境监察人员具有环境执法权，这本身就有划时代的意义。

从新《环保法》规定的几种环境执法制度和监管手段来看，它将违法排污的行为和后果与环境执法手段和惩处力度相挂钩，呈现出管制方式与管制力度相辅相成、同行并举、多管齐下的态势。在此，就其方式和力度做一个梳理，比喻为"环境执法六步棋"，可以看出其特点是：一步比一步攻击性强、力度大，一招比一招狠，惩罚性更加凸显。第一步，对排污者实施现场检查。第二步，对违法排污的设施设备实施查封、扣押。第三步，对拒不改正、持续排污的施行"按日计罚"。第四步，采取"一限三停"的措施。对超标、超总量的实施限制生产、停止生产；对情节严重的，报请政府批准责令停业、关闭；对未批先建的，责令停止建设。第五步，对有违反环保法行为尚不构成犯罪的，移送公安部门实施责任人行政拘留。第六步，对构成环境犯罪的，移送司法部门追究其刑事责任。这是新《环保法》为扭转环保软法的现象，在突出强化环境执法的力度和效果上，下了大功夫，也是《环保法》修订的一大亮点。一般情况下，在实际操作中这"六步棋"是采用递进方式的，但只要违法的前置条件和情形已构成，可能就要直接受到相对应的处罚，也不必按部就班，特别是环境污染情节严重的，可能一步到位，直接按犯罪处理。

一、关于实施现场检查措施

新《环保法》赋予了环境保护主管部门及其委托的环境监察机构现场检查权。对于环保部门来说,在具体的实践中要把现场检查权用足用好,关键在于对执法人员的培训和执法程序的规范,提高他们的执法能力和执法水平,以适应《环保法》的新要求,适应"向污染宣战"的新要求。

(一)环保执法人员现场检查的重点内容与特点

现场检查的重点内容是:一方面,现场监督检查污染源的污染物排放情况、污染防治设施运行情况、环保行政许可执行情况,以及建设项目环评、试生产、验收执行情况;另一方面,现场监督检查自然保护区、畜禽养殖污染防治等生态和农村环保法律法规执行情况。环保部门现场检查具有以下几个特点:(1)执法主体非常明确。实施环保现场检查必须是环保主管部门或环保主管部门委托环境监察机构才可执行。(2)管辖权属范围非常明晰。环保检查必须是在执法主体管辖范围内,可以对排污和生态破坏单位进行现场检查,不能超出权属范围,也不能检查与之无关的单位和个人。(3)具有鲜明的强制性。不需要被检查单位的同意,环保部门或授权的环境监察机构可直接进入现场。(4)具有灵活的随机性。对被检查的单位,环保部门或授权的环境监察机构可以随时进行检查。

(二)环保执法人员现场检查的权利与义务

环保执法人员进入现场检查过程中,可以勘察、采样、监测、拍照、录音、录像、制作笔录,可以查阅、复制相关资料,可以约见、询问有关人员,要求说明相关事项提供相关材料。权利与义务相辅相成,有权利就有义务。环境保护主管部门或者经环境保护主管部门委托的环境监察机构在检查过程中,实施的行为具有强制性,被检查单位不得拒绝。但检查部门也负有一定的义务。一方面,执法主体只能对管辖范围内的排污企业事业单位和其他生产经营者进行检查,不能检查管辖范围外的,也不能检查与污染物排放无关的单位和个人。另一方面,检查部门有义务为被检查单位保守商业秘密。所谓商业秘密,根据《反不正当竞争法》的规定,是指不为公众所知悉、能为权利人带来经济利益、具有实用性并经权利人采取保密措施的技术信息和经营信息。

二、关于实施查封和扣押措施

当前环境形势严峻和环境问题突出的另外一个重要原因,就是社会上人们一直在议论:《环保法》是软法,环保部门是尴尬部门。环境执法存在较多的制约因素,环保部门没有强制执法权,手段软弱无力。比如,环保部门与违法排污企业长期处于"打游击"、"捉迷藏"的状态,排污企业视过轻的行政处罚为继续排污的合法路条,有些污染企业异地搬迁成为其他地方招商引资的"香饽饽",还要求地方政府匹配许多优惠条件,这种情况屡禁不止。这些问题,早已成为长期困扰环保监管部门的一大难题,一个死结。新《环保法》第二十五条规定,"**对违法排污造成或可能造成的严重污染的企业事业单位和其他生产经营者,可以查封、扣押造成污染物排放的设施、设备**"。这是将查封、扣押两种形式的行政强制措施权直接授予了环保部门。这对转变环境执法软弱无力的现状,犹如注入了一支最高效的"强心剂",这也是打开死结的一把利剑;同时,这也标志着地方环保部门首次被赋予强制执法权,这也是新《环保法》的一大亮点。

采取查封、扣押行政强制措施,环保部门一定要把握好几个重要环节,一个是"实施主体",一个是"实施对象",一个是"实施前置条件"。与此同时,环保部应抓紧出台与之相配套的具体办法和实施规范,便于基层环保部门在实践中操作和应用,否则,千呼万唤的硬措施就变成了好看不好用的摆设,也难以发挥其遏制环境污染的作用。不仅如此,还会因无法操作,造成环保部门不作为的假象,将会遭到行政监督部门的问责,甚至因环境污染恶性事件被追究法律责任。

(一)要明白查封、扣押行政强制措施的实施主体

依照本条立法规定,查封、扣押权实施的主体是县级以上人民政府环境保护主管部门和其他负有环境保护监督管理职责的部门。需要强调的是,查封、扣押应当由行政机关具备资格的行政执法人员实施,其他人员不得实施。查封、扣押权也不得委托给其他单位和个人。依照《行政强制法》的规定,行

使相对集中行政处罚权的行政机关,可以实施法律、法规规定的与行政处罚权有关的行政强制措施。

　　本条立法规定,有一个最大的困惑就是"实施主体资格"问题。查封、扣押,就像一个烫手的山芋,放不下,吃不了。当前,环保部门深入排污单位开展现场执法检查,主要依靠各级环保部门下属的环境监察队伍。比如,国家设置的环境督察中心,省级设置的环境监察总队,地级设置的环境监察支队,县级设置的环境监察大队,有的县级还在乡镇或经济开发区派驻了环境监察所。依照本条立法规定,环境监察机构不是查封、扣押行政强制措施的实施主体,没有查封、扣押的权力。由于制度设计的缺陷,导致执法权力的受限,造成这支队伍又处于"有法可依"、"无力执法"的尴尬境地,表现为:一是环境监察队伍就是环保部门对属地环境保护实施统一监管的执法队伍。既然各级政府设置了这个机构,全国又有500多万环境监察人员,各级财政又要投入装备保障经费,但新《环保法》只给了这支队伍执法者的名分,不给强制措施的执法权力,那么拿什么手段体现这支队伍对违法行为"必究"呢?这样的话,如果不是"无力执法"反而成了怪事了。现在这种环境监察的角色,就如同"又叫马儿跑得快又不给马儿吃草料"一样的令人无奈!就如同公安干警手无寸铁,怎么与恐怖分子搏斗?生命与鲜血的代价,警醒我们应该有理智的决策。二是新《环保法》第二十四条应用"委托"这个词,赋予了环境监察机构对排污企业现场检查权。即使实施了现场检查,有证据表明企业在违法排污,有造成或可能造成严重污染的行为,环境监察人员也只能是瞪着大眼看排污,无计可施。因为法律只给了检查的权力,没给处置的权力。这半截权力能不让人尴尬吗?就如同医院的大夫,假如只给大夫对病人检查的权力,没有给大夫治病处方权,面对危重病患,他们也只能束手无策。如此这样,设置大夫岗位还有什么意义呢?三是本条立法规定,只有环保部门才具有查封、扣押实施主体的资格。照此规定,到企业现场实施查封、扣押设施、设备,只能是各级环保部门的机关工作人员,这不仅与环保部门日常工作相冲突,而且机关工作人员还要熟悉和掌握现场调查、取证等一系列执法程序,这显然是不现实的。与此同时,从事环境监察的人员又只能闲置。如果是这种运行机制,根本就无法实施。

鉴于上述现实情况,应在国家层面抓紧出台具体的实施办法,以弥补制度设计的不足。同时,还必须将查封、扣押权委托或授权于各级环境监察机构,赋予环境监察队伍这项权力,便于环境监察机构有职有权,责权对等,提高执法效能。

(二)要准确把握采取查封、扣押措施的实施前置条件

环保部门采取查封、扣押措施,必须要把握好实施此项措施的前置条件,这是依法行政至关重要的环节。对本条立法规定的理解,重点要把握好4个关键词。

"违法排污"。首先,要准确把握什么是违法排污。吃准了"违法排污"这个定义,是施行查封、扣押的首要前置条件。违反环保法律法规,是审查排放污染物行为正确与否的前置条件。言外之意,没有违反法律法规的排污,就不能用"查封、扣押"这项行政强制措施。其次,"违法排污"是一个范围比较宽泛的概念,现实中有超标排污、超总量排污的,有未经环评、验收审批同意而排放污染物的,也有无证排污或超出许可证范围排污的等。因而,一定要列出"违法行为"的几种情形,使基层执法人员在执行时便于"对号入座",增强可操作性。

"严重污染"。污染和严重污染怎么界定,这又是摆在环保部门面前的一道难题。现实中,污染和严重污染最大的区别在于污染程度的大小。把衡量污染的指标数值放大或乘以几的倍数,可能就是衡量严重污染的指标体系,但这需要国家环保部门出台相应的技术规范和实施细则。如果没有相应的实施细则,环保部门又处于"把握尺度"的两难之中,基层执法者又将面临巨大的执法风险。不执法,是失职,将要被追责;执法,界定标准不清,可能造成执法不当。如果有不当行为,按新《环保法》第六十八条规定,执法人员和主管人员都要被追责。因此,对这项规定必须要细化,否则无法执行。与此同时,在制定"严重污染"的界定标准或规范时,应该充分考虑与"两高司法《解释》"中的"严重污染环境罪"的关联性。虽然前者是一项行政强制措施，后者是一项司法措施，但二者在立法的出发点和惩处性上是一致的，只不过在处罚的程度上有轻重之分，前者属于预防性的强制措施，后者属于后果性的严处措施，后者较前者更加严厉，是定罪量刑的处罚。因而与"严重污染环境罪"的14种情形相比，"严重污染"的界定标准，从污染物排放的损害程度上应更轻微，从预判产生污染的后果上更为前置。这样，从制度的设计上有了轻重之分，前后之分，既有区别又有联系，而且还一脉相承。

"造成"严重污染，最直观的理解，就是有污染后果才算是"造成"。怎么把握"造成"后果的尺度呢？这需要环保部门结合工作实践，作出相应的规范。一方面，应该按照环保部印发的《环境污染事件分级规定》来衡量和把握。比如，环境污染事件的4级分类，即特别重大、重大、较大、一般突发环境事件，都会造成严重污染。另一方面，要参照严重污染环境罪的几种设置情形来衡量和把握。这几种情形规定更为具体，便于操作。

"可能造成"严重污染，从这个词的含义上来理解，就是对可能发生的行为的一种预判。预判就有准确与不准确两种情况，因而结果也会大不相同。应该说，"可能造成"就是给了环保部门执法的自由裁量权，现实生活中，越是有自由裁量权，越要慎重使用。因为用不好，不仅会伤及无辜，也会降低执法效能，还会伤及自己。从实践工作经验来看，"可能造成"环境污染，在一定程度上主要是针对排污设施设备不正常运行或重点环境风险源，只要管控好这几个方面，就避免了"可能造成"严重污染的后果。比如，排污企业要加强治污设施设备运行的日常维修检查，防止发生污染物排放事故，并要做好事故应急预案。再比如，煤化工企业高盐废水的"蒸发池"，在有些地方已形成众多小湖泊，一旦溃坝，必将造成严重污染。矿产采选企业的尾矿库，一旦渗漏或溃坝，必将对土壤和地表水造成重金属污染。其他化工行业的有毒气体的泄露或爆炸，都可能造成严重污染。

鉴于上述分析，当务之急是国家层面要根据这4个关键词的含义和应用，抓紧制定一个与之配套的、明确的标准和规范。制定实施规范，要把关键要素尽可能地量化，便于基层环保部门的执法人员在实际操作中有所遵循，既不走样，也不违法。否则，再好的政策措施，也在实践中难以操作。失去了可操作性，也就对违法行为失去了其应有的震慑作用，也就会对强制减污效率大打折扣，同时也就失去了立法的现实意义。

（三）要找准采取查封、扣押措施的实施对象

本条立法规定，查封、扣押的对象是企业事业单位和其他生产经营者造成污染物排放的设施、设备。所谓造成污染物排放的设施、设备主要是指污染物产生时所使用的设施和设备。当然，现实生活中造成污染物排放的设施、设备种类很多，这就给了环保部门一定的自由裁量权，本条特别规定"可以"查封、扣押而不是"应当"查封、扣押。如在有些大型电力、石化行业，如果查封、扣押了造成污染物排放的设备、设施，可能造成大面积停产且带来较大损失，这种情况下，环保部门可以视情况不采用查封、扣押手段。

查封、扣押是一项很有效的行政强制措施，对于环保部门又是首次赋予的行政强制执法权力。特别是对于工业企业来说，一般情况下被查封、扣押了排污设施，企业就无法正常生产，就会倒逼排污企业只能停产治污。就目前现状而言，这将会是一招"先手棋"，也是环保部门加强监管的一个很重要的"撒手锏"。但在实际操作中，必须要严格规范，慎重使用。为了保护行政相对人财产的合法权益，2012年国家出台的《行政强制法》规定，查封、扣押仅限于涉案的场所、设施或者财务。不得查封、扣押与违法行为无关的场所、设施和财务；不得查封、扣押公民个人及其所扶养家属的生活必需品。同时规定，当事人的场所、设施或者财物已被其他国家机关依法查封的，不得重复查封。新《环保法》非常明确地规定，对排污者只能查封、扣押造成污染物排放的设施、设备，其他均不可为。

什么是可以，什么是不可以，可以与不可以界定的标准是什么，尺度怎么把握，这是摆在各级环保部门面前的重要命题。笔者认为，在现实中可以不采取查封、扣押措施的，只有涉及居民生活类的排污企业设施设备，比如有集中供热功能的热电联产的电厂、污水处理厂、煤焦化的供气厂等，但对这类排

污企业，也要防止借涉及民生问题，因故而不治理污染，需要采取其他措施予以管制。除此之外，应该都可以采取查封、扣押措施，但也应该制定有关细则予以规范，便于基层执法人员具体操作。

还有一个值得注意的事项是，查封和扣押是两项行政强制措施，对于排污企业依法可以查封、扣押造成污染物排放的设施、设备。但在实际操作中，这两项措施中只有"查封"措施可用，"扣押"措施基本无法操作，对于搬不了、挪不动的大型污染设施、设备怎么"扣押"？

（四）要严格遵循采取查封、扣押行政强制措施的实施程序

依照《行政强制法》的规定，执法机关实施查封、扣押应当遵守下列规定：（1）实施前须向行政机关负责人报告并经批准；（2）由两名以上行政执法人员实施；（3）出示执法身份证件；（4）通知当事人到场；（5）当场告知当事人采取行政强制措施的理由、依据以及当事人依法享有的权利、救济途径；（6）听取当事人的申辩；（7）制作现场笔录；（8）现场笔录由当事人和行政执法人员签名或者盖章，当事人拒绝的，在笔录中予以注明；（9）当事人不到场的，邀请见证人到场，由见证人和行政执法人员在现场笔录上签名或者盖章；（10）法律、法规规定的其他程序。情况紧急，需要当场实施行政强制措施的，行政执法人员应当在24小时内向行政机关负责人报告，并补办批准手续。

行政机关决定实施查封、扣押，应当制作并当场交付查封、扣押决定书和清单。查封、扣押决定书应当载明下列事项：（1）当事人的姓名或者名称、地址；（2）查封、扣押的理由、依据和期限；（3）查封、扣押场所、设施或者财物的名称、数量等；（4）申请行政复议或者提起行政诉讼的途径和期限；（5）行政机关的名称、印章和日期。查封、扣押清单一式两份，由当事人和行政机关分别保存。

（五）实施查封、扣押应当注意的事项

一是关于查封、扣押的期限规定。依照《行政强制法》的规定，查封、扣押的期限不得超过30日；情况复杂的，经行政机关负责人批准，可以延长，但是延长期限不得超过30日。法律、行政法规另有规定的除外。延长查封、扣押的决定应当及时书面告知当事人，并说明理由。对物品需要进行检测、检验、检疫或者技术鉴定的，查封扣押的期间不包括检测、检验、检疫或者技术鉴定的期间。检测、检验、检疫或者技术鉴定的期间应当明确，并书面告知当事人。检测、检验、检疫或者技术鉴定的费用由行政机关承担。二是关于查封、扣押设备、设施的保管问题。一般来说，排放污染物的企业，其排污设施、设备都是比较大型的物件装备，不仅无法拆解，也无法移动，而且这些设施、设备与企业的生产工艺都紧密相连，有的是一个完整的系统，因此只适宜于现场查封，无法实施扣押措施。但环保部门实施了现场查封后，依照《行政强制法》的规定，对查封、扣押的场所、设施，行政机关应当妥善保管，不得使用或者损毁；造成损失的，应当承担赔偿责任。对查封的场所、设施，行政机关可以委托第三人保管，第三人不得损毁或者擅自转移、处置。因第三人的原因造成的损失，行政机关先行赔付后，有权向第三人追偿。因查封、扣押发生的保管费用由行政机关承担。照此规定，环保部门或者委托第三方还要在现场昼夜看守这些查封的设施、设备，这显然是不现实的，也是办不到的，环保部门也承担不了这项法律责任。因此，这也需要通过出台配套的适用细则来明确保管的责任，弥补制度设计的不足。鉴于排污设施、设备不可移动的特殊性，在制定的《适用细则》中明确规定，"已查封的排污设施设备由被查封的企业自行保管"。另外，如何体现查封后的设施、设备不再排污，这也是一个重要问题，可能需要比如供电部门、供水系统的配合，共同采取措施，才能达到真正查封的目的。三是关于解除查封、扣押的规定。行政强制措施具有临时性特点，行政机关采取查封、扣押措施后，应当及时查清事实，在法定期限内作出处理决定。有下列情形之一的，行政机关应当及时作出解除查封、扣押决定：（1）当事人没有违法行为；（2）查封、扣押的场所、设施或者财物与违法行为无关；（3）行政机关对违法行为已经作出处理决定，不再需要查封、扣押；（4）查封、扣押期限已经届满；（5）其他不再需要采取查封、扣押措施的情形。

新《环保法》赋予环保部门可以采取行政强制措施的权力,这对环保部门执法人员的专业素质、业务水平、执法程序、执法能力等方面提出了新的更高的要求。因此,环保部门必须加强环境执法培训,做到持证上岗,以适应新《环保法》的要求。

三、关于实施限制生产、停产整治、停业关闭的措施

目前,国家为加强环境管理,切实采取硬措施来解决环境污染、生态破坏对经济发展和人民群众的身体健康带来的危害,其监管力度呈现出逐步加大的态势。

新《环保法》第六十条规定,"企业事业单位和其他生产经营者超过污染物排放标准或者超过重点污染物排放总量控制指标排放污染物的,县级以上人民政府环境保护主管部门可以责令其采取限制生产、停产整治等措施;情节严重的,报经有批准权的人民政府批准,责令停业、关闭"。本条立法规定,赋予了环保部门有权责令排污企业采取限制生产、停产整治措施,但必须具备两个前提条件:一是超标排污;二是超总量排污。同时对情节严重的违法排污企业,还规定了更加严厉的处罚措施,可以责令其停业、关闭。由于这项措施决定着企业的生死存亡,因而采取这项措施必须慎之又慎,除了要满足超标排污或超总量排污的两个前置条件外,还要履行报请地方政府批准程序,批准后方可实施。与以前常用的"限期治理"手段相比,"限制生产"是更为严格的惩处措施,惩处效果更直接、更明显。所谓"限期治理",是给了排污企业一个治理污染的时间期限,并不影响企业继续生产,这项制度设计的用意是给企业一个缓冲治污的过程。换句话说,不停止生产,事实上就不停止排污。但在实际中,排污企业恰恰利用这个制度不但不治理,而且更肆意地排污,这就是当前企业对环保部门的"限期治理"不疼不痒的症结所在。所谓"限制生产",是对企业的生产规模或某一产生污染物排放的生产工段,采取限制继续生产的强制措施,迫使企业因限产而达标排放污染物或停止排放污染物,具有"达标排污"或"立即停污"的特性。

实践中,一些地方为了应付上级检查,便于交账,对于必须关停的高耗能、高排放、高污染的企业，往往是硬着头皮采取"限期治理"措施，限期的时间最大限度地延长，有的甚至巧设各种名目和理由，采取多次"限期治理"以达到继续排污的目的。"限期治理"制度成为一种摆设，"有期限不治理"的现象比比皆是，并在某种程度上，"限期治理"期间成为企业违法排污的"护身符"、"保护伞"，从而丧失了督促企业加快治理的应有本意和作用，此时"限期治理"制度已失灵。

通过对"限期治理"与"限制生产、停产整治或停业关闭"两项措施的对比分析，剖析"限期治理"制度在实际执行中存在的弊端，我们就更容易理解和把握《环保法》修订时，为什么要制定比"限期治理"更加严厉、更加健全完善的"限制生产、停产整治、停业关闭"的强制措施。另外，在责令限制生产、停产整治期间，企业也不能违法排污。如果有超标超总量的排污行为，同样要受到处罚，同样要采取"按日计罚"。只有这样才能从根本上解决"限期治理"有名无实的问题。

四、关于实施停止建设的措施

近年来，建设项目未批先建的现象屡禁不止，造成了宏观调控失效和产能过剩严重的现实，也造成了前面建后面治、突出环境问题越治越多的现实，还造成了环保部门和违规项目建设处于"打游击"、"拉锯战"的现实。现实中，这些项目未经环评审批，就已违法开工建设或建成投产，形成既定事实后，交罚款5至20万元了事，再补办环评手续。这种现象的背后，折射出现有的环评监管制度存在一定的弊端和漏洞。一是"环评"作为建设项目的前置条件失去了"闸门"、"过滤器"作用；二是以交罚款换取环评审批，对于投资大、回报高的企业犹如九牛一毛，制度弊端助长了企业尽情享受违法成本低的好处；三是"限期补办"的规定，给未批先建项目开了绿灯，敞开了大门，这种制度缺陷导致了未批先建项目"先上车后补票"成为习惯，使环评失去了事前预防的功能；四是建设项目未批先建，造成了项目选址和生产工艺既定的事实，导致企业投产就排污。这是典型的"领导项目"，且违规建设的后遗症非常突出。建设前因未履行环评审批，因而也谈不上公众参与程序，剥夺了社会公众的环境知情权、参与权、诉求权，从而引发了社会公众与排污企业的厂群矛盾，引发了社会公众与地方政府的干群矛盾。回顾近几年发生的几起因环境纠纷进而演变成社会群体事件，矛盾激化造成恶劣影响，都是这些原因和问题造成的。

为有效解决上述这些问题，新《环保法》第六十一条作出明确规定，"**建设单位未依法提交建设项目环境影响评价文件或者环境影响评价文件未经批准，擅自开工建设的，由负有环境保护监督管理职责的部门责令停止建设，处以罚款，并可以责令恢复原状**"。这一条是在此次修订时新增加的内容，这与现行《环评法》的第三十一条规定是不一致的。《环评法》第三十一条是这样规定的，建设单位未依法报批建设项目环境影响评价文件，擅自开工建设的，由有权审批该项目环境影响评价文件的环境保护行政主管部门责令停止建设，限期补办手续；逾期不补的，可以处5万元以上20万元以下的罚款；建设项目环境影响评价未经批准，建设单位擅自开工建设的，由有权审批该项目环境影响评价文件的环境保护行政主管部门责令停止建设，可以处5万元以上20万元以下的罚款。按照法律规定，单行法适用修订后的《环保法》。新《环保法》取消了"限期补办"的规定，堵住了未批先建项目通过"后补票"的方式使其合法化的漏洞。对未批先建项目直接规定了3种处罚形式，一是责令停止建设，二是处以罚款，三是责令恢复原状。

实施停止建设措施，也要区分具体情形，把握好尺度。对于一般的未批先建行为，审批环评的主管部门可以采取前两种处罚措施，即责令停止建设、处以罚款；对于情形恶劣，项目建设造成环境影响较大，损害行为严重的，除了对其责令停止建设、处以罚款外，还应当拆除已建成的工程项目，以清除对环境造成的影响，给社会公众一个交代，同时也会对未批先建这种顽疾起到震慑作用。

五、关于实施行政拘留措施

行政拘留是对违法公民在短时期内限制其人身自由的一种处罚措施，属于行政处罚的一种，是对尚未构成犯罪的一般违法行为给予的一种最为严厉的制裁。为坚决遏制因环境违法行为而导致环境污染加剧、环境问题频发的态势，国家制定了一系列加强监管的措施。对于一般的环境违法行为，由环保部门通过查封扣押、责令改正、按日计罚、限产停产、停业关闭等手段，来实现监管和制止的目的；但对于一些严重的环境违法行为，必须要对有关责任人员处以人身处罚，才能有效遏制屡禁不止的恶意排污行为，才能对一般处罚难以制止的行为起到震慑作用。因此，在修订《环保法》时增加了对环境违法行为实施行政拘留的规定，本条规定大大地提升了环境管控的效能。

新《环保法》第六十三条规定，"**企业事业单位和其他生产经营者有下列行为之一，尚不构成犯罪的，除依照有关法律法规规定予以处罚外，由县级以上人民政府环境保护主管部门或者其他有关部门将案件移送公安机关，对其直接负责的主管人员和其他直接责任人员，处十日以上十五日以下拘留；情节较轻的，处五日以上十日以下拘留：（一）建设项目未依法进行环境影响评价，被责令停止建设，拒不执行的；（二）违反法律规定，未取得排污许可证排放污染物，被责令停止排污，拒不执行的；（三）通过暗管、渗井、渗坑、灌注或者篡改、伪造监测数据，或者不正常运行防治污染设施等逃避监管的方式违法排放污染物的；（四）生产、使用国家明令禁止生产、使用的农药，被责令改正，拒不改正的**"。上述列出的4种环境违法行为情形，是执行行政拘留的适用条件，在新《环保法》中已作出严格限定。由于行政拘留是对公民人身自由的限制，按照法律规定，环保部门无权直接实施行政拘留，应当将案件移送公安机关，由公安机关执行行政拘留。环保部门的职责是收集环境违法行为的证据资料，据此办理环境违法案件移送的有关手续。应该说，行政拘留是赋予环保部门强化执法的一根"金箍棒"，专门击打那些难啃的硬骨头，应用好就会起到强大的震慑效果。但是任何事情都有两面性，环保部门如果在获取环境违法证据或执法程序等方面有误、有不妥当的事宜，有乱作为等行为，使用这根"金箍棒"不但不能起到执法作用，还会砸向自己，伤害自己，甚至还会承担相应的刑事责任。因此，环保部门在应用此项规定时，必须对适用条件、违法事实界定清楚。

要重点把握好实施行政拘留的适用条件：（1）对建设项目未依法进行环境影响评价，被责令停止建设，拒不执行的情形。如何把握该条实施行政拘留的适用条件？目前，在实际工作中，建设项目未依法进行环境影响评价的有两种情形，一种是未提交环境影响评价文件就开工建设的；另一种是环境影响评价文件虽已提交但尚未批准就开工建设的。对于这两种情形，环保部门均要责令停止建设，处以罚款。如果环保部门对这种违法行为不下达责令停止建设处罚决定，那就是环保部门的失职，也会受到有关部门的问责，有关人员也会受到行政处分或承担相应的责任。换句话说，做了就是尽职，没做就是失职；尽职免责，失职问责。但现实中由于对此种未批先建违法行为处罚最高上限为20万元，与违法获得利益相差甚远，所以建设单位常常是只交罚款，对责令停止建设的处罚决定置若罔闻，甚至还会加快既成事实的进程。有上述这种行为的，建设单位就被认定为拒不执行，且有主观恶意情形，具备了行政拘留的适用条件。在实际操作层面，环保部门首先要对建设单位下达责令停止建设的处罚决定，如果建设单位继续开工建设，就已构成拒不执行的前提要件，环保部门就可移送公安机关依法对责任人员实施拘留。（2）对违反法律规定，未取得排污许可证排放污染物，被责令停止排污，拒不执行的情形。如何把握该条实施行政拘留的适用条件？实施排污许可制度，就是要对企业的排污行为预先提出具体的明确要求，采取事前控制措施，以便达到减轻或者消除污染物大量排放对公众健康、财产和环境质量损害的目的。同时，实施排污许可制度，既是对排污单位遵守许可排污事项的约束，也为环保部门今后执法监管和社会公众监督提供了重要的法律依据。新《环保法》第四十五条规定，国家依照法律规定实行排污许可证管理制度。凡是排污单位或个人都必须事先向环保部门申领排污许可证，经核发排污许可证后，方可排污。未经许可排污的企业就属于违法行为，环保部门要责令停止排污。如果环保部门对这种行为不下达停止排污的处罚决定，那就是环保部门的失职，也会受到有关部门的问责，有关人员也会受到行政处分或承担相应的责任。企业不按照环保部门的要求停止排污，就具备了行政拘留的适用条件。在实际操作层面，环保部门首先要对排污单位下达责令停止排污的处罚决定,而排污单位继续排污的,就已构成拒不执行的前提要件,环保部门就可移送公安机关依法对责任人员实施拘留。(3)对通过暗管、渗井、渗坑、灌注或者篡改、伪造监测数据,或者不正常运行防治污染设施等逃避监管的方式违法排放污染物的情形。如何把握该条实施行政拘留的适用条件?当前,有些产生污染物排放的企业,为了节约开支、增加收入,经常不是通过自身努力来增加污染防治设施、提高工艺水平解决污染,而是想方设法通过逃避环保部门的监管或社会监督,来实现违法排污的目的。这不仅侵害了他人利益,还造成了很多突出的环境问题,形成了新的社会矛盾。为了严厉打击这种伤天害理的违法行为,新《环保法》就企业通过逃避监管达到违法排污的行为,专门规定了实施行政拘留的3种处罚适用条件。一是通过暗管、渗井、渗坑、灌注等方式逃避监管违法排污的。这种排放方式对于排污者来说,既减少治污设施的投入,达到省钱的目的,又逃避了监管,达到省事的目的。把污染物直接排入地下,造成隐性的环境污染,其恢复治理难度更大,治理成本会更高,损人利己的行为更加隐蔽、更加恶劣,相比一般的超标排污行为是更为严重的违法行为,因此必须坚决打击。上述这些行为,已具备了行政拘留的适用条件。二是通过篡改、伪造监测数据逃避监管违法排污的。这种现象在一些企业时有发生,比如,有些企业在购置在线监测监控设备、污染源的"数采仪"时,就要求提供设备的厂家为其伪造达标排放数据,有的故意遮盖监测设备,有的伪造污染源排放假现场,以此来达到达标排放的假象等。这种通过伪造、篡改假数据,逃避环保部门的监管,使违法排污变成合法排污,形成了主观恶意排污的行为,具备了行政拘留的适用条件。三是通过不正常运行污染防治设施违法排污的。这种情况在现实中极为普遍,因为污染防治设施正常运转时,会产生一定的费用。企业为减少开支、节约成本,常常将污染防治设施能不运转就不运转,能少运转则少运转;有的将污染防治设施白天运转、晚上关停;有的半开半停、时开时停;有的在环保部门检查时将设施开启运转,检查人员一离场就关停;等等。这种通过使污染防治设施不正常运转,来节约企业开支,大量排放污染物,以牺牲环境和损害他人利益为代价,来换取私利、牟取暴利的行为，是一种不正当竞争的行为，更是一种只顾自己不顾他人的主观恶意损害行为，已具备了行政拘留的适用条件。当然，排污设施、设备也有出故障的时候，企业需要组织力量抢修，尽可能减少排污量，同时按规定将污染物排入事故池内，还要在第一时间向属地环保部门报告情况。在实际操作层面，环保部门执法人员在对企业进行现场检查时，如果发现上述任何一种情形，就要立即采取现场取证，形成数据、影像、笔录等多方面的违法排污的证据资料，以此为凭，环保部门就可移送公安机关依法对责任人员实施拘留。（4）对生产、使用国家明令禁止生产、使用的农药，被责令改正，拒不改正的情形。如何把握该条实施行政拘留的适用条件？什么是农药？农药是一种生物活性物质，对环境中生物群落的组成和变化起到一定的冲击作用。同时，农药又是一种化学活性物质，能够同环境中的某些物质或物体发生相互作用或在特定环境中扩散分布，最终对生物产生影响。农药对农业生产发展有哪些影响？农药是农业生产中不可缺少的生产资料，是防治植物病虫草害的重要手段，特别是对促进粮食增收、增强农业效益、提高农民收入具有不可磨灭的贡献。自农药生产及应用以来就给人类带来了巨大的财富，但同时也给人类生存环境带来了深重的灾难。

1962年，美国女作家蕾切尔·卡逊的《静寂的春天》一书的出版如春雷般惊醒了沉睡中的人们，第一次向世人敲响了生态破坏带来严重后果的警钟，揭开了"生态学时代的序幕"。该书在美国问世后，引起很大的争议。书中关于农药危害人类环境的预言，不仅受到与之利害攸关的生产商和经济部门的猛烈抨击，而且也给美国民众带来强烈的震撼。这本书起源于1958年，作者收到一封来自马萨诸塞州的朋友奥尔加·哈金丝的信，他在信中诉说他家后院所饲喂的野鸟都死了，再也听不到鸟儿的歌唱。缘由是1957年飞机在那儿喷过杀虫剂。当时卡逊正在考虑写一本人类与生态的书，于是她开始收集杀虫剂危害环境的证据，并渐渐感到问题的严重性。这时有位朋友告诫她写这本书会得罪许多方面。果然，当书出版后，一批有工业后台的专家首先在《纽约人》杂志上发难，指责她是歇斯底里病人与极端分子，《时代周刊》也指责她使用煽情的文字制造事端，财大气粗的生产农药的化学工业集团也出来声讨她，使用农药的农业部门也反对她，甚至连以捍卫人民健康为主旨的美国医学学会也站在化学工业的一边一起指责她。一位政府官员说："她是一个老处女，干吗要担忧那些遗传学的事。"在这场指责战中，蕾切尔·卡逊受尽责难，但恰恰唤醒了广大民众。迫于民众的压力，美国总统肯尼迪责成一个特别委员会开始调查，国会召开听证会，美国第一个民间环保组织由此诞生，美国环境保护局也在此背景下成立。最后，政府和民众都卷入了这场运动。当《静寂的春天》销售量超过50万册时，CBS为它制作了一个长达一小时的节目，之后经调查证实了农药对环境的危害。随之美国各州通过立法限制生产、使用杀虫剂，曾获诺贝尔奖奖金的滴滴涕和其他几种剧毒杀虫剂，终于从生产、使用名单中被彻底删除。美国前副总统阿尔·戈尔给《静寂的春天》写前言时这样说，作为一名被选出来的政府官员，给《静寂的春天》作序有一种自卑感，因为它是一座丰碑，它为思想家的力量比政治家的力量更强大提供了无可辩驳的证据。因为她的著作，人类，至少是数不清的人保住了生命。

有学者说，《静寂的春天》就像黑暗中的一声呐喊，从反对农药污染开始，播下了新行动主义的种子，唤醒了美国公众保护环境的强烈意识。如果没有这本书，环境运动也许会被延误很长时间，或者现在还没有开始。蕾切尔·卡逊被称为"现代环境保护运动之母"。而在52年前的那个时代，我们国家还沉静在向大自然宣战、人定胜天、征服自然的奋战中，去哪儿找环境保护？保护环境又该从哪儿做起？

我国是一个农业大国，农药的使用对我国农业发展有着重要的影响。但近年来沉痛的教训告诫我们，大量的农药已流失到环境中，造成了严重的环境污染，其后果令国人担忧。据有关资料表明，农药危害环境主要表现在以下几方面：

一是大量使用农药不仅污染大气、水环境，还会造成土壤板结。流失到环境中的农药通过蒸发、蒸腾，飘到大气之中，飘动的农药又被空气中的尘埃吸附住，并随风扩散，造成大气环境的污染。通过降雨，大气中的农药又流入水里，从而造成水环境的污染，对人、畜，特别是水生生物（如鱼、虾）造成危害。同时，流失到土壤中的农药，也会造成土壤板结。

二是农药的大量使用将增强病菌、害虫对农药的抗药性。长时间使用同一种农药，最终会增强病菌、害虫的抗药性。以后对同种病菌、害虫的防治必须不断加大农药的用药量，从而形成了恶性循环。

三是大量使用农药会杀伤有益生物。绝大多数农药是无选择地杀伤各种生物的，其中包括对人们有益的生物，如青蛙、蜜蜂、鸟类和蚯蚓等。这些益虫、益鸟的减少或灭绝，实际上减少了害虫的天敌，会导致害虫数量的增加。生物物种的失衡和断裂，不仅影响农业生产，也打破了生态系统自然平衡的规律。

四是大量使用农药会导致野生生物和畜禽中毒。野生生物及畜禽吃了带有农药的食物，会造成急性或慢性中毒，影响生物的生殖能力。许多野生生物的灭绝与农药的污染有直接的关系。

五是大量使用农药对人体健康构成严重的危害。目前，人工合成的化学农药约500多种，这些农药的广泛使用，不仅造成环境的污染，同时对人体健康造成危害。农药主要通过污染食品、饮用水和空气，对人体造成急性中毒、慢性中毒，形成对神经系统的损害，严重的将会使人体致畸、致癌、致突变。这就是许多专家一致呼吁全社会高度重视农药"三致性"问题的原因。农药除了对人体的上述危害之外，还对人类的生殖机能产生影响，如胚胎发育障碍，子代发育不良或死亡等。

为解决农药对环境的污染和人体健康的威胁，国家从立法和司法的层面，加大了惩处力度。在新《环保法》和"两高司法《解释》"中都对此作出明确的规定，严禁生产、使用国家明令禁止的农药，违者将受到重处。在实际操作层面，环保部门首先要对生产、使用国家禁止生产、使用农药的单位，下达责令改正处罚的决定。而生产、使用单位没有停止、没有改正的，就已构成拒不执行的前提要件，环保部门就可移送公安机关依法对责任人员实施拘留。

回味《静寂的春天》，这场杀虫剂之争，虽已过去半个世纪，但却给了我们很深刻的启示。伴随杀虫剂之战的结束，美国的剧毒农药被禁产、禁用，倒逼美国低毒、高效、科技含量高的新农药不断推陈出新。美国的化工集团并未因此而倒闭，农业也未被虫害吃光，反而促使美国的化工和农业出现了更高水平的发展。50年前，美国遭遇的困惑与我们目前面临的经济发展与环境保护这对矛盾的困惑同出一辙，为什么美国能从困惑中觉醒、觉醒中奋起？难道我们就不能从经济增长的恶性循环中跳出来吗？其实《静寂的春天》就是一个典型的范例，它告诉我们选择什么样的发展，关键在于确立发展的指导思想正确与否，关键在于选择发展的路径正确与否。今天我们国家以壮士断腕的决心"向污染宣战"，就是要下决心促进经济增长由恶性循环向良性循环转变，通过优化经济增长方式，基本形成节约能源和保护生态环境的产业结构、增长方式、消费模式，以最小的资源消耗及环境代价，获得最大的经济效益和生态效益，促进经济社会可持续发展，实现中华民族永续发展。

第六节 严格执行"按日计罚"制度

"按日计罚"是一种行政监管手段的表现形式。该条立法规定，意在用高额的经济处罚手段，解决一些排污企业长期因违法成本低而屡罚屡犯、拒不改正的突出问题。长期以来，由于对环境违法行为处罚过轻，导致花钱买排污的行为屡禁不止，环境问题日趋严重。比如，位于渤海的康菲石油中国有限公司合作开发的蓬莱19-3油田于2011年6月初发生的溢油事故。根据《海洋环境保护法》，漏油最高罚20万元。据媒体披露，20万元的罚款仅为中海油年利润的二十七万分之一。这样的处罚就像挠痒痒，在一定程度上不是处罚，而是鼓励企业减少治理污染的投入，"责罚不对等"造成了污染排放失控。《环保法》立法规定"按日计罚"，就是"向污染宣战"的一项重要手段。

一、"按日计罚"制度的形成

"按日计罚"制度起源于发达国家，制定该制度就是为了阻止环境施害者肆意排污。换句话说，从发现排放污染开始，到停止排污为止，每一天都要被罚款。污染物排放时间越长，罚款数额越多越大，这样可以起到震慑排污者的作用。据有关资料介绍，在许多国家的环境法律中都规定了"按日计罚"制度。比如，美国的《清洁空气法》规定，美国环保局可以对每一天的违法行为，处以最高25000美元罚款，处罚时效不超过12个月，总罚款额不超过200000美元。美国的《清洁水法》规定，如果某个环境违法行为处于持续状态，就实行"按日计罚"，每天不超过37500美元。美国的《有毒物质控制法》规定，联邦环保局可以对一次违法行为实施27500美元的罚款，每日可以视为一个单独的违法行为；对于刑事违法行为实施每日27500美元的罚款，另外可以处1年以下监禁，或两者并罚。加拿大的《水法》规定，对"每个"违法行为处5000加元以下罚款；对"持续性违法行为"可以每天处5000加元以下罚款。英国的《清洁空气法》规定，对持续性违法行为实施累积计罚。印度的《大气污染防治法》规定，在超标排污或者在大气污染控制区域建设禁止建设的项目，在给予短期拘留以及10000比索以下罚款后，仍然不能制止的，从违法行为确定之日起，每天另处5000比索罚款。巴基斯坦的《环保法》规定，违反有关环境影响评价、禁止排放特定污染物、禁止进口危险废物等规定的，处以100万卢比以下罚款；违法行为继续的，另外处以每天10万卢比以下罚款。违反有关危险物质处置、机动车管制或者许可证条件规定的，处以10万卢比以下罚款；违法行为继续的，另外处以每天1000卢比以下罚款。菲律宾的《清洁水法》规定，违反本法行为的，处每天10000比索以上20000比索以下罚款。同时，这一罚款幅度必须每2年提高10%，以减轻通货膨胀带来的影响，确保罚款具有有效的制裁性。菲律宾的《清洁空气法》规定，固定空气污染源超标排污的，每天处10万比索以下罚款，直到达标排放。同时，罚款幅度必须保证每3年提高10%。新加坡的《环境污染控制法》规定，对环境违法行为实施连续处罚。对违法排放污水的，在处以罚款和拘留的同时，在违法行为持续期间，每天处以1000元以下罚款；再次违法的，在处以罚款和拘留的同时，在违法行为持续期间，每天另处2000元以下罚款；向河流排放有毒有害物质的，在处以罚款和拘留的同时，在违法行为持续期间，每天另处2000元以下罚款。

近年来，我国一些地区为治理污染也开始了"按日计罚"的实践和探索,为全国推行此项制度积累了一定的经验。比如,重庆市于2007年9月施行的《环境保护条例》规定:违法排污拒不改正的,环保部门可按罚款额度按日累加处罚。"按日计罚"制度在重庆实施7年来,企业环境违法行为得到了一定的遏制,环境违法案件数量逐年在减少。据重庆市环保局有关资料表明,2007年全市共发生环境违法案件843件;2008年全市共发生725件,比上年下降了14%;2009年全市共发生646件,比上年下降了11%;2010年全市共发生546件,比上年下降了15%;2011年全市共发生406件,比上年下降了26%。深圳市,2009年修订的《深圳经济特区环境保护条例》规定,"对五类违法行为可以实施按日计罚:违反排污许可证管理规定排放污染物拒不改正的;超标或者超总量排污逾期不改正的;违反环评制度的;违反试生产制度的;违反'三同时'制度的。'按日计罚'额度为每日一万元,计罚期间自环保部门作出责令停止违法行为决定之日或者责令限期改正期限届满之日起至环保部门查验之日止。"这一条例实施后,与2009年相比,深圳市2010年企业环境违法后及时整改率提高了30%,重复违法案件数降低了45%,环境违法案件总数降低了12%。上述实践证明,对环境违法行为实施"按日计罚",是惩罚环境违法行为、提高违法成本的一项有效手段,也是创造公平的市场竞争环境、维护守法信心的重要法律制度。

二、充分认识"按日计罚"制度的作用

1. 预防环境违法行为,降低环境监督成本。"按日计罚"可以让企业形成违法"零收益"的预期,从而达到预防违法的效果。与按实际损失进行处罚的方式相比,"按日计罚"能在环境与公众健康遭到实质性的破坏之前,遏制住违法行为,从而能够最大限度地保护环境和公众健康。处罚力度的提升和处罚手段预防功能的发挥,可以大大降低环境执法监督的公共支出和环境执法人员的工作压力。

2. "按日计罚"将促进环境守法意识的形成。"按日计罚"的目的在于消除违法带来的非法收益,建立起正确的激励导向,因此,有利于促进全社会守法氛围的形成,逐步在全社会建立起学习、遵守环境法律法规的守法意识。

3. 维护法律尊严，彰显法律的公平与正义。赏与罚是对立而又统一的，对违法行为的罚，就是对守法行为的赏，对违法行为的不罚就是对守法行为的罚。新《环保法》的罚事实上具有两层激励效应。对违法行为的不罚和轻罚都是对守法行为的不公平，有损正义。"按日处罚"就是要追求赏罚平衡，以维护和追求法律的公平与正义。

4. 维护公平的市场竞争秩序。"按日计罚"可以追回违法行为因为违法而逃避的成本，让市场竞争主体公平地承担环境污染成本，从而可以在保证环境标准得到遵守的前提下创造公平的市场竞争环境。

许多国家和地区的实践表明，"按日计罚"对于遏制具有明显持续性特征的环境违法行为来说是一剂良药，功效明显。

三、正确应用"按日计罚"的施行模式

综合有关国家的实践来看，"按日计罚"大致有两种模式，一种是秩序罚性质的"按日计罚"，另一种是执行罚性质的"按日计罚"。秩序罚性质的"按日计罚"是对违反环境法律规定的违法行为直接从其发生之日至改正之日进行按日连续处罚；执行罚性质的"按日计罚"是对违法行为先进行一次处罚，并责令限期改正，逾期拒不改正的再实施按日连续处罚直至改正完成。我国修订后的《环保法》第五十九条规定，"企业事业单位和其他生产经营者违法排放污染物，受到罚款处罚，被责令改正，拒不改正的，依法作出处罚决定的行政机关可以自责令改正之日的次日起，按照原处罚数额按日连续处罚。前款规定的罚款处罚，依照有关法律法规按照防治污染设施的运行成本、违法行为造成的直接损失或者违法所得等因素确定的规定执行。地方性法规可以根据环境保护的实际需要，增加第一款规定的按日连续处罚的违法行为的种类"。依照本条规定内容，我国"按日计罚"是属于执行罚性质的，是对拒不改正者按照原处罚数额按日连续处罚。因为执行罚的"按日计罚"是对不履行行政处罚决定作出的，表明其违法行为还在继续，不存在再次认定违法证据。这对于环保执法来说，减少了环境监测等很多程序，减少了执法成本，进而提高了环境执法效能。通过及时开出的"按日计罚"罚单，随着罚款数额的不断增加，

让企业感受到巨大的罚金压力和负担，逼迫企业尽早停止违法排污行为。

这项"按日计罚"的法律制度，它的立法本意就是要应用经济手段，解决长期以来由于过去环境违法时行政处罚较轻，从而导致企业宁可选择违法，承担相对较轻的法律责任，也不愿意遵守法律，承担相对较高的污染治理成本。这从根本上可以有效解决行政处罚与污染治理成本比例失衡的问题，可以有效解决长期存在的"守法成本高、违法成本低"的困扰。只要遏制住"违法成本低"这个怪象，企业就会大大增强主动治污的自觉性。这就是为什么说"按日计罚"也是个重要的经济手段的原因。

四、把握好"按日计罚"的适用情形

新《环保法》对"按日计罚"作出严格的规定，并授权地方性法规根据环境保护的实际需要，增加按日连续处罚的违法行为种类。环保执法人员在应用此项制度时，要重点把握好适用情形，准确理解法律内涵，做到依法行政。

1. 要认定企业的违法排污行为。比如：超标超总量排污，未批先建排污，未取得排污许可证排污，通过暗管、渗井等逃避监管方式排污等。

2. 对违法排污行为先处罚后责令改正。确定先处罚数额的依据，主要是按照环保有关专项法规定的违法行为的直接损失、违法所得、排污量等因素来确定的。逾期拒不改正，是指违法行为人在规定期限内未停止和纠正违法行为，违法行为仍然持续。对此从次日起方可施行"按日计罚"，而不可直接进行"按日计罚"。

3. 规定责令改正的期限不宜过长，否则就消减了制度的威慑力。责令限期改正在新《环保法》中没有明确的时间规定，这一期限由行政执法机关根据具体情况来自行决定。

4. 对在责令改正期限内改正违法排污行为的，就不适用"按日计罚"的规定。

当"按日计罚"结束后，如现场再次检查或通过在线监控，发现违法排污行为又死灰复燃的，将对其按日连续处罚，受到的罚款数额将无限递增，即为上不封顶。

另外，该条款的最后一项主要是为满足地方环境管理的需要，为地方环保立法留有空间。本法赋予地方性法规行政处罚设定权，为"按日计罚"的适用情形开了个口子。地方法规可根据需要，除了违法排污外对其他违法行为，可增设"按日计罚"的种类。比如，《深圳经济特区环境保护条例》规定，对未批先建、擅自开工建设或投入生产、经营使用的项目业主，也可以进行"按日计罚"。2014年11月，河北省规定，企业不公开环境信息，可"按日处罚"。

就目前我国经济发展的方式和资源能源结构来看，笔者认为在加强法律惩处和强化行政监管的同时，我们更应该在推行环境经济政策措施上多做文章，多下功夫，用足用好环境经济政策的调节功能，压缩污染企业生存空间，降低工业经济发展对有限的自然资源过度的消耗和索取，减少环境污染和生态破坏，逐步提高资源环境对经济社会发展的承载力，培育和扶持新的经济增长点，激励新技术新产业又好又快的发展，增加就业，提高财政收入，才能更好地实现经济发展与环境保护双赢。

第七节 实行严格的生态保护红线制度

生态保护红线是指在自然生态服务功能、环境质量安全、自然资源利用等方面，需要实行严格保护的空间边界与管理限值，以维护国家和区域生态安全及经济社会可持续发展，保障人民群众健康，划定的需实施特殊保护的区域。2014年，环保部出台了《国家生态保护红线——生态功能基线划定技术指南（试行）》（以下简称《指南》）。它是我国首个生态保护红线划定的纲领性技术指导文件。《指南》规定，我国要完成"国家生态保护红线"划定工作。将内蒙古、江西、湖北、广西等地列为生态红线划定试点。"生态保护红线"是继"18亿亩耕地红线"后，另一条被提到国家层面的"生命线"，也是我们国家生态环境安全的底线。

一、为什么国家要划定生态保护红线区域

生态功能是指生态系统与生态过程中所形成的维持人类赖以生存的自然

环境条件与效用，包括水源涵养、水土保持、调节气候、净化空气和水体、调蓄洪水、防风固沙、维持生物多样性、培育土壤等功能。

近年来，随着工业化和城镇化的快速发展，特别是资源开发的力度不断加大，使生态平衡遭到破坏，导致生态系统退化依然严重，生态系统的结构和功能严重失调，生态环境问题日益突出，且越来越复杂。这主要表现为，由于不合理地开发利用自然资源、盲目开垦荒地、滥伐森林、过度放牧、乱采滥挖等引起水土流失，草场退化，土壤沙化、盐碱化、沼泽化，湿地遭到破坏，森林、湖泊面积急剧减少，矿产资源遭到破坏，野生动植物和水生生物资源日益枯竭，生物多样性减少，旱涝灾害频繁等。如果不抓紧解决这些问题，我国生态环境安全的红灯就要亮了，资源环境承载力不能满足经济社会持续发展的需要，建设美丽中国将更加艰难。

尽管这几年我国加大了生态环境保护与环境治理的力度，也采取了建立各类生态保护区、重点生态功能区、生态脆弱区保护规划等措施，开展了生物多样性保护行动计划，但生态系统退化的严峻形势尚未得到根本扭转，生态环境问题引发的经济发展不可持续、社会矛盾日益凸显的态势愈演愈烈。

为尽快从根本上扭转这种局面，党中央、国务院高瞻远瞩，审时度势，制定了一系列加强生态环境保护的政策措施。一是2011年出台的《国务院关于加强环境保护重点工作的意见》明确要求，在重要生态功能区、陆地和海洋生态环境敏感区、脆弱区等区域划定生态红线。二是《国家环境保护"十二五"规划》规定，依据全国主体功能区规划，编制国家环境功能区划，在重点生态功能区、生态环境脆弱区、敏感区划定生态红线。三是党的十八大报告着重指出，要大力推进生态文明建设，优化国土空间开发格局，要加快实施主体功能区战略，构建科学合理的城市化格局、农业发展格局、生态安全格局，给子孙后代留下天蓝、地绿、水净的美好家园。四是2013年5月24日，习近平总书记在中共中央政治局第六次集体学习时强调，要划定并严守生态红线，构建科学合理的城镇化推进格局、农业发展格局、生态安全格局，保障国家和区域生态安全，提高生态服务功能，要牢固树立生态红线的观念。五是十八届三中全会

《中共中央关于全面深化改革若干重大问题的决定》中明确指出,建设生态文明,必须建立系统完整的生态文明制度体系,用制度保护生态环境。健全自然资源资产产权制度和用途管制制度,划定生态保护红线,实行资源有偿使用制度和生态补偿制度,改革生态环境保护管理体制。

划定生态保护红线是维护国家生态安全的需要。只有划定生态保护红线,按照生态系统完整性原则和主体功能区定位,优化国土空间开发格局,理顺保护与发展的关系,改善和提高生态系统服务功能,才能构建结构完整、功能稳定的生态安全格局,从而维护国家生态安全。

划定生态保护红线是不断改善环境质量的关键举措。当前我国环境污染严重,以细颗粒物($PM_{2.5}$)为特征的区域性复合型大气污染日益突出。划定并严守生态保护红线,将环境污染控制、环境质量改善和环境风险防范有机衔接起来,才能确保环境质量不降级并逐步得到改善,从源头上扭转生态环境恶化的趋势,建设天蓝、地绿、水净的美好家园。

划定生态保护红线有助于增强经济社会可持续发展能力。划定生态保护红线,可以引导人口分布、经济布局与资源环境承载能力相适应,可以促进各类资源集约节约利用,对于增强我国经济社会可持续发展的生态支持能力具有极为重要的意义。

划定生态保护红线,建立有利于生态保护红线管控的各项制度,是党中央、国务院站在对历史和人民负责的高度,对生态环境保护提出新的更高的要求,是落实"在发展中保护、在保护中发展"战略方针的重要举措,是强化区域生态环境监管的有效手段,是保障国家和区域生态安全、遏制生态系统恶化、降低资源消耗的重要抓手。这对维护国家和地区国土生态安全,促进经济社会可持续发展,推进生态文明建设具有十分重要的现实意义。

二、怎么划定生态保护红线区域的范围

红线是底线,红线也是高压线。红线是紧箍咒,红线也是雷区。划定红线、守住底线,是我们守望家园的现实需求,也是人类繁衍生息、文明进步的标志。有专家认为,生态保护红线的内涵应界定为3个方面:一是国家和区

域生态安全的底线；二是人居环境与经济社会发展的基本生态保障线；三是重要物种资源与生态系统生存与发展的最小面积。由于党中央、国务院高度重视生态环境保护红线的划定，在《环保法》修订时增加了生态保护红线的规定。这是从保护生态安全的视角予以立法的，这项制度的确定，为今后制定实施措施、完善行政规章提供了法律依据，为推进生态环境保护管理体制改革提供了法律保障。新《环保法》第二十九条第一款规定，"**国家在重点生态功能区、生态环境敏感区和脆弱区等区域划定生态保护红线，实行严格保护**"。本条立法规定包含两层意思，一是划定，二是保护。实行严格保护，实际上是向地方政府、企业或个人的无序开发、过度开发亮剑。

所谓对重点生态功能区的生态红线划定，首先要弄清楚什么是重点生态功能区。它是指水源涵养区、土壤保持区、防风固沙区、生物多样性保护区、洪水调蓄区等5类国家或区域生态安全的地域空间。目前，在《全国生态功能区划》中明确了25个国家重点生态功能区。通过对生态系统服务重要性进行等级划分，并明确其空间分布，将重要性等级高、人为干扰少的核心区域划定为重点生态功能区保护红线。这是一条经济社会的生态保护安全线，是国家生态安全的底线。它能够从根本上解决经济发展过程中资源开发与生态保护之间的矛盾。

所谓对生态敏感区的生态红线划定，也要弄清楚何为生态环境敏感区。它是指对外界干扰和环境保护反应敏感，易于发生生态退化的区域，包括土壤侵蚀敏感区、沙漠化敏感区、盐渍化敏感区、石漠化敏感区和冻融侵蚀敏感区等。在全国生态功能区划中，应将敏感性等级高、易受人为扰动的区域划定为生态保护红线。

所谓对生态脆弱区的生态红线划定，也要明白何为生态环境脆弱区。生态环境脆弱区通常也称生态交错区，是指两种不同类型生态系统交界过渡区域，是生态环境变化明显的区域。在《全国生态脆弱区保护规划纲要》中，将在生态脆弱区范围内划定生态保护红线。

三、地方政府如何落实生态红线的保护职责

国家在重点生态功能区、生态环境敏感区和脆弱区划定生态环境保护红

线后，是否能达到严格保护的目的，是否能实现有效保护的效果，关键在于地方政府，难点在于严格执法。如何落实好各级地方政府的"底线思维"和应有的保护职责，如何按照生态红线确定的原则实行分级管理、分类保护，如何本着"保护中发展"的理念制定严格的实施方案，是各级地方政府必须认真研究并赋予全面贯彻执行的重大职责。因此，生态红线一旦划定，必须进行严格保护与监管，维持其性质不变、功能不降、面积不减的属性特征。严守生态红线，必须要划定一定数量的区域面积，明确其空间边界，制定最为严格的管控措施，实施长期保护。

与此同时，严守生态红线，一定要加大对触动红线行为的处罚力度。前不久有资料介绍，黄献中委员随全国人大代表团出访欧洲，有两个地方给他留下了深刻印象：一是罗马市政大厅周围的历史遗迹，虽然都是废墟，但管理和保护得非常好。那一片一片的遗迹和废墟，是对历史的回顾、思考，也是对后人的教育。二是比利时的废弃电器回收处理工厂。一块12.5公斤的金砖，就是从5万个废弃的手机中提炼出来的。那么大的现代化工厂，空气中没有一丝烟尘，地下没有一处污水，周围是密密麻麻的居民区，对群众生活没有丝毫影响。黄献中委员还深有感触地说，和发达国家相比，我们在环保方面差距太大了。我们国家确实应该把法律制定得更健全、针对性更强一些。圆明园是专门作为历史遗迹开放和管理的，但是管理水平还不如罗马大街上的历史遗迹。我们要把城市发展、建设过程中的环境标准作为不能逾越的生态红线，严格守住。这是对子孙后代负责的重要表现。触动了红线怎么办？要严格地处罚，处罚过轻，对于项目单位来说是"九牛一毛"。既然讲红线，就坚决不能越过。一旦过了，就要罚得让他一辈子记住，不敢再去踩。黄献中委员的一席话道破了制度设计上的缺陷和管理上的缺失，值得我们深思。

目前，全国各地正在进行生态保护红线划定，划定之后，怎么保护，怎么监管，怎么处罚，急需出台具体的实施办法予以规范和保障。有些地方在生态红线划定方面已做了先行实践，但各地的做法也不尽相同，特别是在加大监管和加大行政处罚等方面，确需进一步探索和实践。尤其是生态保护红线划定后，国家的生态补偿、地区间的生态补偿要与红线保护同步实施，而且，补偿得越多，保护才越有力度，效果才更为明显。

另外，对具有代表性的自然生态系统的特定区域，应从维护生态系统平衡的视角，予以立法保障，并且进一步明确政府应肩负的责任与义务。新《环保法》第二十九条第二款规定，"**各级人民政府对具有代表性的各种类型的自然生态系统区域，珍稀、濒危的野生动植物自然分布区域，重要的水源涵养区域，具有重大科学文化价值的地质构造、著名溶洞和化石分布区、冰川、火山、温泉等自然遗迹，以及人文遗迹、古树名木，应当采取措施予以保护，严禁破坏**"。此条规定，要求各级政府对这些特定的区域，要立足实际，实施科学的工程措施并加以保护，制定严格的行政处罚措施，强化执法监管，严禁破坏。

四、怎样采取严格措施保护生物多样性

生物多样性是生物及其与环境形成的生态复合体以及与此相关的各种生态过程的总和，包括数以百万计的动物、植物、微生物和他们所拥有的基因以及他们与其生存环境形成的复杂的生态系统，是生命系统的基本特征。生物多样性是人类社会赖以生存和发展的基础，保护生物多样性才能保证生物资源的永续利用。

我国是地球上生物多样性较为丰富的国家之一，具有十分独特的地位。1992年底，我国加入了联合国的《生物多样性公约》，2005年，我国又核准加入了《卡塔赫纳生物安全议定书》，2010年，国务院通过了《中国生物多样性保护战略与行动计划（2011—2030）》，进一步明确了生物多样性保护战略，确定了生物多样性保护优先区域，列举了生物多样性保护优先领域与行动。为遏制在开发利用自然资源中，对生物多样性造成严重破坏，国家将行政法规上升到法律规定，加大了依法保障的力度。新《环保法》第三十条规定，"**开发利用自然资源，应当合理开发，保护生物多样性，保障生态安全，依法制定有关生态保护和恢复治理方案并予以实施。引进外来物种以及研究、开发和利用生物技术，应当采取措施，防止对生物多样性的破坏**"。

作为生物多样性保护的主管部门，实施主体是各级环保部门，应对社会公众加大生物多样性保护的宣传教育，要让广大老百姓更多地了解生物多样性的一些科普知识，了解生物多样性对人类社会生存发展的功能和作用。通过宣传科普，自觉增强社会公众热爱环境、保护资源的公德意识，激励亿万人民珍爱生物、与大自然和谐共融的自觉行动。前不久，有份资料介绍某省环保厅厅长在处理经济发展与生物保护之间的关系时，秉持的一种观念，使笔者深受感悟。他说，为什么要保护生物多样性？为什么修一条铁路产生的扰动会影响到大熊猫就必须调整方案？大家只要想通了一个问题，就明白了其中的道理。一个物种的进化需要上亿年，而修一条铁路只需要三五年，三五年的成果与上亿年的杰作相比，哪个重要？哪个更宝贵？用三五年的时间去破坏上亿年的宝贵财富，值不值？对不对？

简单的对比，衍生出简单的道理，而简单的道理却往往被人忽视。当发展与保护二者相遇时，为什么一些人在简单的道理面前却丧失了应有的理智？为什么有些地方政府面对最简单的道理却又往往作出失衡的选择？恐怕唯一的理由，就是"一切为了发展"。那这样的发展，又是为了谁？谁让你这样发展？很值得国人深思！地方政府为什么这样做也很值得寻味！目前，对外来物种引进的管控以及生物技术的研究、开发和利用等方面，有关的主管部门从不同方面制定了一些行政规章，目的是要加强我国的生物多样性保护。但从近几年因生物安全引发的一些争议来看，加强预防和控制是十分必要的，也是当务之急。《环保法》作为一部基础性、综合性法律来讲，在修订时就维护生物多样性安全专条作出立法规定，防止通过引进外来物种和转基因技术等行为，可能产生的生态安全问题，避免国家的生物多样性遭受破坏。

第三章 关于强化环境经济政策调节措施（第三拳）

"法制惩处"和"行政监管"，这两拳最大的特点是直接打击排污者的行为，只是因情形不同而采取的力度和打击程度有所不同。而"环境经济政策"与前两拳相比，其作用则主要体现在通过"调节"排污者的利益，刺激排污者改变排污行为，更多的是运用经济手段，倒逼企业减少污染物的排放量，发挥市场配置资源的功能来调整社会利益，促进环境权利的社会公平。

环境经济政策，是按照市场经济规律的属性和要求，运用税收、价格、财政、信贷、收费、保险等经济手段，调节或影响市场主体的行为，以实现经济建设与环境保护协调发展的政策手段。它以内化环境成本为原则，对各类市场主体进行基于环境资源利益的调整，从而建立保护和可持续利用资源环境的激励和约束机制。与传统行政手段的"外部约束"相比，环境经济政策是一种"内在约束"力量，具有促进环保技术创新、增强市场竞争力、降低环境治理成本与行政监控成本等优点。

世界各国总结出来的环境经济政策主要基于两类理论：一是基于新制度经济学观点的主要包括明晰产权、可交易的许可证等，又称为建立市场型政策（即所谓的"科斯手段"）；二是基于福利经济学观点的通过现有的市场来实施环境管理，具体手段有征收各种环境税费、取消对环境有害的补贴等，又称为调节市场型政策（即所谓的"庇古手段"）。从国际发展趋势和实践来看，积极运用环境经济政策是推动环境污染治理的一项重要手段，在一定程度上比仅靠行政手段更划算、更有效，也更长久。不少发达国家或市场经济国家越来越倾向引入更多的经济手段以及自愿与信息公开手段，来解决面临的新环境问题。借鉴国外经验，研究适合我国国情的环境经济政策手段和机制，对于促进我国经济转型和保护资源环境具有十分重要的意义。

近年来，我国环境经济政策尽管未形成完整的体系，但也制定实施了一些经济调节措施。比如，排污收费政策，涵盖了污染物排放水、气、渣、噪4个领域和111个收费项目，其中仅水中污染物就达到65个，气中污染物44个；环保优惠政策，包括税收优惠、价格优惠、财政援助等；征收资源税；综合利用奖励。这些政策措施在环保方面发挥了一定的作用。随着经济发展与资源环境的矛盾凸显，加快研究制定适合我国国情的系列环境经济政策，缓减和化解二者不协调发展,既迫切又重要。当前,通过建立和完善财政投入、价格补贴、生态补偿、增免税费、提高收费、加大处罚等激励和约束机制,可以有效解决环境保护"外部不经济性"的问题,推动主要污染物排放外部成本内部化。综合运用经济手段,倒逼重污染企业退出市场,鼓励污染企业转型升级,促进产业结构的调整优化,实现经济建设与环境保护协同发展。

第一节 充分发挥环境资源税收的杠杆作用

环境资源税收是指对一切开发、利用环境资源的单位和个人按其对环境资源的开发利用程度或产生污染的行为所征收的一种税收或费用。其目的是促使开发利用者节约环境资源、减少污染排放和保护环境,充分利用环境税收或收费来克服环境的外部不经济性。环境保护税(简称环境税),不包括在一般性税种中为激励纳税人保护环境而采取的税收优惠等税收调节措施。

尽管在我国现行的税制中一些税种涉及环保的内容,比如消费税、资源税和车船税,但由于包括煤炭、石油、天然气等在内的资源税费标准偏低,税负与资源价格不挂钩,税制设计中没有考虑资源利用和环境污染治理、生态恢复等问题,导致资源的使用成本较低,难以起到促进资源合理开发利用的作用,也不利于形成合理的资源要素价格形成机制。这在一定程度上导致了资源浪费。现有的资源税还没有将水资源、森林资源、草场资源等包括到征收范围中,未能实现对全部资源的保护。因此,加快我国的环境资源税费改革势在必行。但一直以来,我国缺少针对污染、破坏环境的行为或产品课征的专门性税种,即真正意义上的环境税,而这在西方很多国家已经实行了相当长的时间。

目前,其他国家和地区征收的环境税主要有二氧化硫税、氮氧化物税、二氧化碳税、水污染税、噪声税、固体废物税等。截至2010年底,经济合作与发展组织(OECD)34个成员国中,对二氧化硫、氮氧化物排放同时征税的有8个国家(或国家内的部分地区),对二氧化硫排放单独征税的有3个国家,对氮氧化物排放单独征税的有1个国家,对废水排放征税的有18个国家,对固体废弃物征税的有21个国家，对二氧化碳排放征税的有10个国家。发达国家的实践证明，开征环境税，不仅没有影响经济增长，反而可以加快产业升级，促进经济发展。

一、加快环境税改革步伐，优化经济增长

环境税是针对废气、废水、固体废弃物以及噪声等污染物的实际排放量或估算排放量而征收的税。环境税是把环境污染和生态破坏的社会成本，内化到生产成本和市场价格中，再通过市场机制来分配环境资源的一种经济手段。环境税法律制度作为协调经济发展与环境保护关系的重要制度，源起于对各种环境问题根源的深刻揭示与反思求解，正式诞生在可持续发展的全球战略背景下，体现了用税收手段来促进环境保护、实现可持续发展的新思维。环境税最早实施于OECD国家中，尤以北欧国家为典型代表，经过较长时期的发展，环境税已经演进成为一项比较成熟的法律制度。并且，在全球性环境危机步步紧逼的形势下，环境税法律制度正处于蓬勃发展期，并逐渐形成了世界范围内的"税制绿化"现象，其重要性也在不断彰显。

从经济学角度来看，污染物排放造成了社会成本增加、治理成本外部化。为解决外部化行为造成的资源配置扭曲，通过征收环境税，其税率以排污造成的边际环境损失为基准，就可以将社会承担的环境成本内化到生产行为或消费行为之中。环境税作为一项重要的环境经济政策，在国外已经广泛使用。根据污染者付费原则，纠正市场失灵和调节经济行为，通过开征各种细化的环境税收政策控制污染物排放，在欧美等发达国家已取得了很好的实践效果。借鉴国际经验，在我国开征独立的环境税，将具有很强的可行性。运用环境税这一手段来保护环境、实现环境与发展的均衡协调，已成为我国通过税制改革释放红利的重要途径。另外，对于我们国家现实发展而言，通过税收结构的调节变革，尤其是应加快消耗资源、能源的消费税改革，通过提高其消费税征收标准，刺激对资源、能源的高消费行为得以转变，形成高消费就高付费的机制，鼓励社会公众推行低耗能、低碳生活方式，引导社会公众树立节俭意识，激励企业减少污染物排放，促进研发环保新技术，推动环保产业成为新的经济增长

点。在改善环境质量的同时，还能进一步发挥增加产出、促进就业、优化分配、转变方式、调整结构、提高效率的作用，其重大的理论意义和实践价值不言而喻。

目前，我国环境税改革正在有序推进。国务院印发的《"十二五"节能减排综合性工作方案》对环境税收政策提出了明确的意见，一是落实国家支持节能减排所得税、增值税等优惠政策；二是积极推进环境税费改革，选择防治任务重、技术标准成熟的税目开征环境保护税。2013年，财政部、税务总局、环保部向国务院报送了环境税立法的请示，国务院法制办根据征求意见对送审稿进行了修改，下一步将配合国务院法制办对送审稿再次征求意见，修改后提请国务院审议，审议通过提请全国人大常委会审议。十八届三中全会要求推动环境保护费改税。2014年的《政府工作报告》也提出，要做好环境税立法的相关工作。新《环保法》对环境税与排污收费制度之间的衔接也作出了规定：

"依照法律规定征收环境保护税的，不再征收排污费。"

推进现行的排污费改征为环境税，优化税费结构，是建立和完善我国环境经济政策体系的重要内容。从理论上讲，收费和征税没有本质的区别，都可以将环境污染的外部成本内部化，但从实际执行效率上看，征税相比收费更具有强制性和调节功能，特别是对像二氧化硫、氮氧化物、烟粉尘和工业废水、工业固体废弃物等比较容易核算计量的污染物，应优先开征环境税，从而克服排污收费的地方干扰和随意性，避免拖欠、拒缴的诟病，促进企业加快环境污染治理。有权威人士表示，环境税的本质是将市场主体的环境污染成本消化到市场价格之中，即把成本变成税率，最终实现环境保护、节能减排等目的，同时按照"谁污染谁缴税"的原则，将适时推出污染排放税、污染产品税、碳税、生态保护税等。有专家建议，应该把高耗能、高污染产品纳入消费税征收范围。总的来看，征收环境税将是一个非常有效的方法，可以增加企业成本和环保投入，用市场化的手段倒逼、淘汰一些环保意识差的企业，减少政府用行政手段强制关停的阻力。环境税开征是从经济手段督促企业环保，政府应做的是切实保障环境税的合法性、强制性，加强监督管理，落实环境税的征收。那些无法负担额外环保成本的企业将面临危机。

目前有关部门已向国务院报送了《环境保护税法（草案）》。鉴于环境保护税法已经进入立法工作程序，在依照法律规定征收环境税之前，排放污染物的企业事业单位和其他生产经营者，仍然要按照国家有关规定缴纳排污费。

二、加大资源税收调节力度，遏制资源过量损耗

一般来说，资源税就是国家对使用土地、矿藏、水流、森林、山岭、草原、荒地、滩涂等国有资源的单位和个人征收的一种税。长期以来，由于对自然资源包括煤炭、石油、天然气等在内的资源税费征收标准偏低，导致资源使用成本也相应较低，资源的本身价值没有合理的体现，不仅造成了大量的资源和原材料在工业发展中消耗，也造成了资源的浪费和严重的生态破坏。低廉的税制，既不利于形成合理的资源要素价格形成机制，也难以起到促进资源合理开发利用的作用。为尽快扭转粗放的经济发展方式，充分发挥环境资源税收对转方式、调结构、促增长的杠杆作用，国务院把资源税费改革已经提上议事日程。全国《"十二五"节能减排综合性工作方案》中对积极推进资源税费改革，提出了明确要求，要将原油、天然气和煤炭资源税计征办法由从量征收改为从价征收并适当提高税负水平，依法清理取消涉及矿产资源的不合理收费基金项目。

2010年，为了加快新疆经济发展，中央决定率先在新疆进行石油、天然气资源税改革试点。同年12月1日起，又将在新疆实行的石油、天然气资源税改革推广到西部地区的12个省、区、市。当前，西部省份将资源税改革中所新增的税收，主要用于资源产地的地方经济和社会发展，这将有效促进当地资源、能源的合理开采与可持续利用。率先执行资源税改革的实践证明，资源税改革有利于进一步理顺资源类产品价格，有利于促进节约使用资源、保护环境，同时也能够相应地增加中西部地区、资源富集地区的财政收入，更好地提高保障改善民生和促进经济发展的能力。

2011年，国务院对《中华人民共和国资源税暂行条例》作出修改，在现有资源税从量定额计征基础上增加从价定率的计征办法，调整原油、天然气等

品目资源税税率。据有关资料表明，逐步开征的资源税范围主要包括原油、天然气、非金属矿原矿、黑色金属矿原矿、有色金属矿原矿、盐等原料。推进资源税征收机制的较大变革，必然会对依靠消耗资源能源的传统产业的发展形成较大的冲击。通过制定一些经济补偿政策，刺激一些重污染企业退出、转型，从而化解社会矛盾和资源环境的压力，鼓励像电力、钢铁、建材、电解铝、铁合金、电石、焦炭、煤炭、平板玻璃、造纸、酒精、味精、柠檬酸等行业内的重污染企业加快升级改造和淘汰进程，但对像新能源产业的发展将会形成更大的激励和受益，腾出更大的发展空间，市场前景更为广阔。这就体现了环境资源税制设计坚持"有进有退"的原则，通过税收来调节经济增长与资源环境的矛盾。这对于调整经济结构、转变经济增长方式、推动节能减排、扩大财政收入、促进地方经济发展等方面有重大的现实意义。

三、制定环境资源税收优惠，激励新型产业发展

开征环境税、扩大资源税的征收范围和提高征收标准，对于一些传统的产业特别是污染物排放量大的、资源消耗大的企业来说，必然会加大生产成本，冲击企业的既得利润甚至无法生存，但也同样会刺激低消耗、低排放的新兴产业快速发展，形成新的经济增长点。这就要求我们在加快开征环境资源税收的同时，要同步研究制定资源综合利用和可再生能源以及具有激励节能环保功能等产业发展的税收优惠政策。通过采取税收减免、固定资产加速折旧、抵扣以及税收返还等方式，激励新型产业、高科技产业迅猛发展。

发达国家为激励新兴产业的发展，也制定了一系列的税收优惠政策。有资料介绍，发达国家都对能源燃料征收增值税，税率最高可达25%，许多国家还对车船能源燃料征收消费税，但对无铅汽油则给予许多税率优惠。欧洲国家对凡购置用于"三废"及噪声处理的设备设施将减免投资税、固定资产税、企业所得税、个人所得税、企业社会保险税以及印花税等。此外，购置的节能环保设备设施还能够加速折旧，购买支出可以用于全额或者部分抵扣税款。德国规定，如果将太阳能能源并入电力网络，则返还电税。丹麦规定，工厂使用氯消毒溶剂之后，如果该溶剂可以分解为非氯物质，就能够返还氯消毒溶剂税；

如果对购置的玻璃容器回收利用,则能够返还零售容器税。另外,还有些国家将环境税收专项用于环境保护。例如,水污染税和废物垃圾处理税,就专门用于兴建污水和固体废物处理设施,或以特许经营的方式购买专业企业的环境服务。这种优惠税率的支持,加上政府专项资金的支出,必将对新经济形成一定的拉动作用。

通过我国西部地区资源税改革的实践来看,促使资源环境税发挥双重红利的关键作用,在于以开征的资源环境税来替代其他扭曲性税费。例如,可以依托开征环境税所增加的税收收入,综合减免企业生产过程中的税收,避免单方面的成本上升,激励企业在环保技术方面有突破,降低减排成本,增加产出,促进就业增长,并且在推动环保产业发展的同时,推动产业结构调整。

第二节 充分发挥价格机制的调节作用

价格是商品价值的货币表现,价格杠杆的作用是价值规律发挥作用的集中体现,它对社会经济的综合、协调发展有着重要影响。在社会主义市场经济条件下,价格是最直接、最灵敏的调控手段和重要的政策措施之一。合理地确定环境物品和服务的价格,使得环境的价格能够体现出其稀缺性,是利用经济手段解决环境问题的治本之策。通过排污权有偿使用、排污收费、破坏者付费、污染者付费、使用者补偿、排污交易等重要价格工具的改革,最终建立一个反映市场供求关系、资源稀缺程度、环境损害成本的环境价格形成机制。环境定价方式改革的方向应该是市场取向、政府调控。一方面,在具有竞争潜质的领域,通过引入竞争机制,适当放松价格管制,使得价格由市场供求情况决定,充分发挥价格信号调节市场供求,达到资源的优化配置,促进自然资源的节约和生态环境的保护,提高环境资源的利用效率;另一方面,对不能形成竞争的经营领域,要确保政府的价格监管调控,确保市场平稳运行和国家经济安全、生态安全。

一、加快建立环境资源价格体系，发挥价格杠杆功能

为充分发挥价格对资源环境和经济社会可持续发展的调节作用，在国务院印发的《"十二五"节能减排综合性工作方案》中对资源性产品的价格和收费作出具体的规定。一是深化资源性产品价格改革，理顺煤、电、油、气、水、矿产等资源产品价格关系。推行居民用电、用水阶梯价格。完善电力峰谷分时电价办法。深化供热体制改革，全面推行供热计量收费。二是对能源消耗超过国家和地区规定的单位产品能耗（电耗）限额标准的企业和产品，实行惩罚性电价。各地可在国家规定的基础上，按程序加大差别电价、惩罚性电价实施力度。三是严格落实脱硫电价，研究制定燃煤电厂烟气脱硝电价政策。四是进一步完善污水处理费政策，研究将污泥处理费用逐步纳入污水处理成本问题。五是改革垃圾处理收费方式，加大征收力度，降低征收成本。国务院《关于加快发展节能环保产业的意见》提出，加快制定实施鼓励余热余压余能发电及背压热电、可再生能源发展的上网政策和优惠价格政策。新《环保法》规定，国家采取价格政策措施，鼓励支持环境保护技术装备、资源综合利用和环境服务等环境保护产业的发展；对减少污染物排放的企业事业单位和其他生产经营者，人民政府应当采取价格政策和措施予以鼓励和支持。上述表明，国家正在加快建立和完善环境价格的政策体系，立法规定了要应用价格政策和措施，来推进全社会节能减排，改善环境质量，激励节能环保产业快速发展，调节经济发展方式加快转变。

价格在消费领域的调节作用较为明显，尤其在事关群众生产生活领域的敏感性最强。2014年9月，国家发改委加大了价格改革步伐，进一步理顺资源性产品的价格关系，主动运用价格杠杆促进节能减排。提出2015年底前，设市城市原则上要全部实行居民阶梯水价制度，所有已通气的城市全面推行居民生活用气阶梯价格制度。进一步完善水电上网电价形成机制，明确跨省跨区域交易价格由供需双方协商确定，鼓励通过竞争方式确定水电价格，更大程度发挥市场在资源配置中的作用。通过对消费产品价格的适度调整，可以增强居民乃至全社会节约节能意识的培养，形成全社会自觉重视节能减排，主动做好节能减排的良好风气，有利于实现经济社会的全面、协调、可持续发展。价格，在一定程度上是经济发展方式转变的"调节器"。通过调节产品价格，引导社会资源、自然资源科学合理地流向高新技术产业，流向高效、低耗、低排放的企业，促使高新技术产业和节能环保产业，在国家价格政策的扶助和引导下得到健康发展。这不仅有利于推进节能减排工作，而且也有利于转变经济发展方式。

二、加大重点资源能源价格改革力度，促进节能减排

一是完善资源补偿收费政策。比如，应该提高污水处理、垃圾处理收费标准，对城市困难群体给予适当的财政补贴。通过提高收费标准来保证垃圾处理和污水处理企业的正常运行，提高污染治理经费的保障能力。通过提高水资源价格，促进节约用水，减少水资源的过度消耗。

二是加大差别电价政策实施力度，遏制高耗能行业盲目发展。对属于国家淘汰类高耗能企业和限制发展的高污染企业，要提高用电价格，形成倒逼高污染企业退出机制。对可再生能源的开发利用和发展，采取电价补贴政策，形成激励可再生能源快速发展的机制。

三是完善石油、天然气价格形成机制，积极稳妥地推进以调节利益分配为中心的综合配套改革，改变国内成品油、天然气价格偏低的状况，制定阶段性的用气优惠政策，促进各地区天然气的开发利用。

四是加快构建反映煤炭完全成本的价格形成机制，完善煤炭资源开采成本、生态恢复治理成本、安全生产成本，全面实现煤炭价格市场化。在发挥市场配置资源作用的同时，要促进企业珍惜、节约煤炭资源，提高煤炭资源开采利用效率，走可持续发展的道路。

五是对节能降耗的新材料、新工艺实施优惠税收和补贴政策，应用价格调节机制，鼓励新能源、新材料的生产和发展。

第三节　加大环境保护的财政投入

财政投资又称为财政投资性支出，是指以政府为主体，将其从社会产品或国民收入中筹集起来的财政资金用于国民经济各部门的一种集中性、政策性投资，是财政支出中的重要部分。

环境问题就是最大的民生问题，解决环境问题就是保障人民群众的根本利益，因此需要各级政府的财政投入来保障。国务院《"十二五"节能减排综合性工作方案》对加大环保的财政支持也提出了明确要求。一是加大中央预算内投资和中央财政节能减排专项资金的投入力度，加快重点工程实施和能力建设。地方财政也要加大节能减排投入，深化"以奖代补"、"以奖促治"以及采用财政补贴方式推广高效节能产品等支持机制，强化财政资金的引导作用。二是国有资本经营预算要继续支持企业实施节能减排项目。三是推行政府绿色采购，完善强制采购和优先采购制度，逐步提高节能环保产品比重，研究实行节能环保服务政府采购。

在本次《环保法》修订时，立法规定了各级人民政府应当加大保护和改善环境、防治污染和其他公害的财政投入，提高财政资金的使用效益。这是首次以立法的形式，把各级政府要加大对环保投入的法律责任予以明确，而且不是"可以"，是"应当"。这两个词的区别在于，立法条文中用"可以"一般是指引导性的责任，"应当"一般是指必须履行的责任。由此可以看出，加大对环保的投入已经引起了党和国家的高度重视，已上升到法律和战略高度，这也是前所未有的。

虽然我国对环保的投入逐年增加，但与发达国家相比还有不小的差距。目前发达国家环保投入占GDP的比重大多超过3%，我国这几年环保投入的力度不断增加，但总的看环境污染治理投入比重还比较低。2000年开始，我国环境污染治理投资占GDP的比重达到1%以上，之后10年间环境污染治理投资占GDP的比重有起伏。2010年我国环保投资占GDP的比重首次超过了1.5%，2011年又回落到1.27%，2012年占比又略有回升。总体来看，我国环境污染治理投资占GDP的比重仍然较低，需要进一步提高投入水平，不断增加环保方面的财政投入，才能适应改善环境质量的需要。

一、完善环境公共财政体系，提高环保投资绩效

环境问题的新趋势已经为政府在环保中的作用提出了新的要求，增强政府保护环境、控制和解决重大环境问题的财政能力已经刻不容缓。中央财政应该设立国家环境保护专项资金（含核与辐射安全资金），从每年新增的财政收入中提取一定的比例专项用于环境保护，以形成长期、稳定的环境保护投入机制。国家财政转移支付应加大环保投入的权重，制定积极的国家环保公共投资政策，将环境服务均等化作为公共财政保障的重点。建立国家财政资金跟踪问效机制，完善监督管理机制，努力提高环保投资实施效果。与此同时，合理界定中央政府与地方政府环保的事权财权，实施政府环保"一级财权一级事权"的公共财政制度。要制定有关环保预算和投入的专项规定，形成各级政府环保财政预算的硬约束，确保最基本的财政投入底线，着力形成机制、建立渠道、明确基数，并将其作为《环保法》修订的重要内容。做实"211环境保护"科目，各级政府新增财力要向环保投资倾斜，逐步提高政府预算中环保投入的比重，明确环保投入占GDP的比例，确保环保公共财政支出增幅高于GDP和财政收入的增长速度。建立健全落实政府环保职责和公共服务功能的稳定、机制化的财政渠道，促使地方政府的"211环境保护"科目"有渠有水"、"水源充足"。各级政府要把财政的环保支出作为财政的经常性支出，加大环保监测、污染的治理、环境规划、环保信息、环境科学以及各类资源保护等方面的财政投入水平，确保财政的环保支出稳定增长。

从另一方面看，加大治理环境污染的投入也拉动了环保产业的发展，促进了GDP的增长。根据"十二五"环境保护规划，全国"十二五"期间环保投资预期3.4万亿元，预期拉动GDP4.34万亿元。按照年均15%的增长速度计算，到2015年我国环保产业产值将达到4.92万亿元。

二、拓宽环境投融资渠道，增加环保的多元投入

环境保护事关千家万户，解决环境问题也需要全社会共同出力。积极引导、推动社会力量参与环境保护投融资，改变我国环境投资仅靠各级政府财政为主体的单一局面，是当前急需解决的大事。目前，治理环境污染单靠政府增加投资是无法满足改善环境质量要求的，必须使投资主体向多元化发展，培育包括政府、私营企业和外资为主的多元化的环境投资主体。可参照同期银行长期贷款利率的标准，并根据国家现行政策，全面开征城市污水处理费、垃圾处理费和危险废物处置费，并逐步提高收费标准，进一步完善环境服务收费制度，强化市场监管，明确所有制、开放市场、制定收费政策和税收优惠政策等内容，保障城市污水和垃圾处理市场化的健康有序发展。设定投资回报参考标准，保证社会资本、国际资本稳定的投资收益。通过改革和完善相关机制，成立国家环保投资公司、财政担保公司，发行市政环保债券，充分利用信贷、债券、信托投资和银行贷款等多渠道的商业融资手段，为社会资本进入环保领域疏通渠道，筹措环保资金。从国内外的实践经验来看，改变目前我国环境投资主体单一的局面，是环境投融资和环保产业真正实现市场化发展必不可少的前提。2014年，重庆市率先在全国开展了"环保基金"的试点工作，为全国试行积累了经验。

三、整合环保专项资金，提高财政资金使用的效益

各级政府在加大对环保投入的基础上，如何提高财政资金的使用效益也是亟待解决的一个问题。各级政府涉及公共事务财政支出的事项很多，需要加大财政投入的事项也很多。在这样的情况下，努力做到"少花钱多办事"、"把钱花在刀刃上"，是提高财政资金使用效益的关键。

提高财政资金使用效益，最主要的是要盘活存量、优化增量。所谓盘活存量，从财政管理上讲，主要包括以下几点：一是优化预算收支计划的编制，使之更加切合实际，更具可行性，特别是今后应探索建立和发展3到5年的中期滚动预算，提高瞻前顾后、动态优化资金安排的水准，以提升资金使用效益；二是整合运用财政的库底资金与在途资金，以及"财政专户"中滞存的资金，总体提升财政资金的活跃度与运行速率；三是整合归并专项转移支付，并且注重及早下达，使之与相关地区的预算有机协调地统筹运行。目前，中央财政设置的环保专项资金投入急需扩大和整合，一是有的环保专项投资规模太小，财政资金使用效益不明显，有的连"撒胡椒面"都不够，根本发挥不了"四两拨千斤"的作用,起不到引导功能;二是环保专项种类规定得过多,管得太细,分散了财政投资的效益。本着有多少钱办多少事的原则,本着重点支持中西部地区和落后地区的环保的原则,设置环保大专项,通过转移支付将中央环保专项资金下拨到各地,由各省、市、区政府根据治理环境污染的轻重缓急,因地制宜地用足用好环保专项投资。这样既把控了环保的投资方向,又突出了各地的特点和重点,使少量的投入发挥最大的效益。

第四节 建立健全生态保护补偿修复制度

生态补偿是以保护生态环境、促进人与自然和谐发展为目的,根据生态系统服务价值、生态保护成本、发展机会成本,运用经济手段调节生态保护利益相关者之间利益关系的一项制度。所谓生态修复是指对生态系统停止人为干扰,辅以人工措施,使遭到破坏的生态系统逐步恢复或使生态系统向良性循环方向发展。实施生态补偿的目的就是实现生态修复,提高资源环境对经济社会和人的全面发展的承载能力。

改革开放以来,党中央、国务院高度重视生态环境保护与建设工作,采取了一系列战略措施,加大了生态环境保护与建设力度,一些重点地区的生态环境得到了有效保护和改善。但由于我国人均资源相对不足,地区差异较大,生态环境脆弱,生态环境恶化的趋势仍未得到有效遏制。为改善生态环境,我国在建立健全生态保护法律法规和标准体系、构建生态系统监测体系、加大生态保护和建设的投入、大力开展生态保护宣传教育、大力开展国际交流与合作的同时,还制定和完善了生态保护经济政策。将生态破坏和环境污染损失纳入国民经济核算体系,引导社会经济发展从单纯追求经济增长转到注重经济、社会、环境、资源协调发展上来,建立生态保护经济政策体系。建立生态补偿机制,研究下游对上游、开发区域对保护区域、受益地区对受损地区、受益人群对受损人群以及自然保护区内外的利益补偿,积极探索建立遗传资源获取与惠益共享机制。

一、国外生态补偿制度的建立与应用

据资料介绍，国外的生态补偿通常是指为"生物多样性补偿"而进行的"生态服务付费"的过程。其生态补偿方式大致分为3种类型：政府购买模式、市场模式和间接交易模式（生态产品认证计划）。

所谓政府购买模式，是指政府直接向提供生态系统服务的农村土地所有者及其他提供环境服务者进行补偿。它主要针对出于保护目的而划出自己全部或部分土地以提供环境服务的土地所有者或使用者进行补偿。就国外目前的实践情况来看，政府购买模式仍然是主导的和最为普遍的生态补偿模式。比如，英国生物多样性保护补偿、瑞士农业环境的保护补偿、德国易北河流域生态补偿，都是采用政府购买模式的生态补偿。

所谓市场模式补偿，是指私人之间直接进行补偿，即由非营利性组织和营利性组织直接开展的一种补偿。这种补偿通常被称为"自愿补偿"或"自愿市场"，购买者是在没有任何管理动机的情况下，出于慈善、风险管理或拟管理市场的目的而参与这类补偿。比如，法国毕雷矿泉水公司为保持水质付费的生态补偿就是法国生态补偿的典型案例。公司为保证矿泉水水质选择了多种方案进行比较，要么设立过滤厂，要么迁移到新的水源地，要么保护该水源地，经多种成本核算和长远考虑，公司还是选择了购买保护水质的生态服务。为不受流域农民和农业生产的污染，公司和农民经过磋商达成协议，公司对农民减少水土流失和不再使用杀虫剂给予了生态补偿。像这样的协议就纯属于私人协议，这就是市场模式的补偿。澳大利亚马奎瑞河周边水域的600名灌溉农民组成了协会，为上游水域更新造林付费，达到"引水控盐"便于灌溉之目的。

所谓间接交易模式，是指生态产品认证或生态标记计划，即消费者可以通过选择，为经由独立的第三方根据标准认证的生态友好型产品提供补偿的计划。这实际上是对生态环境服务的间接支付方式。欧盟生态标签制度就是这类生态补偿方式，又称"花朵标志"、"欧洲之花"。欧盟生态标签制度是一个自愿性制度，其初衷是选出在生态保护领域做得好的各类产品的生产者，予以注册肯定，从而推动欧盟各类消费品的生产厂家增强保护生态的责任与义务，使产品从设计、生产、销售到使用,直至最后处理的整个生命周期内都不会给生态环境带来危害。只要企业获得生态标签,就可以享有以下好处:一是生态标签有助于提高产品档次并赢得更广泛的客户群。为促进生态标签的推广,欧盟在"欧盟环境通讯"及其他欧盟官方杂志上刊登并介绍获准生态标签的产品及厂家名录,并经常举办活动向欧洲地区的消费者介绍获得生态标签的产品和生产厂家。通过这一系列的宣传推广活动,"贴花产品"可以很快在欧盟市场上获得消费者的关注,提升知名度。据欧盟2002年的调查结果显示,即使"贴花产品"的价格稍高于常规产品,还会有75%的欧盟消费者愿意购买"贴花产品"。二是生态标签是产品畅销"大欧洲"的通行证。如果某一产品获得生态标签,则企业可以不用担心产品被欧盟的环保性法规阻于欧盟大门之外。三是产品"绿色化"是国际消费品市场发展的潮流。2000年以来,欧洲"贴花产品"的销售额增长了300%,并呈持续迅速增长之势。2004年在整个欧盟地区组织大规模的"生态标签"普及宣传活动,以求提高消费者的环保意识,让"生态标签"深入人心。为使政府带头使用"绿色产品",欧盟出台了一项《政府采购应符合生态标准》的指南,鼓励政府采购并使用"绿色产品"。如2004年希腊雅典奥运村室内用漆全部都是贴加"生态标签"的产品。目前,我国只有广东省的博汇咨询管理顾问有限公司成功为以诺葳国际有限公司申请了该认证。

二、我国生态补偿制度在不断的健全和完善

党中央、国务院把建立生态补偿机制作为贯彻落实科学发展观的重要举措来抓,对建立生态补偿机制提出了明确要求,并将其作为加强环境保护的重要内容。《国务院关于落实科学发展观加强环境保护的决定》要求,"要完善生态补偿政策,尽快建立生态补偿机制。中央和地方财政转移支付应考虑生态补偿因素,国家和地方可分别开展生态补偿试点"。国家《节能减排综合性工作方案》也明确要求改进和完善资源开发生态补偿机制,开展跨流域生态补偿试点工作。十八大报告特别提出要深化资源性产品价格和税费改革,建立反映市场供求和资源稀缺程度、体现生态价值和代际补偿的资源有偿使用制度和生态补偿制度。《中共中央关于全面深化改革若干重大问题的决定》提出,实行生态补偿制度。坚持"谁受益、谁补偿"原则，完善对重点生态功能区的生态补偿机制，推动地区间建立横向生态补偿制度。2014年，《环保法》在修订时将生态保护补偿制度单列一条写入《环保法》这部基础性法律中，进一步明确了生态保护补偿的法律地位，为下一步生态保护补偿制度的贯彻实施奠定了基础，同时也是贯彻落实十八届三中全会精神和《中共中央关于全面深化改革若干重大问题的决定》的具体行动。

1. 积极探索生态保护补偿方式。我国正处于建立生态补偿机制的初级阶段，政府的主导作用非常关键，只要政府重视并有一定财力，生态补偿就便于实施。政府是生态保护的责任主体，但并不意味着政府是付费主体。生态补偿原则是：谁开发谁保护、谁破坏谁恢复、谁受益谁补偿、谁污染谁付费。因此，谁来付费这个问题，其实是利益相关者之间的责任问题。"生态补偿"的本质内涵是，生态服务功能受益者对生态服务功能提供者付费的行为。因此，付费的主体可以是政府，也可以是个体、企业或者区域。

究竟采用什么样的生态保护补偿方式？《环保法》规定了两种。

第一种：国家补偿。国家补偿是指国家对地区的补偿。一般是由国家通过财政转移支付方式，对生态保护地区给予一定的补偿。这项制度属于中央政府财政补偿性的，而其他的经济手段大都属于惩罚性的。目前，在环保部的积极推动下，国家已经启动了重点生态功能区保护的国家补偿政策，与之相配套的生态补偿转移办法也在陆续出台。财政部制定出台了《关于国家重点生态功能区转移支付的有关规定》，环保部会同财政部制定出台了《国家重点生态功能区县域生态环境质量考核办法》。这些政策措施，进一步明确了国家开展的重点生态功能区保护转移支付补偿政策实施的国家重点生态功能区县域名单、目标要求、考核内容、评价依据、支付方式、奖惩兑现等。近年来，已开展的生态补偿有：退耕还林还草、天然林保护工程、京津风沙源治理、陕北防护林建设、自然保护区建设、重点生态功能区的转移支付等。

目前，我国已明确划分"主体功能区划"和"生态功能区划"，但是这两种区划都没有将生态效益的提供者和受益者的范围界定清楚。应该在全国主体功能区划的基础上,明确各生态功能的定位、保护的责任和补偿的义务。在生态效益的提供者和受益者的范围界定清楚后,接下来就要建立"利益相关者补偿"机制。"利益相关者补偿"是代表生态链和产业链上不同区域之间的补偿。

第二种:横向补偿。横向补偿是指地区对地区的补偿。一般是由受益地区人民政府通过协商或者按照市场规则,对生态保护地区进行生态保护补偿。这种行为也可叫作"横向转移支付",就是富裕地区直接向贫困地区转移支付。换句话说,就是通过转移支付改变地区间既得利益格局,实现地区间公共服务水平的均衡。

生态保护横向补偿是否能推行,是否见实效,关键在于补偿资金是否能落实,是否能到位。为解决好这个问题,《环保法》第三十一条第二款明确规定:"**有关地方人民政府应当落实生态保护补偿资金,确保其用于生态保护补偿。**"这就从立法的角度,进一步明确了受益地区、开发地区、流域下游地区的人民政府要设立生态保护补偿专项资金,专项用于对生态保护地区、上游地区的生态保护补偿,以补偿资金的到位,推动补偿制度的落实。

2. 生态保护补偿重点领域的探索。为探索建立生态补偿机制,一些地区积极开展工作,研究制定了一些政策,取得了一定成效。但是,生态补偿涉及复杂的利益关系调整,当前对生态补偿原理性探讨较多,针对具体地区、流域的实践探索较少,尤其是缺乏经过实践检验的生态补偿技术方法与政策体系。因此,有必要通过在重点领域开展试点工作,探索建立生态补偿标准体系,以及生态补偿的资金来源、补偿渠道、补偿方式和保障体系,为全面建立生态补偿机制提供方法和经验。

在哪些重点领域探索建立生态补偿机制?据有关资料介绍,目前我国建立生态补偿机制的重点领域包括:一是在自然保护区建立生态补偿。全面评价周边地区各类建设项目,对自然保护区生态环境破坏或功能区划调整带来的生态损失,研究建立自然保护区生态补偿标准体系,通过加大投入,提高自然保护区规范化建设水平,降低周边社区对自然保护区的压力。二是在重要生态功能区建立生态补偿。在建立和完善重要生态功能区的生态环境质量监测、评价体系的基础上，开展重要生态功能区生态补偿标准核算研究，研究建立重要生态功能区生态补偿标准体系，以此加大对重要生态功能区环境综合整治的投入。三是在矿产资源开发方面建立生态补偿。坚持"不欠新账、多还旧账"的原则，科学评价矿产资源开发环境治理与生态恢复保证金和矿山生态补偿基金的使用状况，研究制定科学的矿产资源开发生态补偿标准体系。四是在流域水环境保护方面建立生态补偿。各地在确保出界水质达到考核目标的基础上，根据出入境水质状况确定横向补偿标准，搭建有助于建立流域生态补偿机制的政府管理平台，推动建立流域生态保护共建共享机制。

3. 地方生态保护补偿取得了积极进展。在探索建立生态补偿机制方面，浙江省一直走在全国前列。继2005年《关于进一步完善生态补偿机制的若干意见》和2006年《钱塘江源头地区生态环境保护省级财政专项补助暂行办法》出台之后，2008年又出台了《浙江省生态环保财力转移支付试行办法》，成为全国第一个实施省内全流域生态补偿的省份。如台州市设立600万元长潭水库饮水源保护专项资金；绍兴县每年从自来水费中提取200万用于源头地区的生态保护；浙江省财政2005年用于生态补偿转移支付的资金总额达65亿元。2008年1月，《江苏省太湖流域环境资源区域补偿试点方案》正式实施，该方案规定：建立跨行政区交接断面和入湖断面水质控制目标，上游设区的市出境水质超过跨行政区交接断面控制目标的，由上游设区的市政府对下游设区的市予以资金补偿；上游设区的市入湖河流水质超过入湖断面控制目标的，按规定向省级财政缴纳补偿资金。山东省也出台了《山东省环境空气质量生态补偿暂行办法》，按照"将生态环境质量逐年改善作为区域发展的约束性要求"和"谁保护谁受益、谁污染谁付费"的原则，建立考核奖惩机制，建立了环境空气质量恶化城市补偿改善城市的横向机制。具体规定是：市级环境空气质量改善，对全省空气质量改善作出正贡献，省级向市级补偿；市级环境空气质量恶化，对全省空气质量改善作出负贡献，市级向省级补偿。2014年4月14日，《山东省2014年第一季度大气环境空气质量生态补偿资金清算汇总表》显示，山东以17个市细颗粒物（$PM_{2.5}$）、可吸入颗粒物（PM_{10}）、二氧化硫（SO_2）、二氧化氮（NO_2）等4类污染物季度平均浓度与去年同期相比变化情况为考核指标，共补偿各市7029万元。其中，最少的为烟台，获补偿资金32万元；最多的为聊城市，获得950万元。宁夏回族自治区也建立了多样化生态补偿制度，先后在区内建设了森林生态补偿、矿产资源生态补偿、草原生态补偿项目。

4. 加快健全和完善生态保护补偿的实施措施。建立和完善生态补偿机制，要以统筹区域协调发展、共同发展为目的，要求企业对其排放废弃物造成的环境损害进行付费补偿。根据边际损害（外部）成本，按照"污染者付费，利用者补偿，开发者保护，破坏者恢复"的原则，将环境损害计入企业生产成本，迫使企业减少废弃物排放。例如，全面实行危险废物处置收费制度，扩大污染物征收种类，使排污费征收水平超过污染治理成本，解决治污成本内部化问题等。通过充分发挥市场机制作用，因地制宜地选择多元化的生态环境补偿模式，逐步加大补偿力度，推动各个区域走上生产发展、生活富裕、生态良好的可持续发展道路。

一是要加大财政转移支付力度。我国目前的补偿机制基本模式是中央向地方的财政转移支付。2006年中央对地方财政转移支付比1994年增长18.8倍，年均增长28.3%。不断加大中央财政转移支付为地方生态补偿提供了很好的资金支持。当前在中央财政增加生态建设专项资金预算的同时，各级地方财政也要加大对生态补偿和生态环境保护的支持力度。中央财政转移支付应着重向欠发达地区、重要生态功能区、水系源头地区和自然保护区倾斜，优先支持生态环境保护作用明显的区域性、流域性的重点污染防治项目。重点支持矿山生态环境治理，实现生态治理与矿山资源开发的良性循环。

二是积极探索区域间横向生态保护补偿。如何开展横向生态保护补偿呢？近年来，一些地方虽已开展了横向生态补偿的探索和实践，但都还没有成熟的经验和模式。笔者认为，首先应建立一个"搭台唱戏"机制。"搭台"就是国家层面要搭建一个地区横向补偿协商平台，"唱戏"就是以每个地区为主角在平台上公平协商利益补偿。这个平台既有权威性，又便于协调，要充分发挥平台的支撑、共享、平等、互利的作用，否则仅靠地区与地区协商，恐怕结果就是扯皮，要不就是吵架。另外，还要加快研究制定与平台相配套的协商补偿的具体政策和办法，引导和鼓励开发地区、受益地区与生态保护地区、流域上游与下游地区、能源输出地区与能源使用地区，通过采取资金补偿、协作补偿、对口援助、共同开发、共建园区等方式，协商建立横向补偿模式，以实现共同保护环境的目的。

三是建立以政府为引导、全社会支持生态环境建设的投资融资体制。逐步建立政府引导、市场推进、社会参与的生态补偿和生态建设投融资机制，是解决生态补偿资金短缺的一个重要举措。按照"谁投资、谁受益"的原则，支持鼓励国债资金、开发性贷款、社会资金、国际组织贷款或赠款参与生态建设、环境污染整治的投资，逐步形成生态补偿多元化投融资格局。

四是积极探索市场化生态补偿模式。市场补偿相对于政府补偿来说是一种激励式的补偿制度，是通过市场的调节使生态环境的外部性内部化。目前，我国市场化补偿方式取得了一定的进展。比如，对每吨矿石征收生态环境补偿费，通过排污权交易促进污染治理，通过水权交易解决农业与工业用水、流域上下游的利益，通过林权制度改革促进"要我造林"向"我要造林"转变。2005年至2007年，江西武宁县长水村先后有上百户农民自发上山造林，造林数量超过此前20年的总和。引导、鼓励生态环境保护者和受益者之间通过自愿协商实现合理的生态补偿。

五是抓紧建立生态补偿评价体系和补偿标准。国家应加快探索建立环境资源的价值评价体系、生态环境保护标准体系，建立自然资源和生态环境统计监测指标体系以及"绿色GDP"核算体系，研究制定自然资源和生态环境价值的量化评价方法，研究提出资源耗减、环境损失的估价方法。要制定科学合理的补偿标准，补偿额度要以生态系统服务的价值来衡量和估算。

第五节 积极实施绿色贸易、绿色采购的政策措施

国内外的实践经验证明，无论是积极推动绿色贸易，还是大力推行绿色

采购，都是针对转变人们的消费观念而提出的具体措施。绿色消费观念对人类的消费行为产生了重要的导向作用，消费者的绿色内生需求直接影响到厂商对生产技术的革新。有些发达国家的新产品中绿色产品的比例占到一半以上。因此，积极推行绿色贸易和绿色采购，是一项重要的环境经济政策措施，对合理利用自然资源、保护环境具有十分重要的意义。

一、关于实施绿色贸易保护资源环境的政策措施

绿色贸易是指在贸易中预防和制止由于贸易活动而威胁人民的生存环境以及对人民的身体健康的损害，从而实现可持续发展的贸易形式。据资料介绍，绿色概念是随着环境问题日渐突出而产生的。20世纪60年代，绿色运动在西方兴起，1972年由西方科学家、经济学家、教育家等知识界人士组成的罗马俱乐部公布了一份名为《增长的极限》的报告，对人类因追求经济增长而将面临的困境提出了警告。1987年，世界环境与发展委员会在《我们共同的未来》报告中提出了"可持续发展"的概念，主张要给后代留下环境资源，人类社会应该走可持续发展道路。1992年，联合国环境与发展大会召开"地球峰会"，通过了《二十一世纪议程》，指出可持续发展是协调人与自然的正确方向。由于认识到保护环境是人类的一项迫切任务，绿色浪潮渐呈席卷之势。一些著名经济学家认为，传统的经济统计方式忽略了自然因素和环境因素，不能反映出经济可持续性，应该设计包含环境影响的指标，如"绿色GDP"等，对国民生产总值进行重新计算，将经济的环境成本从经济的外生变量纳入到内生变量。推动绿色贸易重点要抓好几个方面：一是企业选用生产原料或制造过程中，尽量减少对资源的损耗和对环境的损害，大力发展清洁生产技术；二是在商品消费与使用过程中，倡导绿色消费，做好废弃物处理，最大程度降低对环境的破坏；三是在产品包装设计时，努力降低商品包装或使用的残余物，减少对环境的污染。尽管绿色贸易增加了企业必要的环保投入，但同时也可以给企业带来可观的收益。为了保护环境，全世界越来越多的国家对绿色产品实行一定的价格支持政策，有些绿色产品的销售价比普通产品高出50%~200%，这无疑给绿色产品的生产者带来丰厚的利润回报。

我国为积极推动绿色贸易，国务院《"十二五"节能减排综合性工作方案》中明确要求，要尽快调整进出口税收政策，遏制高耗能、高排放产品出口。当前，要落实好这项措施，就要把好两道关口：一个是出口，应严格限制能源产品、低附加值矿产品和野生生物资源的出口，并对此开征环境资源补偿费；逐步取消"两高一资"产品的出口退税政策，要逐步开征出口关税，以遏制对资源环境的损耗和破坏。另一个是进口，应强化废物进口监管，杜绝洋垃圾形成二次污染；征收大排量汽车进口的环境税费，控制对能源的消耗和对大气环境的污染。

在严把两道关口的同时，还要加快建立绿色技术支撑体系，研发并着力推广消除污染物的环境工程技术、废弃物再利用技术、清洁生产技术和生态农业技术。通过应用绿色技术，带动我国绿色产品的生产，进而促进我国绿色产业和绿色贸易的发展。

二、关于实施绿色采购保护资源环境的政策措施

绿色采购，是指政府通过庞大的采购力量，优先购买对环境负面影响较小的环境标志产品，促进企业环境行为的改善，从而对社会的绿色消费起到推动和示范作用。

世界各国政府采购都有明显的"绿色"特征，都要遵守特定的节能和环保法律与政策规定。美国、丹麦、加拿大等都制定了相关法律，要求优先采购经过环境认证的产品。日本政府实行了强制绿色采购政策。近年来，随着国民经济的快速发展、财政收入大幅增长，我国也在逐步实施绿色采购措施，推动全社会的绿色消费。2003年1月1日起实施的《中华人民共和国政府采购法》第九条规定，"政府采购应当有助于实现国家的经济和社会发展政策目标，包括保护环境，扶持不发达地区和少数民族地区，促进中小企业发展等"。2005年财政部与国家发改委出台的《节能产品政府采购实施意见》，成为我国第一个政府采购促进节能与环保的具体政策规定和主要措施。新《环保法》第三十六条规定，"国家鼓励和引导公民、法人和其他组织使用有利于保护环境的产品和再生产品，减少废弃物的产生。国家机关和使用财政资金的其他组织应当优先采购和使用节能、节水、节材等有利于保护环境的产品、设备和设施"。这是我国首次以立法的形式，鼓励和引导社会公民使用对资源环境消耗少的绿色产品，用"应当"的法律责任，明确了凡使用财政资金的单位都有责任组织实施绿色采购，使用节能降耗的绿色产品，并且把绿色采购的责任范围扩大到政府以外的其他单位。

为什么我国要推行绿色采购措施呢？其保护环境的作用显现在哪些方面呢？笔者认为，一是政府推行绿色采购，是公共财政支出的一个重要组成部分。公共财政的一项重要职能，就是要满足广大老百姓的社会公共需要，节能降耗、珍爱资源、保护环境、永续发展就是全社会整体利益和公共需要的具体体现。因此，各级政府要带头采购节能降耗的绿色产品，发挥公共财政保护资源环境的表率和导向作用。二是因为政府绿色采购是市场需求，而生产者和供货商是市场供给，按照市场配置资源的规则，通常是需求决定着供给，绿色采购的标准就是生产者生产产品的标准，也是供货商供应商品的标准。因此，政府绿色采购是生产者和供货商生产经营的"风向标"，必将积极影响生产者和供应商的生产经营理念，促进生产者和供应商紧随市场需求转变观念。只有研究开发新技术、新产品，生产和供应节能降耗的产品、设备设施，才能满足政府绿色采购的需求，从而实现节约资源能源和减少污染物排放，减轻消费对环境资源和经济社会持续发展的负面影响。三是政府绿色采购需求量大面广，而且是需求永恒的一个大市场，市场供给前景好、空间大。通过扩大市场需求有效地促进清洁生产技术的应用和推广，培养扶植一大批绿色产品和绿色产业成为新的经济增长点，进而形成国民经济的可持续生产体系，增加劳动就业，扩大财政收入，使经济社会和资源环境走上良性循环的发展之路。四是积极推行政府绿色采购，是引导人们转变消费理念和消费习惯的一个重要手段。我国是人口大国，13亿多的人口将是一个巨大的消费市场，其需求有利于促进节能降耗的环保产业大发展，分享人口红利，但对有限的资源环境也形成了巨大的压力。因而新《环保法》立法规定，要鼓励和引导社会公众消费绿色产品，减少因不合理消费对环境承载和资源消耗造成的更大的压力,进而有效地促进绿色消费市场的形成。笔者认为,这是我们国家"向污染宣战"、还蓝天碧水的重大举措。

第六节 发挥金融政策对环境保护的调节功能

绿色信贷的概念源于绿色金融,绿色信贷常被称为可持续融资或环境融资。其主要作用在于,通过绿色信贷的政策调控,将生态资源环境要素纳入金融业的核算和信贷决策之中,促进企业转变以污染环境、浪费资源换取粗放型的发展模式,跳出"先污染后治理、边污染边治理"的怪圈,以此来推进产业结构的调整、改造、升级换代,鼓励和引导环保产业、生态产业与金融产业形成双向的良性循环发展。

一、发挥绿色信贷的调节作用

为了遏制高耗能、高污染产业的盲目扩张,有效遏制环境污染日趋严重的形势,避免污染企业信贷风险增大,充分发挥绿色金融对资源环境保护和经济社会可持续发展的宏观调控作用,2007年7月,环保总局、人民银行、银监会联合发布了《关于落实环保政策法规防范信贷风险的意见》(以下简称《意见》),标志着绿色信贷已经成为我国环境经济政策的一项重要的调控手段。《意见》规定,对不符合产业政策和环境违法的企业和项目进行信贷控制,各商业银行要将企业环保守法情况作为审批贷款的必备条件之一,对未通过环评审批或者环保设施验收的新建项目,金融机构不得新增任何形式的授信支持。随之有20多个省、市的金融监管机构和环保部门也相应制定了绿色信贷政策。2011年,国务院发布的《关于加强环境保护重点工作的意见》和《"十二五"节能减排综合性工作方案》,都对此提出了明确要求。一是金融机构要创新信贷管理模式,加大对节能减排项目和环保产业的信贷支持力度;二是引导各类投资基金、股权投资、社会捐赠资金和国际援助资金对节能减排的投入,拓宽投融资渠道;三是将企业环境违法信息与企业信用等级评定、贷款授信评估及证券融资形成联动审核机制,提高高耗能、高排放行业贷款门槛;四是建立银行绿色评级制度。

近年来,绿色信贷政策在经济社会发展中已经取得了实践成效。通过绿色信贷的控制,在一定程度上直接或间接"斩断"了污染企业的资金链条,与环保部门现在采取的"行政处罚"、"限期整治"、"限产"、"停产"和"区域限批"等行政监管手段相比,惩罚功效更直接、更明显、更有杀伤力。此调控手段,既能有效遏制企业肆意排污的行为,又不至于对市场资源配置效率产生扭曲。应用好信贷经济政策的调节功能,可以倒逼重污染企业要么退出转产,要么加快技术改造和技术升级,从而减少资源的消耗和污染物排放,为新型产业发展腾出环境容量。世界各国之所以大力应用环境经济政策来调整经济增长和环境资源协调性,其原因就在于相比行政手段,政府所付出的各种成本更低,更符合市场经济发展的规律,更能发挥市场配置资源的作用和功效。

二、发挥环境责任保险制度的调节作用

环境责任保险制度,是利用环境污染责任保险的费率杠杆机制来促使企业加强环境风险管理,提升环境管理水平,提高企业的环保意识。国务院《关于加强环境保护重点工作的意见》中明确规定,要健全环境污染责任保险制度,开展环境污染强制责任保险试点。2013年,环保部和保监会印发了《关于开展环境污染强制责任保险试点工作的指导意见》,该意见进一步明确了环境污染强制责任保险的试点企业范围:一是涉重金属污染防控的重点行业。比如,有色金属矿采选业、冶炼业,铅蓄电池制造业,皮革及其制品业,化学原料及化学制品制造业。上述行业内涉及重金属污染物产生和排放的企业,应当按照国务院有关规定,投保环境污染责任保险。二是地方性法规、地方人民政府制定的规章或者规范性文件规定应当投保环境污染责任保险的企业。三是鼓励环境风险高的企业投保环境污染责任保险。比如,石油天然气开采、石化、化工等行业企业,生产、储存、使用、经营和运输危险化学品的企业,产生、收集、贮存、运输、利用和处置危险废物的企业,以及存在较大环境风险的二噁英排放企业。

国际经验表明,实施环境污染责任保险是维护污染受害者合法权益、提高防范环境风险的有效手段,是环境管理与市场手段相结合的有益尝试。目前有江苏、湖北、湖南、河南、重庆、沈阳、深圳、宁波、苏州等省市作为试点地区展开了环境责任保险的相关工作,并初步确定以生产、经营、储存、运输、使用危险化学品企业,易发生污染事故的石油化工企业、危险废物处置企业、垃圾填埋场、污水处理厂和各类工业园区等作为主要对象开展试点。环境污染责任保险试点在我国已经开始实施,也取得了阶段性进展。但总体来说,我国环境污染责任保险尚处于发展初期,相关法律、标准、运作等方面还存在一些问题。保险公司在勘查、定损与责任认定上存在困难,灾害损失风险难以把控,由于环境责任保险风险过大,保险公司对环境责任保险缺乏积极性。解决这些问题,一是要借鉴国外的成功经验,二是要靠环境污染责任保险制度的健全和完善。环境污染责任保险是一项国际上普遍采用的应对环境污染问题的绿色保险制度,它可以成为政府和环境责任主体之间的一个市场化的"第三只眼"。保险公司基于自身利益风险控制,必然会高度关注和积极参与投保企业的环境风险与隐患排查。同时,保险公司还会以费率调整的杠杆机制,鼓励参保企业主动降低产污强度和数量,强化企业环境保护主体责任的内在压力,防范环境污染和损害。对于突发环境污染事故,保险公司既可以为污染受害者提供经济补偿,减少政府负担,也可转移和分散参保企业经营风险,为投保企业污染治理提供经济援助。国外实践证明,有效的环境污染责任保险制度,能够促进经济和环境的"双赢"。笔者认为,这就是环境责任保险制度设计的合理性和必要性,它需要我们在实践中不断规范和完善。

第四章 关于增强社会监督措施(第四拳)

社会监督是指社会团体组织和公民个人依据宪法和法律赋予的广泛政治权利,以批评、建议、检举、申诉、控告等方式对公共利益的一种维护和监督,是权力制约机制中不可或缺的重要组成部分。它主要包括公民监督、社会团体监督以及舆论监督。社会监督是发挥社会民主的重要途径,同时也是约束政府行为、披露社会问题、督促纠正解决公共利益问题的有效方式。当前,我国日益突出的环境问题,不仅危及13亿多人口的公共利益,也将危及中华民族的生态安全。我国历史上最脆弱的生态系统,承载着世界上最多的人口和最大的经济发展压力。保护环境、合理开发利用自然资源、实施可持续发展战略,成为一项需要全社会共同参与的系统工程。在全力转方式、调结构、稳增长、惠民生的新时代变革时期,以环境信息公开、公众参与、公益诉讼、媒体监督为抓手,动员全民参与、人人参战,充分发挥社会监督的强大功能,全面推进"向污染宣战"。

第一节 发挥环境信息公开的监督作用

环境信息公开,是指依据和尊重公众知情权,政府和企业以及其他社会环境行为为主体,向公众通报和公开环境信息,以利于公众参与和监督。因此,环境信息公开制度既要公开环境质量信息,也要公开政府和企业的环境行为,为公众了解和监督环保工作提供必要条件。2013年,李克强总理在国务院廉政工作会议上明确要求,要及时主动公开涉及群众切身利益的环境污染、食品药品安全、安全生产等信息,向人民群众说真话、交实底。

为充分发挥社会公众行使宪法赋予的环境保护知情权、参与权、表达权、监督权,更好地加强政府、企业、公众在环境保护方面的沟通和协商,便于社会公众更多地了解环境信息,参与环境保护,形成政府、企业和公众的良性互动。环境信息公开在发达国家是早已普遍使用的一项制度,我国的环境信息公开制度是以2007年国家环保总局发布的《环境信息公开办法(试行)》为突破、为起点,标志着我国首次以部门规章的形式,规定了政府和企业公开环境信息的责任,明确了公众享有环境知情权。2014年,新《环保法》专门增设了"信息公开与公众参与"这一个章节,这是根据当前环保工作的需要和公众的需求，专门设一个章节来明确政府环保部门、企业在环境信息公开、公众参与方面的责任与义务。这也是本次《环保法》修订的一大亮点。新《环保法》第五十三条规定，"公民、法人和其他组织依法享有获取环境信息、参与和监督环境保护的权利。各级人民政府环境保护主管部门和其他负有环境保护监督管理职责的部门，应当依法公开环境信息、完善公众参与程序，为公民、法人和其他组织参与和监督环境保护提供便利"。这意味着我国把环境信息公开制度以立法的形式作出具体的规定，从制度层面上升到法律层面。近年来的实践表明，环境纠纷和环境矛盾成为影响社会稳定的重要因素之一，其原因就是群众与政府、企业之间存在着环境信息"壁垒"。由于政府、企业没有及时公开环境信息，群众无法获得与自己利益密切相关的环境信息，利益诉求得不到表达，利益维护得不到保障，由此引发了各种环境纠纷事件。建立环境信息公开制度，其目的就是要加强公众与政府、企业之间的沟通，使各方在知情、参与的互动过程中形成共识，消除误解，增进理解，形成合力。因此，推进环境信息公开，是公众参与环境保护的突破口，是凝聚社会力量共同"向污染宣战"的着力点，是建设和谐社会的重要举措，标志着我国政治文明在稳步推进。

谁是环境信息公开的主体？新《环保法》规定，公开环境信息的主体应该有两个层面。第一个层面：从政府部门的监管责任来看，环境保护主管部门对环保工作实施统一监督管理，因此，环境信息公开的主体就是各级环保部门和其他负有环境保护监督管理职责的部门。由于环境信息涉及政府多部门，如何确保依法公开环境信息的正确性、统一性？如果各部门公开的环境信息内容"打架"，就会给社会带来困扰和不解，既不利于环保工作的开展，也不利于政府公信力的树立。因此，新《环保法》第五十四条规定了各级环保部门分类公开环境信息的等级责任。也就是说，环保部统一发布国家环境质量、重点污染源监测信息及重大环境信息；省级以上环保部门发布环境状况公报；县级以上的环保部门要公开属地环境质量、环境监测、突发环境事件以及行政许可、行政处罚、排污费的征收和使用情况等信息。还要依法公布企业违法信息和环评审批公开。第二个层面：从排放污染物的治理主体责任来看，排污单位是公开本单位污染物排放环境信息的主体。新《环保法》第五十五条规定，"**重点排污单位应当如实向社会公开其主要污染物的名称、排放方式、排放浓度和总量、超标排放情况，以及防治设施的建设和运行情况，接受社会监督**"。另外，对重点单位不公开或不如实公开环境信息的，依照新《环保法》的第六十二条规定，由县级以上地方人民政府环境保护主管部门责令公开，处以罚款，并予以公告。

怎么公开环境信息？按照《政府信息公开条例》的规定，政府信息公开包括主动公开和依申请公开两类。主动公开，是由行政机关将纳入主动公开范围的政府信息，通过政府公报、政府网站、新闻发布会以及报刊、广播、电视等便于公众知晓的方式公开。主动公开是行政机关建设法治政府、透明政府的重要举措，体现了行政自我约束和行政公开原则，主动公开范围的宽窄在一定程度上体现了一个地区政府的透明度。鉴于环境信息涉及广大群众的切身利益，因此环境信息属于主动公开的类型，是公民、法人或者其他组织获取政府环境信息的主要渠道。当然，依照法律规定，公民、法人和其他组织可以向环保部门依申请公开所需的环境信息。

依照新《环保法》规定，环境信息公开的内容和事项很多，不仅包括宏观层面的国家环境质量信息、环境状况公报，也包括中观的重点污染源监测信息、环境监测信息、排污费的征收和使用情况，还有微观的环境行政许可、行政处罚、突发环境事件。不仅要公开环境行政处罚信息，还要向社会公布违法者名单；不仅要将环境信息向社会公布，还要将环境违法信息记入社会诚信档案，通过社会诚信档案向社会公开。应该说，环境信息公开内容涉及很多方面，但本节就社会公众比较关注的环境质量状况、环评审批、污染物排放、企业环保违法行为等信息公开作简单介绍。

一、环境质量状况公开

环境质量的好坏，直接涉及千家万户的切身利益，因而成为社会关切的热点、舆论关注的焦点，成为涉及老百姓生活质量、生存环境的重大民生问题，成为衡量一个国家、一个地区环境保护程度的标志。我国政府之所以下大力气"向污染宣战",就是因为环境质量不能满足人民群众日常生活和生存的需求,环境承载力不能支撑经济社会的协调发展。因此,改善环境质量已经成为我国全面建成小康社会的一项重大任务,成为事关国泰民安的大事。为了让广大人民群众更多地了解环境信息,充分调动社会公众参与、监督环境保护的力量,关心和支持环境保护,依照《环保法》规定,环保部门每年要定期向社会发布属地《环境质量状况公报》,这是各级环保部门必须履行的义务。各地一般都会在每年的"六五"世界环境日前,将属地的环境质量现状在有关媒体上发布,达到告知的目的。《环境质量状况公报》主要公开的内容有:一是本区域的大气环境质量现状。重点以细颗粒物、可吸入颗粒物、二氧化硫、氮氧化物、一氧化碳、臭氧这6项监测指标,来衡量一个地区空气质量的好坏。比如,社会公众反响强烈的雾霾天气,其形成原因既有工业燃煤排放出来的二氧化硫、氮氧化物和一氧化碳等污染物,也有来自沙尘漂浮、燃煤烟尘排放、城市建筑扬尘和机动车尾气排放。二是本区域的水环境质量现状。重点以化学需氧量、高锰酸盐指数、生化需氧量、石油类、氨氮、总磷等监测指标,来衡量一个地区主要流域、湖泊、水库的地表水和饮用水源地的水质好坏。另外,地表水和饮用水源地水质中的重金属含量是否超过国家规定的标准,也是衡量水质好坏的一个重要指标。三是声环境质量现状。重点以道路交通噪声和区域环境噪声来衡量。环境噪声问题主要集中在重点城市的主城区。四是土壤环境质量。重点以镉、汞、砷、铜、铅、铬、锌、镍、六六六、滴滴涕等污染物在土壤中的残留积累量,来衡量土壤的环境污染程度。五是生态环境质量现状。重点是以大气、水、土壤为基准的环境类要素和以各种资源类的损耗要素组成的综合评价体系。生态环境质量的好坏标志着一个国家、一个地区资源环境的承载能力的强弱,也标志着一个国家、一个地区可持续发展能力的强弱。

《环境质量状况报告书》,是环保部门应用大量的科学的监测数据,所编写的反映一定地区一段时间内环境质量状况和改善环境质量对策的技术文件,其主要作用是通过环境监测数据反映环境质量现状和预测分析环境质量变化趋势,找出影响环境质量的主要因素和存在的主要问题,为各级政府研究制定环境规划、地方标准、防治污染措施,开展环境科研,制定改善环境质量的对策提供科学依据。从近几年的实践来看,通过公开环境质量状况,让社会公众更多地了解自己所生活区域的环境质量现状,了解影响环境质量的主要污染物产生的要素和原因,不仅普及了环境保护的科普知识,也有利于进一步增强社会公众保护环境的意识,使广大社会公众成为环境污染的监督者,人人都是"向污染宣战"的参战者,这是各级政府"向污染宣战"的重要力量。

二、"环评审批"全过程公开

为了实施可持续发展战略,预防因规划和建设项目实施后对环境造成的不良影响,促进经济、社会和环境的协调发展,第九届全国人民代表大会常务委员会第三十次会议于2002年10月28日修订通过,于2003年9月1日起开始施行《中华人民共和国环境影响评价法》。本法所称环境影响评价,是指对规划和建设项目实施后可能造成的环境影响进行分析、预测和评估,提出预防或者减轻不良环境影响的对策和措施,进行跟踪监测的方法与制度。依照本法规定,凡是在中华人民共和国领域和中华人民共和国管辖的其他海域内建设对环境有影响的项目,都应当进行环境影响评价。

实践表明,环境影响评价制度在推进经济社会发展中发挥了积极的作用。通过环境影响评价,有效地促进区域产业结构的调整,从严控制了"两高一资"、低水平重复建设和产能过剩项目建设,加快淘汰落后产能,支持节能降耗产业、新型战略产业、高新技术产业加快发展。现实中,通过建设项目的环评审批,制约了许多污染项目的上马,环评制度具有"过滤器",发挥了"闸门"作用,成为经济建设良性循环的"调节器"。这些美誉,说明了这项制度在推进经济社会发展中发挥了应有的积极作用,是一项环境管理的有效制度,必须要坚持好、应用好。但与此同时,由于该制度下的环评审批流程主要集中在环保部门的内部封闭运转,在一定程度上弱化了审批环节的透明度和社会公众的参与度,并且在项目建成投运后,会对当地的生存环境、对老百姓的生产生活造成很大的环境影响。由于缺乏良好的信息沟通平台和渠道,加之过去地方政府引进的污染项目使当地老百姓又深受其害,在社会公众不知情、不了解的背景下，必然会引起社会公众对新建项目的抵触和对立，处理不当就会引发一系列的环境纠纷事件，形成新的社会不稳定的因素，造成一定的负面影响。这些教训至今令人触目惊心！正因为有前车之鉴，各地在引进建设项目时，是否履行了环评审批，项目建成后对周边环境影响如何，对属地老百姓的生产生活是否会有影响和损害，就成为社会公众和媒体舆论普遍关注的重大事项，因而环评审批的全过程公开就成为环境信息公开的重点。

为完善环评制度，进一步保障公众对环境保护的参与权、知情权和监督权，加强环境影响评价工作的公开、透明，方便公民、法人和其他组织获取环境保护主管部门环境影响评价信息，加大环境影响评价公众参与力度，2013年11月14日，环保部印发了关于《建设项目环境影响评价政府信息公开指南（试行）》的通知，要求所有建设项目环境影响评价文件审批信息要全部向社会主动公开，简称"环评三公开"。一是受理情况公开。各级环境保护主管部门在受理建设项目环境影响报告书（表）后，要向社会公开受理情况，征求公众意见。公开内容包括：项目名称、建设地点和单位，环境影响评价机构，受理日期，环境影响报告书（表）全本（除涉及国家秘密和商业秘密等内容外），公众反馈意见的联系方式。在这个环节，公开的重点有两个方面。一方面公开环评机构和从业人员诚信信息，包括环评机构基本情况、主要业绩、技术人员、诚信记录全部公开，鼓励公众对环评机构违规行为进行举报、对环保部门资质管理进行监督；另一方面公开环评报告书（表）全部内容，这是环评审批公开的一大突破。环评报告书公开，使社会公众能够获得建设项目对周边环境的影响程度和主要影响要素评估的全部信息，有利于在项目审查过程中更充分地征求公众意见，也便于公众有针对性地咨询和了解，接受社会监督。二是拟作出审批意见公开。各级环境保护主管部门在对建设项目作出审批意见前，向社会公开拟作出的批准和不予批准环境影响评价报告书（表）的意见，并告知申请人、利害关系人听证权利。公开内容包括项目概况、主要环境影响及预防或者减轻不良环境影响的对策和措施、公众参与情况、建设单位或地方政府所作出的相关环境保护措施承诺文件、听证权利告知。在这个环节，公开的重点是政府承诺文件。现实中,地方政府为招商引资,加快项目落地建设,使之能得到环评审批准入,往往作出许多减少或降低因项目建设影响周边环境的承诺措施。一旦环评准入文件获得后,地方政府关心的是项目开工建设早日投运,而承诺的环境保护措施往往滞后于项目建设,有的原本就没打算落实或根本就落实不了,当时的承诺就是拿到环评批文。由此,也引发了很多的土地征用、移民拆迁、污染扰民等环境纠纷,进而形成突发性的社会矛盾事件。为了增强地方政府承诺的责任感和使命感,以维护地方政府公信力为制约,将地方政府在环评中作出的事关群众切身利益的环保措施的承诺文件全文公开,使公众能够对政府兑现承诺情况实施社会监督,其目的是更好地约束政府审慎承诺和更好履行职责。三是作出审批决定公开。各级环境保护主管部门在对建设项目作出批准或不予批准环境影响评价报告书(表)的审批决定后向社会公开审批情况,告知申请人、利害关系人行政复议与行政诉讼权利。公开内容包括:审批文件名称、文号、时间及全文,行政复议与行政诉讼权利告知。其目的是方便公众获取环保部门作出的环评审批决定的详细信息,有利于公众监督环保部门依法、科学、公开、廉洁、高效地履行环评审批职责。为了进一步强化环评审批信息公开,维护公众的环境知情权、参与权,新《环保法》立法规定了建设单位应当在编制环境影响评价报告书时,向可能受影响的公众说明情况,充分征求意见。各级环保部门应当全文公开建设项目环境影响评价审批文件,发现建设项目未充分征求公众意见的,应当责成建设单位征求公众意见,接受公众监督。

一年多的实践表明,环评审批的有关信息主动向社会公开,积极吸纳社会公众参与,增强了社会公众对项目建设带来的环境影响程度的了解,在一定程度上消除了公众因项目建设对环境污染的恐惧,化解了因环境信息不对称而引发的环境纠纷。对可能产生严重污染的项目,通过公众监督,将其拒之门外,体现了公众参与环评审批过程中所产生的正效应。同时,通过对环评制度的改革和完善,展现了环保部门对社会公众关切重大事项的积极回应,也折射出环保部门顺应民意、锐意改革的魄力与勇气。

三、企业污染物排放信息公开

企业环境信息是环境信息公开内容的重要组成部分，重点排污单位是企业环境信息公开的责任主体。要求排污单位主动向社会公布污染物排放情况，自觉接受社会监督，这是我国环境管理手段的又一创新，是推进环境污染治理的一项硬措施。为此，新《环保法》规定所有排放污染物的企业，应当如实向社会公开排放主要污染物的名称、排放方式、排放浓度和总量、超标排放情况的信息，而且还要如实公开其防治污染设施的建设和运行情况。这是通过立法，规定了所有排污企业应当履行的法律责任。法律要求企业将污染物排放情况和污染防治设施运行的基本信息公布于众，接受社会监督，是在环境污染日趋严峻的背景下，对污染企业采取的一项惩罚性措施。排污企业主动公开排污信息，对企业形象和行为将形成巨大的压力，如果不主动公开环境信息，就要依法接受行政处罚，甚至面临更严厉的惩戒。因此，此项制度是对排放污染物企业的挑战和考验，是调动和应用社会公众的力量，监督、检举企业是否遵守国家或地区污染物排放标准和环保法律法规的一个重要手段，是衡量一个企业环境表现的重要标尺。排污企业自我公开排污情况，不仅增加了重点排污企业排污行为的透明度和公开性，而且在一定程度上遏制了企业肆意排污行为；不仅便于环保部门的行政监管和处罚，而且有利于社会公众监督和媒体舆论监督。这项措施，将会对排污企业形成强大的约束力，将会促进企业自觉减少排污，在增强企业的社会责任方面将会取得较好的效果。

四、企业违法行为公开

社会诚信体系的建立和完善是我国社会主义市场经济不断走向成熟的重要标志之一。十八届三中全会报告中明确提出，建立健全社会征信体系，褒扬诚信，惩戒失信。它的核心作用在于记录社会诚信状况，揭示社会诚信优劣，发挥市场自身净化的力量，弘扬诚信文化。

新《环保法》规定，各级环保部门要将企业违法行为的信息记入企业社会诚信档案，并及时向社会公布违法者名单。这是环境信息公开的重要组成部分。无论是对建设项目环评审批公开，还是将企业违法行为公开，都是对各级环保部门履行法律责任的要求,也是法律赋予各级环保部门的另一种行政监管手段。公布企业违法信息这种特定公开方式,将会影响企业的信贷、产品销售,对违法者形成极大的威慑,有利于公众作出理性选择消费,有利于遏制环境违法行为的高发势头。企业要维护自身的名誉,就必须遵守环境保护的法律法规和各项标准。否则,就会成为过街的老鼠,人人喊打,名誉扫地。尤其对上市企业应用此项措施将会使其受到致命的损伤,倒逼企业减少污染物的排放,减少对资源的浪费和消耗,有利于提高资源环境的承载力,有利于改善区域环境质量。前不久,笔者和一位企业负责人就此制度进行交流,他坦言,公开企业违法信息比罚款更可怕,更有杀伤力。过去如果违法,企业交了罚款就了事,别人也不知道,也没什么负面影响;如今如果企业违法行为被公布,企业的声誉受损,产品卖不出去,还要受到行政、金融等各种制裁,企业就会面临倒闭。公开企业违法信息比行政罚款更管用,更有效。

各级环保部门要应用好这个手段。首先,要依法核实企业违法行为和违法事实,要有充足的违法证据;其次,要制定和规范环境违法"黑名单"的公布时间、公布范围、公布程序、公布内容,公布内容应包括企业名称、地址、违法行为、处理决定等,做到依法行政;最后,对于企业不公开或不如实公开环境信息的,环保部门除了要责令企业公开、处以罚款外,还要依法予以公告。

一直以来,我国的环境问题就如同人体内生长的一颗毒瘤,长期潜入人体被肉体包裹着,虽世人不知,但却时刻都在侵害携带者的身体,危及其生命。对比来看,环境问题也是随着粗放的经济增长方式孕育而生、相伴而行的,多年来也一直被追求GDP快速增长的大背景包裹着,环境问题越包越多,环境危害越包越大,社会公众看不见、摸不着,但却已经严重威胁着广大人民群众生产生活和身心健康,已经严重制约着经济社会可持续发展。那么,现实中这些环境问题谁最清楚呢?因为环境问题产生的根源是企业粗放的生产方式,因而企业是最清楚的,环保部门负责监管企业污染排放也是清楚的,有些突出的环境问题属地政府领导也应该是清楚的,而最不清楚的恰恰是社会公众,是大多数的受害者。那么,这些环境问题又被谁在包裹着呢?一是企业自身在努力包裹着,二是环保部门受多重压力,按照惯性思维,形成了长期帮着包裹的现实。

面对生态文明建设的新要求,面对经济社会发展的新常态,面对新《环保法》的新规定,摆在各级环保部门面前不容回避的一个难题,就是被长期包裹的突出环境问题该怎么办。笔者认为,最简单、最直接的办法:一是"放下包袱",二是"打开包袱"。所谓"放下包袱",就是审时度势,消除顾虑,排除干扰,转换角色,转变习惯性的思维方式和传统的监管模式,调整解决问题的思路和办法,创新环保监管机制和手段,用新办法解决老问题;所谓"打开包袱",就是以贯彻执行环境信息公开法律制度为契机,通过公开环境信息的手段,敢于解开长期包裹着的环境问题这个大包袱,应用政务公开平台,把环境问题公之于众,接受社会公众的监督和媒体监督,形成解决环境问题的更好氛围、更多力量、更大支持。其作用和成效表现为:

一是社会公众对环境信息公开会最满意,也最欢迎,满足了社会公众获取环境信息的权利。这样做的好处在于,既符合党中央提出的"人民群众对美好生活的向往,就是我们努力工作的方向"的总体要求,又符合公众参与环境保护监督管理的基本诉求。

二是企业会感受到前所未有的压力,倒逼企业增强治理污染的紧迫感和责任感,也必然会促进企业加快治理污染设施设备的投入和技术改造,遏制治理污染成本外部化的转嫁行为,实现达标排放。应用好此手段,尤其对上市企业会形成更大的刺激,不但会影响融资的收益,也会影响股民的投资信心,甚至会使排放污染的上市企业受到致命的打击。实践证明,只有把治理污染的压力"传导"给排放污染的企业,才能体现"谁污染谁治理、谁损害谁担责、谁破坏谁恢复"的环境保护基本准则,才能厘清"污染者"、"损害者"、"破坏者"保护生态环境的主体责任。

三是暴露出来的环境问题会引起属地党委、政府和有关部门的高度重视,也会形成很大的压力。压力就是动力,就会促进属地党委、政府转变经济发展观念，主动适应经济发展的新常态，增强宏观调控的力度，加快转方式、调结构的进程，加强对环境保护的领导和支持，把环境污染监管的压力"引导"给各级政府和各相关部门。

四是打开环境问题这个大包袱，可以有效缓解环保部门的监管压力，也能避免常常遭到不作为的舆论谴责，转变长期以来处于"尴尬"的境遇和"挨骂"的角色，变被动为主动，还能调动社会公众参与、理解和支持环境保护的监督管理，形成"向污染宣战"的强大合力，共同出击环境污染，改善环境质量。这就是环境信息公开制度的作用与魅力，各级环保部门必须要把这个新措施、新手段、新武器用足用好。

当前，环境信息公开是各级环保部门创新管理机制的一个重要手段，既是权力，也是责任，责任与权力并存。对于社会公众，公开环境信息是环保部门的责任，环保部门有义务履行社会公众的环境知情权；对于排污企业，公开环境信息是环保部门的权力，是对排污企业施行的一种监管手段。因此，各级环保部门必须要应用好此项制度。一是环境信息公开的深入发展，必将推动环境保护的监管更加透明和规范。强化环境信息公开，短期内会给环保部门增加工作量和压力。依照本法规定，应当公开的环境信息而未公开，环保部门将被追责。但是如果因操作程序不细化，"公开"与"未公开"的界限、期限不明确，公开的平台不规范，就会引起社会公众和企业的质疑，甚至还会引发一些社会矛盾。二是要对企业环境信息的公开加强监督和管理。对于违反环境信息公开的企业，要加大行政处罚，及时向社会公布，形成对其强大的舆论攻势，逼迫企业履行《环保法》的法律义务，以此促进企业治理污染，避免将污染转嫁给社会，损害百姓，负担政府。三是要发挥公众监督企业环境信息公开的作用。公众作为环境损害的直接受害者，对涉及其切身利益的环境信息享有知情权。公众只有获取了企业的环境信息，才能更好地维护自身的环境权益，才能更好地监督企业履行环境责任和社会义务，可以极大地弥补有限的行政监督力量。同时，通过公开企业排污信息，为公众参与和环境公益诉讼打开方便之门。

一位曾任地区环保局局长的朋友感言,环保局局长越来越难当,因为你不知道什么时候会发生什么事情。2011年,他所在的城市发生恶臭污染,他被市委书记、市长严肃责问,市民责骂,网民嘲讽。面对种种质疑声,他的压力很大。他想与其挨骂等死,不如发微博,将环保部门调查污染进展情况连续发布信息,用公开信息与市民形成互动,最后通过昼夜奋战排查出了污染物质和肇事企业,第二天又及时召开新闻发布会向市民说明处理结果。市民发微博、跟帖赞许环保部门有作为,上上下下都转变了对环保部门的印象。他说那种感觉,就好像公安破了大案一样,很有成就感,因为我们给了公众一个满意的交代。

第二节 发挥环境保护公众参与的监督作用

环境保护公众参与是指公民、法人和其他组织自觉自愿参与环境立法、执法、司法、守法等事务以及与环境相关的开发、利用、保护和改善等活动。公众参与环保是维护和实现公民环境权益、加强生态文明建设的重要途径。积极推动公众参与环保,对创新环境治理机制、提升环境管理能力、建设生态文明具有重要意义。2014年5月,环保部印发了《关于推进环境保护公众参与的指导意见》,该意见以尊重和保障公众的环境知情权、参与权、表达权和监督权,积极构建全民参与环保的社会行动体系为指导,以大力推进环境法规和政策制定、环境决策、环境监督、环境影响评价、环境宣传教育等5方面为重点领域,旨在建立和完善政府、企业、公众三方对话机制,开辟有效的意见表达和投诉渠道,搭建公众参与和沟通的对接平台,发挥公众参与的作用,为百姓分忧,为政府助力。新《环保法》规定,公民、法人和其他组织依法享有获取环境信息、参与和监督环境保护的权利。这项立法使得环境保护从部门行政规章上升到法律规定,进一步明确了环境保护公众参与的法律地位。

一、公众参与是我国环保的迫切需要

拥有良好的生态环境和生存环境,是我国城乡广大人民群众的共同愿

望。推动环境污染治理，改善生态环境质量，仅仅依靠政府的力量显然是不够的，迫切需要公众参与。放眼世界，公众参与已成为国际社会环保的主流趋势。世界环保事业的最初推动力量就来自公众，没有公众的参与就没有环保的发展。唤起公众认识农药、化肥对环境和生物的巨大污染损害，源于1962年美国海洋生物学家蕾切尔·卡逊的《寂静的春天》一书。该书的出版，标志着现代环保思想的开启。1970年4月22日，美国有2000万人游行集会呼吁政府重视环保，后来这一天被确定为"地球日"，并得到永久性纪念，标志着现代环保运动的开端。20世纪中叶，日本发生了一系列严重的环境污染公害事件，日本的环境污染受害者进行了大规模的法律诉讼，许多地区成立了反对环境污染的民间组织。1970年，日本反对只发展经济不考虑环保的国民人数第一次达到45%，这使得日本国会开始专门讨论环境公害问题，并陆续颁布了一系列环保法规。特别是《循环型社会形成推进基本法》，用环境文化理念促进国民自觉地树立环保意识与道德素质；用强制性手段推进新能源的使用，控制自然资源的消耗；强调既要降低废弃物的产生，提高废弃物的循环利用，又要对无法再利用的废弃物进行安全处置。此后，工业发达国家非政府组织在公众参与中发挥着越来越重要的中介和桥梁作用。比如，1972年有300个NGO参加了联合国人类环境会议；1992年的巴西里约会议有170个国家的103位政府首脑参加，却有2000多个国际NGO组织从侧面进行游说活动，并召开了一次会议，提出了300多个民间条约配合政府。不只是在美国和日本，甚至在全欧洲，公众参与极大地推动了西方发达国家环保事业的发展。这些经验，值得我们借鉴。

与西方国家不同，我国的环保是由政府首先推动的。从基本国策到科学发展观，充分显示了党中央对中华民族高度负责的历史责任感。好的政治理念必须依靠公众参与来落实，必须建立一套完善的监督机制来贯彻。对于拥有13亿多人口的大国来说，发展是第一要务，但经济社会健康发展必须依靠资源环境的承载。无论是发展经济还是保护环境资源，其出发点和落脚点都是为人民谋福祉，都离不开公众的积极参与。今天我们"向污染宣战"，更需要依靠群众出主意、想办法，更需要群众的关心、支持、参与和监督。将公众参与引入到环境治理中来,不仅可以弥补政府环境监管能力的不足,还可对政府环境监管及排污单位起到监督制约的作用。因此,推进环境保护公众参与,是环境保护民主化、法制化进程中的重大实践,是"向污染宣战"的重大举措。对于各级环保部门来说,如何把握和调动公众参与的巨大力量,既是新命题又是新考验。

二、加强公众参与环保的制度建设

近年来,公民的环境权利受到越来越多的关注。新《环保法》多处体现全民参与环保的理念,所以规定得比较多。首先,明确一切单位和个人都有保护环境的义务。其次,增加了要求公民采用低碳、节俭的生活方式的规定,要求公民遵守环保法律法规,配合做好实施环保措施,也要求公民对废弃物进行分类放置等,这都是公众参与环保的形式。此外,这次《环保法》的修订,首次以法律的形式确认了公民获取环境信息、参与环境保护和监督环境保护3项具体的环境权利。有关环境权利入法是本次《环保法》修订的众多亮点之一,它为完善信息公开和公众参与制度奠定了更为明确和坚实的权利基础。伴随着经济社会的快速发展,我国的公众参与环保的程度越来越深入,提高公众参与环保的意识越来越强,公众参与环保的范围也越来越广,保障公众参与的制度建设和工作机制也日趋完善。比如,在环保法律法规建设方面,《环保法》修订时,全国人大两次通过网络向全社会公众征求修改意见,多次到各地广泛征求社会各界、有关人士、有关专家学者的意见和建议;在环境决策、政策制定、环境监督、开展环保宣传教育等方面,都相应建立了专家咨询、论证、评审制度,民意调查制度,环保新闻发布制度,人大、政协提案议案办结制度,公众信访投诉制度,环保义务监督员制度等。由于建设项目不当产生了众多的环境问题,通过环境影响评价来控制源头污染,是社会关注的焦点,是公众参与的重点。为此,环保部为推进和规范环境影响评价活动中的公众参与,于2006年制定出台了《环境影响评价公众参与暂行办法》。该办法规定,一是环境影响评价机构在编制环境影响报告书的过程中,环境保护行政主管部门在审批或者重新审核环境影响报告书的过程中,除国家规定需要保密的情形外,应当全部公开有关环境影响评价的信息，征求公众意见。二是环境影响评价机构应当在建设项目环境影响报告书中专门编制公众参与篇章。三是对环境影响报告书中没有注明公众参与的，环境保护行政主管部门不得受理。四是按照环评审批"三公开"原则，每个环节都要征求公众意见，畅通公众信息反馈方式和渠道，征求公众意见的期限不得少于10日，要求在征求公众意见的期限之内环境信息必须处于公开状态。五是明确了采取调查公众意见、咨询专家意见、座谈会、论证会、听证会等形式，公开征求公众意见。六是建设单位或者其委托的环境影响评价机构，应当认真考虑公众意见，并在环境影响报告书中附具对公众意见采纳或者不采纳的说明。七是要重视信息反馈。环境影响报告书报送环境保护行政主管部门审批或者重新审核前，建设单位或者其委托的环境影响评价机构可以通过适当方式，向提出意见的公众反馈意见处理情况。八是建设单位或者其委托的环境影响评价机构、环境保护行政主管部门应当将所回收的反馈意见的原始资料存档备查。

为了落实公众参与机制、增强制度可执行性，《环保法》在修订时主要从3个方面作出具体规定：一是规定了环境相关权利，为公众参与机制奠定法理基础。公众参与不只是行政机关保障行政决策科学、民主的内部程序，还是公众的一项法定权利。比如本法规定，公民享有环境知情权、参与权、监督权。二是明确事前、事中参与机制，依法应当编制环境影响报告书的建设项目，建设单位应当在编制时向可能受影响的公众说明情况，充分征求公众意见。三是疏通事后参与监督机制，公众可以对环境违法行为进行举报，有关社会组织可以依法提起环境公益诉讼。由此可见，立法规定和明确公众相关环境权利，为公众参与提供了法理基础和权利源泉，将大大提高公众参与机制的法律地位和实际作用。推动公众参与，是各级环保部门改善环境质量、遏制环境违法行为、"向污染宣战"的新武器，必须应用好，实践好。

三、引导公众参与环保的重点领域

积极发挥公众参与的能动作用，引导和鼓励公众参与环保的重点工作，充分吸收和采纳公众的建言以及批评意见，是各级环保部门义不容辞的责任，对于全面提升环保工作水平具有十分重要的意义。环保部门应在以下几方面，加强重点引导。一是在"环境法规和政策制定"时，应依法在政府和环保部门门户网站、当地主流媒体上公布草案，召开座谈会、论证会、听证会等，公开征求公众意见，并对公众意见的征求、采纳情况及时予以公布，使公众与政府间信息互动，增进了解、便于沟通，增强政策的可操作性，形成政府与公众的合力。二是在"环境决策"时，要提高环境决策透明度，鼓励建立环境决策民意调查制度，把民意支持度作为是否决策的重要参考。建立健全专家论证会制度，发挥专家的专业支撑作用。鼓励公众、社会组织全程参与环境规划的实施与考核，提高环境决策民主化和科学化水平。三是在"环境监督"时，环保部门应主动邀请人大代表、政协委员、民主党派和无党派人士参与环保监督检查。加强与民间环保组织的协调，可以聘请环保社会组织代表、社会公众担任环保特约监察员，支持民间环保机构开展公益活动。建立多渠道的对话机制，要完善由地方环保部门组织公众与企业之间直接对话和协商，建立环保部门与非政府机构及普通公众之间的定期对话机制。四是在"环境影响评价"时，及时公开建设项目环评信息，对可能造成不良环境影响并直接涉及公众环境权益的专项规划，要在审批前，用论证会、听证会形式广泛听取专家学者和社会各界人士的意见，优选和完善环评报告，坚持科学决策、民主决策。五是在"环保宣传教育"时，应引导公众和环保社会组织积极参与环保宣传教育和知识普及工作，充分发挥现代传媒的辐射效应，建立电视、广播、报刊、网络环境宣传网络，为公众解疑释惑，让公众走进媒体，了解环保，参与环保，树立正确的生态价值观和道德观，培养高尚的生态环境道德。

四、把握推进环境保护公众参与的方式

为了能够使公众参与环保，建立和完善公众参与的方式、拓宽公众参与的渠道是十分重要的。经过近几年的实践，概括起来重点要抓好以下几方面。一是多种方式主动参与。广泛动员公众参与环保事务，推动电视、广播、报纸、网络和手机等媒体积极履行环保公益宣传社会责任，使公众依法、理性、有序地参与环保事务。二是推进环境信息公开，拓宽参与渠道。环境信息公开，是公众参与的基础。一方面,通过政府和环境保护行政主管部门门户网站、政务微博、报刊、手机报等权威信息发布平台和新闻发布会、媒体通气会等便于公众知晓的方式,及时、准确、全面地公开环境管理信息和环境质量信息;另一方面,积极推动企业环境信息公开。只有完善环境信息发布机制、细化公开条目、明确公开内容、增强信息的透明度、扩展信息的传播面,才能为公众参与打通渠道,使公众真正拥有环境知情权、参与权、监督权。三是搭建平台,畅通公众表达及诉求渠道。建设政府、企业、公众三方对话机制,支持环保社会组织合法、理性、规范地开展环境矛盾和纠纷的调查和调研活动,对其在解决环境矛盾和纠纷过程中所涉及的信息沟通、对话协调、实施协议等行为,提供必要的帮助。四是依法指导和规范公众参与。明确公众参与的范围、内容、方式、渠道和程序,规范和指导公众有序地参与环保。制定和采取有效措施保护举报人,避免举报人遭受打击报复。五是增强服务意识,扶持环保社会组织。指导环保社会组织进行专业培训,提升其公益服务意识、服务能力和服务水平。积极支持环保社会组织开展环保宣传教育、咨询服务、环境违法监督和法律援助等活动,鼓励他们为完善环保法律法规和政策制定积极建言献策。

当前,推进环境保护公众参与也面临着一定的困惑,需要环保部门审慎把握。比如,在一些地区环保部门大力推行环境保护公众参与和公众监督,对污染企业形成很大的压力,有些经济部门和利益集团认为环保部门在发动群众斗企业,搞公众参与活动是哗众取宠,是搞形式主义,环保部门遭遇很大的压力。与此同时,环保部门应把握公众参与的组织引导方式,切实畅通公众对环境的诉求渠道和平台,防止借公众参与之名,引发环境纠纷群体性事件,扩大社会矛盾,影响安定团结。

第三节 发挥环境公益诉讼对环境保护的监督作用

公益诉讼源于《罗马法》。古代罗马法学家把法分为公法和私法,诉讼也被分为公诉和私诉两种。公诉是对维护公共利益案件的诉讼,私诉是根据个人的申诉对有关个人案件的诉讼。我国环境公益诉讼，是指社会组织为维护环境公共利益，对污染环境、破坏生态、损害社会公共利益的行为，向人民法院提起诉讼的制度。与传统的、一般性的民事诉讼、行政诉讼相比，环境公益诉讼的主体具有特殊性。依照新《环保法》规定，公益诉讼的主体是专门从事环境保护公益活动连续五年以上且无违法记录的社会组织。其他公民或法人等都不具备公益诉讼的主体资格。其目的是，维护环境公共利益，追求社会公正、公平，保障社会可持续发展。其特征是，我国现行的法律制度规定，起诉人应当与案件有直接利害关系，而公益诉讼则不要求有直接利害关系，不要求起诉人是法律关系当事人。

一、建立环境公益诉讼制度的重要性与紧迫性

保护环境，为什么需要公益诉讼？现实中，当环境违法行为侵害了大多数人的利益或社会公共利益的时候，谁来当原告，谁来提起诉讼，谁具有代表公共利益的主体资格，一直以来在司法领域是空白。因没有相应的法律规定，公共利益根本无法得到保障。由于原告主体缺位致使公共利益受损，且得不到法律的保障。在这种背景下，建立公益诉讼制度已经成为时代发展的迫切需要。近年来，在各方推动下，建立环境公益诉讼制度逐步成为社会共识，特别是全国两会代表、专家学者、环保组织持续不断的呼吁，环保部门的大力推动和地方司法机关大胆的实践，为环境公益诉讼成为法律制度奠定了基础。

为了回应社会关切，依法保障环境保护社会公共利益，体现社会的公平和正义，《环保法》在修订时就环境保护公益诉讼作出专条法律规定。新《环保法》第五十八条规定，"对污染环境、破坏生态、损害社会公共利益的行为，符合下列条件的社会组织可以向人民法院提起诉讼：（一）依法在设区的市级以上人民政府民政部门登记；（二）专门从事环境保护公益活动连续五年以上且无违法记录。符合前款规定的社会组织向人民法院提起诉讼，人民法院应当依法受理。提起诉讼的社会组织不得通过诉讼牟取经济利益"。由此看出，该条立法本意旨在国家通过授权的方式，明确社会组织可以作为环境保护公益诉讼的原告资格，并通过公益诉讼程序，维护环境保护社会公共利益，通

过立法解决了公益诉讼主体资格空白的问题，弥补了原有法律制度的缺陷。公益诉讼主体资格的放开，是新《环保法》的最大的亮点之一。据有关资料表明，在修订《环保法》时，备受社会关注的环保公益诉讼主体资格，也经历了几次调整修改。2012年8月，一审时，"公益诉讼"未列入。2013年6月，二审稿规定，"公益诉讼主体为中华环保联合会以及在省、自治区、直辖市设立的环保联合会"。2013年10月，三审稿限定为，"依法在国务院民政部门登记，专门从事环境保护公益活动连续五年以上，且信誉良好的全国性社会组织"。2014年4月，四审稿扩大到"设区的市级以上政府民政部门登记的相关社会组织"。据估计，按照新《环保法》规定，具备环境保护公益诉讼资格的现有300多家社会组织。

实践证明，建立和施行环境保护公益诉讼制度，依法保障社会公共利益，对于促进我国经济社会与资源环境的协调发展具有划时代的现实意义。

第一，环境保护公益诉讼，是推行依法治国的重要内容。大多数发达国家在民事诉讼制度中，都有较完善的公益诉讼制度，其中环境公益诉讼是重要内容。新《环保法》规定，环境保护是我国的基本国策，依法治理环境污染，改善生态环境，是全面实施生态文明战略的重要手段。环境保护公益诉讼制度是环境保护法律体系建设的补充和完善，健全和完善环境保护法律体系，是推行依法治国、建设社会主义法治国家的重要组成部分。

第二，环境保护公益诉讼，是维护社会公众环境公平的重大举措。从我国现行的法律规定看，对侵害国家利益或公共利益的行为，大多时候是对行政官员问责，很难追究肇事者的民事责任。污染企业通过大量的排污获取高额利润，把污染和治理转嫁给社会，形成了企业赚钱、政府要GDP、社会公众纳税人买单治污的"毒瘤"。损害公众利益和健康的背后，飘红的是业绩，染黑的是良心！社会公众的环境公平和正义就这样被吞噬和剥削。残酷的现实，要求国家必须加快建立和实施环境公益诉讼制度，以此来保障国家利益和公共利益不受侵害，维护国家的公平和正义，保障经济社会可持续发展。要重点引导环保社会组织有序发展，进一步完善环境公益诉讼制度，赋予社会公众环境诉讼权,体现监督有力的作用。

第三,环境保护公益诉讼,是预防和保护公共利益的需要。环境公益诉讼具有显著的预防性,同时兼具补救功能。环境公益诉讼的提起及最终裁决并不要求一定有损害事实发生,只要能根据有关情况合理判断出可能使社会公益受到侵害,即可提起诉讼,由违法行为人承担相应的法律责任。这样可以有效地保护国家利益和社会秩序不受违法行为的侵害,把违法行为消灭在萌芽状态。在环境公益诉讼中,这种预防功能尤为明显且显得更为重要,因为环境一旦遭受破坏就难以恢复原状,所以法律有必要在环境侵害尚未发生或尚未完全发生时就容许公民适用司法手段加以排除,从而阻止环境公益遭受无法弥补的损失或危害。

第四,环境保护公益诉讼,是打击环境违法行为的利器。近年来,因环境污染损害社会公共利益的行为已屡见不鲜,伤及大多数人利益的事件屡禁不止。环境投诉只有环保部门受理一条通道,然而由于环保部门执法手段受限,不能从根本上解决环境污染问题。从司法实践来看,很多地方法院对此类案件常以不具备主体资格或者法律没有规定为由把原告拒之门外,法律空白使环境违法者逍遥法外,环境违法行为得不到应有的惩处,环境污染泛滥成灾。新《环保法》立法规定了环境公益诉讼的内容。应用这项法律制度,对污染企业的肆意排污行为会起到强大的震慑作用,促进污染企业改进工艺和环保设施,加快技术升级,可以有效预防和控制环境污染。

二、环境保护公益诉讼的探索与实践

进入20世纪后,随着高科技的迅速发展,人们的生产生活日益社会化,公害问题也日益显现出来。为了维护公共利益,公益诉讼被不断重视和应用。20世纪70年代,美国的公民诉讼制度规定,公民均可对有污染防治义务的污染源提起民事诉讼;对疏于行使法定职权、履行法定义务的环保局长提起行政诉讼。日本环境公益诉讼主要是指"环境行政公益诉讼",这种诉讼的出发点主要在于维护国家和社会的公共利益,对行政行为的合法性进行监督和制约。欧洲很多国家也有环境公益诉讼的相关规定,例如,法国的环境公益诉讼制度是越权之诉，只要申诉人利益受到行政行为的侵害就可提起越权之诉。

我国的环境公益诉讼是民事公益诉讼的重要组成部分，属于环境民事公益诉讼。随着人们自身素质的提高，对生活环境质量的要求越来越高，随之而来的有关环境公益诉讼备受关注。2005年12月13日，国务院《关于落实科学发展观加强环境保护的决定》中提出，"发挥社会团体的作用，鼓励检举和揭发各种环境违法行为，推动环境公益诉讼"。为积极回应人民群众环境资源司法新期待，为生态文明建设提供坚强有力的司法保障，2014年7月3日，最高人民法院召开新闻发布会，决定设立专门的环境资源审判庭。最高人民法院环境资源审判庭的主要职责包括：审判第一、二审涉及大气、水、土壤等自然环境污染侵权纠纷民事案件，涉及地质矿产资源保护、开发有关权属争议纠纷民事案件，涉及森林、草原、内河、湖泊、滩涂、湿地等自然资源环境保护、开发、利用等环境资源民事纠纷案件；对不服下级人民法院生效裁判的涉及环境资源民事案件进行审查，依法提审或裁定指令下级法院再审；对下级人民法院环境资源民事案件审判工作进行指导；研究起草有关司法解释等。最高人民法院环境资源专门审判机构的设立，对于促进和保障环境资源法律的全面正确施行，统一司法裁判尺度，切实维护人民群众的环境权益，在全社会培育和树立尊重自然、顺应自然、保护自然的生态文明新理念，遏制环境形势的进一步恶化，提升我国在环境保护方面的国际形象等，必将产生积极而深远的影响。

近几年，各地人民法院也在环境资源司法专门化方面进行了积极的探索。设立环境法庭、受理环境公益诉讼案件，成为司法机关强化环境司法、支持环保事业发展的重要举措。据初步统计，自2007年贵阳清镇市人民法院成立我国第一家生态保护法庭以来，迄今已有16个省（区、市）设立了134个环境保护法庭、合议庭或者巡回法庭，依法审判了一批有影响的环境资源类案件。目前，云南省已有3家中级人民法院和6家基层法院成立了环境保护法庭，是全国成立数量最多的省份。实践表明，无论是环境公益诉讼制度建设还是司法实践，都取得了良好的法律效果、社会效果和环境效果，并在环境资源专门化审判方面积累了有益的经验。

在加快设立环境法庭的同时，完善和规范环境司法的政策措施也在有序地推进。最高人民法院公布了《关于全面加强环境资源审判工作为推进生态文明建设提供有力司法保障的意见》。无锡市中级人民法院和市检察院联合公布了《关于办理环境民事公益诉讼案件的试行规定》。云南省昆明市中级人民法院、市检察院、市公安局、市环保局联合公布了《关于建立环境保护执法协调机制的实施意见》，规定环境公益诉讼的案件由检察机关、环保部门和有关社会团体向法院提起诉讼。实践证明，环境公益诉讼是"向污染宣战"、促进环境保护的重要武器，对于保护公共环境和公民环境权益起到了非常重要的作用。

当前，一些地区的污染企业仍然是当地GDP增长的重要支柱，也是地方财税收入的来源之一，地方政府不愿为改善环境质量而把污染企业停业或关闭，因此，环境公益诉讼的发展，需要跨越污染企业受地方政府保护的障碍。环境公益诉讼不仅要直面污染企业的环境违法行为，也要直面地方保护主义，还要排除来自地方政府的阻力。我国的环境公益诉讼制度虽已从立法方面有所突破，但在主体资格的身份、范围等方面还不够宽泛，尚有一些局限性，在一定程度上不利于完全发挥该项制度的作用。比如，有许多学者建议环境公益诉讼主体除了从事环保的社团组织外，还应该赋予各级环境保护行政主管部门，因为损害公共环境利益的环境监测数据、污染源的排放是否超标违法等情况，环保部门是最有权威和说服力的，且环保部门既是环境污染损害证据的直接拥有者，也是打击环境违法行为的监管者，何须绕道而行呢？尽管立法中有不尽如人意的地方，但无论如何环境公益诉讼制度已经起步，这是环境法制建设的一大进步，所遇到的困难也会随着经济增长方式的转变而逐步减少，随着环境公益诉讼的不断完善和实践，其保护公众的环境利益、坚决打击环境违法行为的震慑效果，也必将逐步显现。所以，环境公益诉讼是"向污染宣战"的重要法律武器。

第四节　发挥新闻媒体对环境保护的监督作用

所谓媒体，通俗地说就是传播信息的平台。随着经济社会的快速发展，新闻媒介的发展也在日新月异，逐步形成了以报纸、杂志、广播、电视、网络、手机等多类别、多层次的媒介体系。舆论导向是新闻媒体独具一格的特征，决定了其在反映问题时的客观、公正，对于问题的阐述也具有一定的针对性，对问题的见解具有一定的前瞻性。媒体通过报道和评论新闻事件，可以弘扬正气、揭露问题，引导人们从正确的方向思考社会现状和发展理念，无论是在人们的生活中，还是国家建设中都起着至关重要的作用。近几年来，损害公众利益的环境污染事件频频曝光，在国内掀起了揭露环境污染问题的"环保风暴"。无论是高层领导还是社会公众，都已经意识到环境安全已成为我国公共安全体系中一根脆弱的神经。通过揭露和批评环境违法行为，引起全社会对环境问题的高度关注。新闻媒体的舆论监督，为推进我国经济建设与环境保护协调发展发挥了积极作用。

一、媒体介入增强了公众参与环保和维权的意识

20世纪80年代，新闻媒体随着环保事业的起步而逐步参与到环保领域中来。多年来，"公安靠手铐、税务靠发票、工商靠执照、环保靠说教"，成为社会公众对几个部门工作手段和特点的评价。纵观我国环保30多年的发展历程，环保的确是靠"宣传起家"，逐步依靠"八项制度"和建立健全环保法律体系，形成依法加强环保的工作机制。改革开放以来，由于人们的环保意识淡薄，重经济发展、轻环境保护的现象普遍存在，环境污染、资源损耗、生态破坏伴随着过度开发和盲目发展在日积月累，呈现出环境问题叠加和集中爆发的态势，环境污染的恶性事例屡见不鲜，资源环境的承载力急剧下降，环境质量日趋恶化，已严重损害人民群众的身心健康，严重制约经济社会的协调发展。有许多专家学者和社会有识之士甚至在质疑，我们这样的经济发展到底是为了什么？据统计，环境污染引发的群体性事件以年均29%的速度递增，对抗程度明显高于其他群体性事件。目前，我国有1/4的人口饮用不合格的水，1/3的城市人口呼吸着严重污染的空气。各类环境污染对公众健康造成了巨大的危害，被许多新闻媒体持续曝光，引发了社会公众的强烈不满，公众的关注度、强化环保力度的呼声持续高涨，老百姓的环境参与意识、维权意识也在明显增强。

尽管环保部门也在加强现场执法检查，加大行政处罚力度，但由于环保立法缺陷致使执法手段受限，处罚过轻，执法收效甚微，难以对企业形成威慑力，花钱买排污、一罚了之的顽疾始终得不到根除。与环保部门的无奈、无力相比，主流媒体曝光环境污染、抨击环境违法行为方面发挥了很大的舆论监督作用。媒体通过对环境违法企业的报道，将环境污染的恶行公之于世，把企业的污染行为晾晒在公众监督的视野中，使其受到社会舆论的谴责，形成一股强大的压力，进而引起高层领导的重视和社会的关注。事实表明，主流媒体的正义引导和真实曝光，对排污企业的违法行为起到强大的震慑作用，不仅给排污企业带来巨大的压力，使其必须向社会舆论俯首，还给当地政府形成了巨大的压力，掀翻了"地方保护伞"，促使许多长期存在的突出环境问题得到尽快解决，消除了老百姓长期遭受污染的无言之苦，无奈之痛。

在现实生活中，由于环境问题比较专业和复杂，人们对环保法律法规和环保知识的了解还很不够。因此，加大对环保法律规定和环保知识的宣传，有利于人们真正认识到在环境保护和经济发展过程中该如何处理好这些关系，有利于公众参与和化解环境矛盾。对此，新《环保法》规定，"**各级人民政府应当加强环境保护宣传和普及工作，鼓励基层群众性自治组织、社会组织、环境保护志愿者开展环境保护法律法规和环境保护知识的宣传，营造保护环境的良好风气。教育行政部门、学校、新闻媒体应当开展环境保护法律法规和环境保护知识的宣传，对环境违法行为进行舆论监督**"。尽管这些规定比较讲究原则，但是明确了各个主体应承担的环保法律法规和环保知识的宣传职责。

历史的经验告诉我们，法律的实施离不开公众的理解和支持，推动环保事业发展，需要宣传环保法律法规，需要普及环保知识，更需要舆论监督。从环保部门的角度来看，媒体的批评和监督，公众的参与和维权，极大地推动了环境问题的解决。我国环保事业的发展，经历了由观念转变到利益博弈的历史过程，在这两个阶段中，新闻媒体一直都是最重要的推手。

二、新闻媒体构筑了公众参与环境保护的平台

当今社会，随着互联网业务的迅猛发展，互联网能够触及世界的各个角

落，新型的网络媒体对于信息的披露速度越来越快，影响也越来越广泛。随着环境噪声扰民、空气雾霾、饮用水污染等影响公众现实生活质量的环境问题日益突出，社会公众的关注度将日益升温，公众要求参与环境保护的呼声越来越强烈。手机成为监督环境污染的取证设备，公众成为环保最广泛的监督员，网络媒体成为公众最便捷的投诉平台，而且还会快速形成较大的社会影响力，以促进政府加快解决环境污染问题。所有这些现代的传播媒介，为社会公众揭露环境污染、监督环保工作、参与环保工作创建了很好的平台，也成为公众参与的重要渠道。

为进一步强化和发挥公众监督的作用，新《环保法》第五十七条规定，**"公民、法人和其他组织发现任何单位和个人有污染环境和破坏生态行为的，有权向环境保护主管部门或者其他负有环境保护监督管理职责的部门举报。公民、法人和其他组织发现地方各级人民政府、县级以上人民政府环境保护主管部门和其他负有环境保护监督管理职责的部门不依法履行职责的，有权向其上级机关或者监察机关举报。接受举报的机关应当对举报人的相关信息予以保密，保护举报人的合法权益"**。本条立法规定，从法律制度层面进一步明确了社会公众对环境污染和生态破坏有举报、监督的权利，也有对环保部门是否履职有举报和监督的权利。这是对公众行使知情权和参与权的法律保障。

新闻媒体是公众获知环境管理信息的重要渠道，也是环保部门向公众传递环境信息的最快捷通道。环境知情权是公众参与环保的基础和前提，而新闻媒体一直是公众获取环保知识和环境信息的一个重要载体。据资料显示，目前公众的环境信息来源主要依赖网络、电视，通过这两种途径获取信息的人数比例均在70%以上。新闻媒体是公众切实参与到环境管理中的重要途径，也是环保部门获取公众要求的渠道之一。新闻媒体可以发挥公众与环保部门之间的沟通和传递功能，使更多的公众通过新闻媒体表达意见、行使参与权。事实上，新闻媒体和环保部门在治理污染、保护环境方面的出发点是一致的，只是各自的工作手段不同，采取的方式不同。但事实表明，新闻媒体的监督比环保部门的监督更加超脱，更加自由。这是因为，按照我国环保系统的管理体系，上下级环保部门之间只是一种业务上的指导关系，环保部门直接受同级地方政府领导。环保执法很容易受到地方保护主义掣肘，更困难的还在于明知企业违法排污，又无力去"硬触碰"。在为经济发展保驾护航的压力下，有的基层环保部门领导还要为污染企业说违心话，遮掩企业排污的事实。他们承受着巨大的心理压力，承担着巨大的追责风险。笔者相信，随着发展理念的转变，环保部门走出困局的日子不会太久。

新闻媒体的参与，有助于环保部门更好地推行环境信息公开，应用社会监督力量推进环保工作。环境信息公开既是保障公众环境知情权的重要措施，也是环保部门工作机制创新的体现。通过公开企业排放污染物的信息，给排污企业施加治污压力，以此来弥补监管手段的不足和缺陷；通过公众参与和舆论监督，形成"借力打压"的态势，以此促进各地政府和企业加快环境污染治理，消除环境风险隐患，改善环境质量。近年来的事实一再证明，各种环境污染事件和环境违法丑行，最害怕的就是暴露在"阳光之下"。一旦某地环境污染被主流媒体曝光，在公众和舆论监督的压力下，尤其是在高层领导的关注和批示下，属地政府就会立即行动，环保部门也会驻场监管，企业会被迫采取措施治理污染。这在当前恐怕是一种成本最低、最直接、最有效的监督办法。因此，新闻媒体的参与，有利于公众更好地理解、配合、支持环境管理工作，也有利于环保部门接受社会的监督和公众的监督，有利于形成环保部门与公众沟通的良好渠道和机制，有利于构筑公众参与环保的平台，发挥巨大的推动作用。环保工作需要全社会尤其是舆论的支持。充分发挥新闻舆论的监督作用，有效监督破坏环境的行为，才会对环境保护和生态文明建设起到积极的促进作用。

三、媒体监督促进了重大环境问题的解决和环境管理制度的完善创新

近年来，全社会的环保意识日益增强，环境问题引起了社会各界的广泛关注。新闻媒体充分发挥舆论监督功能，不仅曝光了环境污染的严重事实，而且也对产生环境问题的根源进行了深度剖析，对环境问题的舆论监督发挥了不可替代的作用。在过去经济发展"唯GDP论"思维的主导下，虽然有识之士

已经意识到我国在发展过程中环境问题的严重性，但是环保并没有成为公共视野中的热点话题。在许多地区，地方政府和污染企业不是对媒体曝光的环境问题认真反思、制定整改方案、停止排污，而是千方百计地寻找各种理由搪塞媒体的报道，甚至有的采取异常手段，绞尽脑汁堵住记者的嘴，尽可能"摆平"媒体。还有一些地方政府不但没有接受舆论的监督，反而对舆论监督反感、抵触、对抗，甚至还喊出了"防火、防盗、防记者"的口号。实地采访调查环境污染的记者们，遭白眼、被侮辱，甚至遭遇围攻、殴打。所有这些，说明了地方政府被经济发展的指标挤压得丧失了作为政府的最基本的立场，发展理念错位，迷失了为谁发展的方向。一些重大的环境污染事件，往往是记者冒着生命危险实地调查披露出来的。新闻媒体通过曝光形成强大的舆论声势，迫使地方政府和排污企业不得不有所作为，因此公众经常嘲讽：一些地方政府重视环保，都是"靠记者推着走"逼出来的。

2005年，国家环保总局推行第一次"环评风暴"，叫停了上千亿元的违规项目。新闻媒体的大规模跟进报道和热烈讨论，引起了社会各界对环保问题的重视，使环保话题从经济社会发展的"边缘话题"变成了"核心话题"。正是在媒体的关注之下，环保成为公共舆论中的焦点问题。在这一阶段，媒体的有效监督，相关信息的大量披露，以及公众的积极参与，都成为推动环保工作的正能量。例如，2005年的圆明园湖底防渗听证会、2006年底的松花江重大水污染事件和2007年夏的太湖水危机事件，都激发了新闻媒体对环境问题的关注。在新闻媒体和公众舆论的强大压力下，一些违规的项目和企业很快进行了整改。除公开报道外，许多主流媒体还通过内参向党中央、国务院反映环境问题，直接促进了一些环境问题的解决和管理措施的出台。如圆明园湖底防渗事件，开启了重大建设项目环评审批前实行环评听证和公众参与的先河，而且推动了国家环保总局《公众参与环境影响评价暂行办法》的出台，首次为公众参与环保制定专门的规章。同时，环保部频频出台一些加强舆论监督的规定，比较有代表性的是，2009年6月，环保部、中宣部、教育部联合下发《关于做好新形势下环境宣传教育工作的意见》，要求大力加强环境新闻宣传工作，把提高舆论引导能力放在突出位置。要求批评曝光环境违法行为和"两高一资"项目盲目发展等有违科学发展的环境问题，积极报道建设生态文明、探索环保新道路的热点、焦点和难点问题，推动环境保护与经济建设协调发展。从媒体监督的实践来看，保持新闻媒体对环保舆论监督的独立性是十分必要的，只有这样才能客观、准确、及时地保证公众对环境的知情权、参与权、监督权。倘若媒体为地方权力所左右，一味地为地方政府"贴福字"，到时候受损的只能是我们生存的环境，受害的只能是众多的老百姓。

环境污染的集中爆发，一时成为媒体报道、公众关注的焦点。据2013年环境统计表明，被媒体披露和公众反映的环境污染事件全国全年累计达到542起。其中2013年上半年十大环境污染事件都是在媒体曝光后相继得到了解决。另据有关资料表明，2013年仅某省被曝光的环境污染问题就达到14个，其中已有10个完成整改。有350多家小企业已全部停产整治或取缔拆除。就在这一年，"雾霾"成为年度热词。1月25日开始的雾霾污染带贯穿和席卷我国中东部，污染面积已超过100万平方公里，北京仅有5天不是雾霾天。环保部卫星环境应用中心数据表明，此次雾霾比较严重的地区主要分布在华北平原的南部、长江中下游地区、湖北、湖南等地。我国最大的500个城市中，只有不到1%的城市达到世界卫生组织推荐的空气质量标准。与此同时，世界上污染最严重的10个城市有7个在我国。2014年1月4日，国家减灾办、民政部首次将危害健康的雾霾天气纳入2013年自然灾情进行通报。随着雾霾问题的加剧，最终促使环保部将$PM_{2.5}$列为《环境空气质量标准》的监测指标，并在全国范围内布置监测点。为遏制空气雾霾污染，2013年6月，国务院出台了大气《国十条》，要求各级政府要制定重污染天气应急预案。2014年4月，国务院又出台了大气污染防治计划的考核办法，明确了地方人民政府是大气《国十条》实施的责任主体，对未通过终期考核的地区，除采取限批新建项目外，要加大行政问责力度，必要时由国务院领导同志约谈省（区、市）人民政府主要负责人。新的大气《国十条》政策，已经对火电厂脱硫脱硝、汽车排放、水泥脱硫脱硝、钢铁烧结机脱硫、石化脱硫等领域的污染物减排，提出了明确的完成时限。同步要求中央财政和各级政府都要设立大气污染治理专项资金,加大污染治理投入力度。在重污染天气的情况下,政府将推出更强硬的应急措施,采取工业企业强制停产、车辆限行的方式减少污染排放。这一举措,在《北京市空气重污染日应急方案》中已经体现,对重点排污单位通过限产停产等措施减少污染物排放,党政机关和企业事业单位将带头停驶公务用车,建议中小学、幼儿园停课等措施。

发达国家都十分注重新闻媒体的监督。一个国家或一个地区新闻媒体监督的程度,是衡量这个国家或这个地区社会文明、开放、包容的意识和社会进步程度的重要标志。近年来,随着我国改革开放的深入、经济社会的快速发展,新闻媒体在宣传党和国家的方针政策、参与社会管理事务、弘扬正气、鞭笞丑恶、披露环境污染、推动环境问题的解决方面都发挥了积极的作用,体现了新闻媒体监督环境污染、环境管理的正能量,深受社会公众的支持和赞誉。现实中,新闻媒体监督环境保护产生的正效应,毋庸置疑!但与此同时,假记者、假报道的问题也频频出现,"防火、防盗、防记者"在一些地区已成为公开的对策措施,尤其在环保领域更为突出。一些记者为谋求个人利益,对一些地区的环境问题有意夸大事实,甚至编造一些情节和图片,在网络上传播,蒙蔽社会公众,造成了混淆视听的错觉;有的受他人或其他组织的指使,打着新闻监督企业污染物排放的幌子,挑动行业之间不正当的竞争;有的借故环境污染,夸大其词,煽动不明真相的群众,肆意制造事端,扰乱社会秩序;有的还借此向企业索要"封口费"、"赞助费"、"劳务费"等,所有这些违法行为,不仅有失新闻记者的职业道德,也给新闻媒体的形象抹了黑,给社会稳定带来了一定的负面影响和不利因素。

新闻职业道德是每个新闻工作者必须具备的基本素养,也是从事新闻工作的立业之本。新闻界有句行话:"先做人,再作文。"只有具备崇高道德追求和严格道德自律的新闻工作者才能写出准确真实、客观公正的报道,才能赢得读者和群众的信任。反之,忽视新闻职业道德建设、放松新闻职业要求,就会不可避免地出现种种违纪违法现象。那些有偿新闻、新闻敲诈、虚假报道等新闻领域存在的不良现象，凸显了部分媒体和新闻采编人员在新闻职业道德方面存在的严重缺失。这些新闻职业道德失范现象，不仅严重损害新闻媒体的公信力和新闻队伍的形象，而且损害整个社会的诚信体系，危害社会稳定，损害人民群众对党和政府的信任，必须坚决从严治理。当前，国家有关部门也对此引起了高度重视，加大了对一些假记者的封杀，加大了对一些记者借机揽财和载体的打击惩治力度，切实采取有效措施，纠正媒体监督"跑偏"的问题。与此同时，还应加强新闻职业道德建设和队伍建设，既要有自律也要有他律。在行使批评与监督职责的同时，新闻媒体自身也必须接受批评与监督。只有外部监督的压力始终存在，才能促使新闻媒体及从业者兢兢业业、严肃认真地对待新闻采编工作，使新闻职业道德规范落实到每一次采访、每一篇稿件之中。

综上所述，媒体监督、舆论监督和公众参与环境保护，不仅对环境违法行为起到强大的震慑作用，迫使企业加快治理环境污染，解决长期以来存在的突出环境问题，而且也对地方政府的保护主义和发展理念，形成了巨大的冲击，促进区域经济增长方式的转变和经济结构的调整。与此同时，也促进加快研究制定环保政策措施，更加健全和完善环保法律法规，促进环保的工作机制的创新和监管手段的完善。因此，"向污染宣战"，不仅需要人人参与，更需要媒体的监督，需要各种力量的凝聚，需要各种措施的组合。人心齐，泰山移。我们期待优美的生态环境早日回归！

第五章　关于增强环境文化的引领作用（第五拳）

环境文化源于我国传统的儒家思想。我国传统的儒家文化从个人修身开始，它的核心价值就在于"天人合一"思想，以追求人与自然万物协调统一为价值取向，极力强化物我归一、天人一统的和谐精髓。同时，环境文化又是生态危机的产物，是近代传统工业文明的必然结果。环境文化的价值，在于消解环境矛盾和生态危机,建构人与自然、人与人的和谐共处。国内外的实践经验告诉我们,形成环境危机的原因不是技术和经济问题,而是文化诉求和价值取向问题。

第一节　以环境文化引导经济社会发展理念的转变

环境文化是环境保护的思想道德基础,环境文化建设的宗旨是提高人民群众的环境意识,环境意识是环境文化的核心和基础。环境问题不仅是一个经济、政治和社会问题,而且是一个文化问题。资源、环境问题不仅体现了我们追求的是什么样的生产方式,什么样的生活方式,什么样的消费方式,更反映出我们追求的价值取向是什么,环境文化深入人心的程度如何。事实上,有什么样的环境文化就有什么样的价值取向,有什么样的价值取向就有什么样的生产方式、生活方式和消费方式。处理不好这些关系,就会使社会人文与社会道德伦理发生偏移,甚至走向另一个极端。如果社会普遍持有环境文化的理念,遵循人与自然和谐相处的价值取向,按照自然规律处理人与自然的关系,发展生产,创造财富,理性消费,那么就不会因向自然过度索取而造成目前人与自然的紧张关系,就能有效地避免工业文明所带来的资源枯竭、环境污染,就能有效地避免自然灾害对人类的无情报复。所以,我们在加快经济发展、追求财富的同时,需要弘扬环境文化,大力建设环境文化。

一、环境文化推动了世界环境保护理念的大发展

20世纪中叶,随着西方工业国家频频出现环境灾害,保护环境的民众运动也拉开了序幕,环境文化应运而生。1962年出版的《寂静的春天》、1972年出版的《增长的极限》和《只有一个地球》,标志着环境思潮和运动在世界范围内逐步发展起来。1992年,联合国环境与发展大会在巴西的里约热内卢召开,环境文化的理念转化为可持续发展战略。2002年,可持续发展世界首脑会议在南非的约翰内斯堡召开,确认经济发展、社会进步与环境保护共同构成可持续发展的三大支柱。短短几十年的时间,环境文化已演化为世界文化的主流意识形态,

它迅速超越国家民族以及政党学派的差异，成为人类和平发展的共同选择。

我国是一个有着完整的环境文化体系的国家，从远古时期我们的祖先创造和崇拜的自然之神，到以"天人合一"的哲学命题为核心的环境文化体系的形成，是祖先给我们留下的最宝贵的财富之一。《周礼》中对鱼鳖类捕捞、林木苇蒲采伐实行严格的季节限制，凡"犯禁者执而诛罚之"。《淮南子》中有"不涸泽而渔，不焚林而猎"的警示。唐代贞观年间倡导节俭，实行均田制和租庸调制，轻徭薄赋，出现牛马布野、谷价低廉、路不拾遗、社会升平的昌盛景象。这种文化不仅使整个民族树立了爱护万物生灵的意识，而且也诠释了人与自然相融的关系。中华文明的延续和发展，是与中华民族深厚的环境文化分不开的。

与西方国家不同的是，我国的环境文化发展主要是由政府主导和推动。政府不仅是环境保护的主体，而且是环境文化建构的倡议者和引导者，因此继承和发展环境文化则是当代政府的重要职责。改革开放以来，我国大规模实施退耕还林、退牧还草以及休渔禁渔、林木限伐等政策措施，使自然生态"休养生息"，这是我国环境文化理念的进一步丰富和发展。1992年，中国环境文化促进会正式在国家民政部注册，标志着国家级的环境文化社会团体正式成立。该促进会以"弘扬生态文明、传播环境文化"为宗旨，坚持和宣传环境保护的基本国策，积极倡导人与自然和谐相处以及可持续发展的生态文明理念，加强环境文化理论建设，促进环境文化交流与发展，树立现代生态平衡观并建立在此基础上的价值观、社会道德观，提高全民环境意识，推动环境保护公众参与，广泛联系科技界、文艺界、新闻界、教育界、企业界及社会知名人士，开展各种传播环境文化的社会活动。

21世纪初，党中央审时度势地提出了科学发展观，把人与自然的和谐发展作为长治久安的一项重要内容。在"十一五"国民经济和社会发展规划中，提出了建立资源节约型和环境友好型社会的发展目标。2005年，国务院《关于落实科学发展观加强环境保护的决定》中明确指出："保护环境是全民族的事业，环境宣传教育是实现国家环境保护意志的重要方式。要加大环境保护基本国策和环境法制的宣传力度，弘扬环境文化，倡导生态文明，以环境补偿促进社会公平，以生态平衡推进社会和谐，以环境文化丰富精神文明。"这是环境文化理念，第一次出现在国家层面的文件中，标志着弘扬环境文化已成为国家行为，说明了党和政府决心抛弃传统的发展模式，走一条全新的发展道路。中央文明办等11个部门和团体在全国范围内组织开展"保护生态环境，倡导文明新风"的活动，这是环境文化建设的重要步骤。2006年，原国家环保总局颁布了《环境影响评价公众参与暂行办法》，2007年又颁布了《环境信息公开办法（试行）》，为全社会环境文化的传播提供了有力的政策保障。

二、环境文化促进了社会公众环境意识的提高

传统工业文明带来了科技与经济的飞速发展，带来了人类物质生活水平的极大提高。但传统工业以粗放的增长方式和惊人的速度，消耗着大量的自然资源，排放出大量的自然界无法吸纳的废弃物，打破了全球生态系统的自然循环和自我平衡，使人与自然的关系恶化，造成了日益严重的环境危机，威胁着人类的生存发展。生态危机实质上是文化危机，生态危机产生了环境文化，环境文化就是我们今天追求的先进文化。

我国的环保靠宣传起家，大力弘扬环境文化，将会促进社会公众环境意识的提高。国家组织的各种大型活动都渗透着环境文化的气息，如2008年"绿色北京、绿色奥运"，七部委联合主办的"绿色中国年度人物评选"、"中国环境文化节"、"环保书法美术摄影大赛"、"环保主题雕塑展"等活动，以丰富多彩的形式宣传环境文化。每年"六五"环境日，全国各地都举行各种纪念活动，大力宣传环境保护和环境文化理念。近年来，在各级政府和有关部门的积极推动下，环境文化已经成为时代发展的主流文化。社会公众的环境意识在日益增强，尊重自然、顺应自然、保护自然的环境生态文明观正在逐步形成。

近几年，在政府的引导和支持下，民间环境文化事业蓬勃发展。环保NGO发展迅速，在传播环境文化方面作出重要贡献。由中国环境文化促进会创办的"绿色中国论坛"已经举办了12届。论坛邀请国内外著名的专家学者就环境焦点问题和环境文化理论前沿进行探讨和研究，取得了一系列优秀理论成果，丰富了环境文化理论研究和实践总结。中国环境文化促进会至今举办了12期全国大学生环保社团（志愿者）培训营，为全国200多所高校的环保社团免费培训骨干3000多名，在全社会特别是青年中间传播环境文化理念。中国环境文化促进会编制的"中国公众环保民生指数"，是我国首个环保指数，每年公布一次，反映公众的环保意识、环保满意度和环保行为。

随着我国经济建设的快速发展，社会文明程度的日益提高，建设社会主义现代化强国的需要，弘扬环境文化已成为时代的主题，成为转变发展理念、提升执政理念的重要内容。近年来，我国积极推行经济社会发展由"又快又好"向"又好又快"转变，这既是发展理念的转变，也是环境意识的转变。习近平总书记在十八届三中全会上作《中共中央关于全面深化改革若干重大问题的决定》的说明时指出，我们要认识到山、水、林、田、湖是一个生命共同体，人的命脉在田，田的命脉在水，水的命脉在山，山的命脉在土，土的命脉在树。人类追求发展的需求和地球资源的有限供给，是一对永恒的矛盾。要树立尊重自然、顺应自然、保护自然的生态文明理念，我们必须解决好"天育物有时，地生财有限，而人之欲无极"的矛盾，要达到"一松一竹真朋友，山鸟山花好兄弟"的意境。总书记论述了人、田、水、山、土、树等环境要素之间的关系，揭示了环境文化的深刻内涵和丰富的哲学思想。

弘扬环境文化意在提高全民环境意识，推动公众参与环境保护。公众参与环境保护的程度，是一个地区环境保护意识程度的标志，是一个国家民主进程和政治文明程度的标志。以环境文化构建和丰富社会文化的和谐大发展，提高全民环境意识，推进社会公众参与。

三、弘扬环境文化是落实科学发展观、实现可持续发展战略的具体要求

我国的环境问题正迅速成为一个重大的社会问题。"科学发展观"的提出，要求我们在经济社会发展中实现"人与自然的和谐"，把环境问题进一步提升到环境文化伦理层次。当前，环境保护日益受到党中央、国务院的高度重视。科教兴国和可持续发展战略的实施，决定在未来的经济发展中，要高度重视经济增长方式的转变，走可持续发展的道路，从战略高度正确认识和处理经济发展与人口、资源、环境的关系,合理开发和综合利用自然资源,保护和改善生态。科学发展观内涵丰富,包括政治、经济、文化等方面,是整体发展观念,包括思想文化、价值取向、哲学体系等方面。落实科学发展观,不只是一个口号,而是思想上的转型。当前经济社会的发展迫切需要转变人们的思想,摒除"唯GDP"的观念,树立可持续发展的战略模式,实现人与自然、人与社会的和谐发展,以环境文化为底蕴,建立社会主义新型价值观和发展理念。

可持续发展要求必须建设环境文化,环境文化包含保护生态环境的意识、观念、理念等,通过建立一种遵循自然法则的环境伦理,对现存的经济增长模式、消费方式、资源稀缺等问题重新进行思考和定位,从观念上破解经济增长和保护环境的两难选择,引导人类由工业文明迈向生态文明。传统的发展模式所形成的文化价值观,片面追求经济数量的增长,认为文明就是将自然资源转化为物质财富,把生活水平的提高归结为消费水平的不断提高,从而导致人们距离与自然相和谐的道路越来越远。因此,我们一定要有环境忧患意识,努力构建新的环境文化,逐步消除环境的潜在危机。

循环经济作为可持续发展的一种实践模式,是人类重新认识自然界、尊重客观规律、探索新经济规律的产物,需要用新的系统观、经济观、价值观、生产观和消费观来正确认识和把握。环境文化所倡导的生产方式,就是要使传统农业的循环法则和传统工业的增长法则成功地结合起来,使资本收益率与自然资源收益率的提高统一起来,从追求单纯的经济增长引导到追求经济、社会、环境的协调发展,将环境文化的理念从单纯的环境保护扩展到经济社会发展的各个环节之中。通过产业和技术的升级改造,引导企业尽可能推进清洁生产,减少废物排放,引导社会进行节俭消费和绿色消费,保持经济和社会全面、协调和可持续发展。

第二节 以环境文化引领和推进生态文明建设

环境文化是社会主义生态文明建设的重要基础。社会主义生态文明有着全新的世界观、价值观和方法论，其价值核心就是树立人与自然的和谐。生态文明建设是构建社会主义和谐社会的目标取向和根本保证之一，环境文化体现了社会主义生态文明建设的内涵和精神。党的十八大报告首次单篇论述了生态文明。建设生态文明，是关系人民福祉、关乎民族未来的长远大计。因此，要求我们必须把生态文明建设放在突出地位，融入经济建设、政治建设、文化建设、社会建设各方面和全过程，努力建设美丽中国，实现中华民族永续发展。习近平总书记站在中国特色社会主义事业"五位一体"总体布局的战略高度，对生态文明建设进行系统阐述。他指出，生态环境保护是功在当代、利在千秋的事业，要清醒认识生态环境保护、环境污染治理的紧迫性和艰巨性，清醒认识加强生态文明建设的重要性和必要性，以对人民群众、对子孙后代高度负责的态度和责任，真正下决心把环境污染治理好、把生态环境建设好。要牢固树立生态红线的观念，让透支的资源环境逐步休养生息。在生态环境保护问题上，我们不能越雷池一步，否则就会受到惩罚。总书记对生态文明建设的新思想、新论断，深刻阐释了推进生态文明建设的重大意义，体现了新时期我们党对生态文明建设规律认识的进一步深化，表明了我们党加强生态文明建设的坚定意志和坚强决心，为努力建设美丽中国，实现中华民族永续发展，走向社会主义生态文明新时代，指明了前进的方向和实现的路径。

一、弘扬环境文化是生态文明建设的内在要求

在人类文明的历史长河中，从农业文明进入工业文明无疑是一个巨大的进步。工业文明在为人类带来巨大物质财富的同时，还引发了能源危机、环境污染、生态破坏、气候变暖等一系列问题，危及人类的生存和发展。破解这些难题，需要我们重新审视价值取向和文化理念的偏差，需要确立新的生态文明观，构建新的生态文明理念和发展方略。

环境文化是在工业化使人类社会发展陷入困境甚至不能持续发展的前提下诞生的。长期以来，"人统治自然"、"征服自然"的价值观认为，只有人是主体，其他物质生命和自然生态系统是人征服的对象；只有人有价值，其他物质生命和自然系统只能唯人索取。工业文明以不计环境代价的方法掠夺式地发展经济，高投入、高能耗、高消费、高污染，将生态环境变成了"资源库"和"垃圾场"，导致自然生态的急剧恶化。其生产方式，从原料到产品再到废弃物，以利润最大化为发展动力，消耗了大量自然资源，损害了人类赖以生存的环境系统，是一个粗放式的、不可持续的增长过程。其生活方式推崇物质享乐主义，以高消费为特征，认为资源消费越多，对经济发展的贡献越大，从而导致人们肆意开发自然资源，丧失资源环境的承载力，使经济建设和社会发展陷入了恶性循环的困局。

要弘扬环境文化，牢固树立尊重自然、顺应自然、保护自然的生态文明观。地球的资源是有限的，地球是我们当代人和子孙后代唯一的家园。人类生存于地球自然生态系统之内，是自然生态系统的一部分，如果任凭传统工业对自然生态环境进行摧残和破坏，人类将会无家可归进而走向毁灭。因此，人类要尊重生命和自然界，要同其他生命共享一个地球，在发展的过程中注重人性与生态性的全面统一。自然是地球上一切生物与无生命的环境组成的一个相互作用、互相依赖的整体。人类既不在自然之上，也不在自然之外，人包括在自然界的整体当中，自然界是人类生命的源泉和价值的源泉，人类生存、繁衍和发展都要从自然界中汲取养料。因此，我们必须抛弃工业文明时代的"主观价值论"，顺应当今时代发展的要求，牢固树立尊重自然、善待自然、保护自然的生态文明价值观，建立以人为本，以生态为本，全面协调可持续发展的新型发展观。正确处理人与自然的关系，与自然融洽相处，共生共荣，和谐发展。

环境文化以增强人与自然和谐共融、促进生态文明建设、实现经济社会可持续发展为宗旨，正确处理好人与自然平等、和谐、统一的关系，通过弘扬环境文化，进一步增强生态文明建设的紧迫感和责任感，以此促进经济增长方式的转变，坚决遏制以掠夺资源、牺牲环境和破坏生态为代价换取经济发展。恩格斯曾深刻地指出："我们不要过分陶醉于我们人类对自然界的胜利，对于每一次这样的胜利，自然界都对我们进行了报复。"人类有享受物质生活、追求自由与幸福的权利，但这种权利只能限制在环境承载能力许可的范围之内，如果超过了这个限度，生态系统就会遭到破坏，很难恢复到正常状态。善待自然，就是善待我们的家园，就是善待我们自己，人们对待自然的态度应从征服变为尊重。生态文明作为改善人与自然关系的进步文明，倡导人们在合理继承工业文明的基础上，用更加文明与理智的态度对待自然生态环境，反对野蛮开发和滥用自然资源，重视经济发展的生态效益，努力保护和建设良好的生态环境，改善人与自然的关系，使人与自然的关系达到和谐状态，从而使人类不再是自然的支配者、主宰者，而是与其他生物同属于一个生态系统。调整人与自然的关系，便是协调人类的社会关系，便是追求人类社会的和平与进步。

生态文明建设驱动着人们的生态意识和行为的自觉性、自律性。通过环境文化的宣传和教育，让生态文明观念深入人心，让人们深刻认识到发展与人口、资源、环境之间的辩证关系，增强保护和改善生态环境、建设生态文明的自觉性和主动性，促使人们自觉地承担保护生态环境的责任和义务。

总之，环境文化是人类的新文化运动，是人类思想观念领域的深刻变革，是对传统工业文明的反思和超越，是在更高层次上对自然法则的尊重与回归。

二、以环境文化引领生态优先，大力推进生态文明建设

"生态兴则文明兴，生态衰则文明衰。"这表明了文明与生态的良性互动关系，进一步诠释了环境文化的深刻内涵，既蕴含着我国传统文化的哲学思想，又贯穿了马克思主义历史唯物主义和辩证唯物主义的哲学思维。环境文化与生态优先是一脉相承、相互依存的关系，环境文化的本质就是生态文化，弘扬环境文化的目的就是呼唤人类要保护赖以生存的自然生态系统；生态优先本身就是一种环境文化理念，是环境文化思想理念的具体实践。要以环境文化来引领生态优先、推动生态优先。大力推进生态文明建设，既是立足我国国情的实际需要，也是现代社会发展的需要，更是我国发展理念转变、执政理念创新的真实写照。

生态优先是指在社会、经济和文化的发展中，应当坚持生态效益优先的原则，尤其是在生态效益与经济发展矛盾时，应当优先考虑各种建设规划对自然环境和生态系统的长期影响。生态优先原则是针对现实中经济优先原则提出

的。经济优先原则的实质，是片面追求和极力实现经济规模的无限扩张增长，片面追求经济利益和经济效益最大化，片面追求物质财富占有和消费的最大化，而基本不顾及生态系统的承载力和平衡，几乎无所顾忌地牺牲生态环境，大量消耗自然资产与生态资本，使经济增长严重超过生态系统承载能力，导致严重的生态危机。这种严重违背自然生态规律的经济发展，无疑是一种经济短视和经济自私，也是一种生态无知和生态愚昧。

生态优先是遏制生态环境恶化、提升生态系统承载力的重要手段，是遵循自然生态规律的现实体现，是转变增长方式的内在要求，是创新环境文化理念的重大举措，是实现中华民族永续发展的根本保障。建设生态文明的核心，是把"生态优先"的原则，贯穿到国民经济、社会发展的全过程。通过"生态优先"的各种政策措施的制定和落实，重新调整经济发展方式和发展理念，合理规范人的社会行为，协调各种社会关系，避免由于资源分配不公和权力的滥用而造成新的生态环境破坏。近年来，在加速我国工业化进程中，生态环境的负面影响更加凸显，资源环境承载力的下降成为经济社会协调发展的瓶颈。当前，我们正面临两难的选择：一方面，作为发展中国家，需要加快工业化发展，积累财富，满足消费需求；另一方面，面对严重的环境污染、生态破坏的现实和中国可持续发展的需要，又必须摒弃和超越传统工业发展模式。不走老路走新路，需要勇气和智慧，需要新理念、新制度。新一届党中央将生态文明建设纳入中国特色社会主义事业"五位一体"的总布局，把生态文明建设放在突出地位，要求融入经济建设、政治建设、文化建设、社会建设各方面和全过程，努力建设美丽中国，实现中华民族永续发展，走向社会主义生态文明新时代。这是具有里程碑意义的战略抉择。在今后的工作中，只要始终不渝地坚持"生态优先"、"保护优先"的原则，通过生态文明建设的实践，必将从根本上解决经济发展与生态环境的突出矛盾，促使我们走出传统工业化的困境，实现经济建设与资源环境友好发展。由此可见，制度是文明的产物，标志着文明进步的程度。积极实施生态文明建设制度，是我国经济社会相协调发展的正确路径和唯一选择，是我国工业化的"救赎"之道,是民意所在、民心所向,是党提高执政能力的重要体现,是我国政府"向污染宣战"的治本之策。

第三节 以环境道德的提升来推动中华民族永续发展

何为环境道德?这是笔者一直以来苦苦思索的一个命题,总想给出一个通俗易懂的定义,但始终说不清也道不明。可是发生在母亲身上的一件小事,却让笔者难以释怀,现把此事略作叙述,或许会给我们一些启迪。前几年,每当逢年过节的时候,子女儿孙都要聚集在母亲的家中,陪年迈的母亲享受几日短暂的天伦之乐,听母亲讲过去生活中的凡人逸事。边聊天边做饭便是每天重复的一件事。由于儿孙多,气氛很热闹。吃饭的时候,母亲因牙齿不好经常在嘴角挂一些饭粒,这时候儿女们便会急忙递上餐巾纸,母亲总是抿嘴微笑摇摇头,慢腾腾地从自己的裤兜里摸出手绢来擦嘴,于是我们不解地问母亲:"现在生活条件好了,您还是旧思想、老皇历,递过去的餐巾纸不用,何必放下碗筷又费力地去掏手绢呢?"母亲这时微微一笑说:"餐巾纸用脏了就只能扔了,手绢用脏了洗一洗下次还能用啊!"母亲的这句话,常常让我们无言以对,感慨万千!之后笔者总是在想,母亲的节俭意识、生活习惯由来已久,可能已经在她的骨子里根深蒂固了。那么这些传统的节俭意识是从哪里来的?她出生于20世纪20年代,仅上过几天传教士开办的"洋学堂"。那个时代压根儿就没有环保的概念,可能从她们的思想深处也上升不到"环境道德"、"生态文明"的理论,但就是传承这种简单的生活习惯,反倒映衬出环境道德和生态文明的内涵与本质,与现代提倡的"反对过度消费"、"节约资源"、"保护环境"、"维系生态系统"的思想理念相比,时光岁月虽已过去80多载,却如出一辙,这是不是返璞归真呢?带着疑惑,带着思索,笔者想起了母亲常在嘴边挂的一句话,"没古人有古话"。笔者理解这句话的含义在于,古人虽去,但古训则长存。原来,母亲他们这一代人身上原本最淳朴的节俭意识、节俭习惯、节俭美德,源于古人一代又一代传承下来的中华民族博大精深的传统文化,看似简单的生活习惯,恰恰折射出深厚的环境文化底蕴,折射出他们灵魂深处不为物欲所累、崇尚简约的古老文明。正如《道德经》所说:"见素抱朴,少私寡欲。"古人告诉我们,做人要淳厚,行事要守德,生活要俭朴,使本性慢慢回归到淳朴的状态,与道相合。想一想这些思想理念、这些行为习惯,不正是我们今天所提倡的、推崇的、追求的"环保理念"、"环境道德"吗?因此,建设节约型社会是环境文化的深刻内涵,我们必须使中华民族这种朴素的节俭美德在当今社会发扬光大、代代相传,使节约型的生产方式和生活方式,成为人们高尚道德的追求。

如果说一个人的生活习惯还不足以有代表性的话,那么我们再来了解一些游牧民族的宗教信仰、俗成法规、生产方式和生活方式,从他们那里寻找什么是环境道德。在人类文明的历史长河中,游牧文化与农耕文化成为我国历史上两大璀璨的文化,源远流长,亘古未息。游牧民族的文化是在游牧生产、生活的基础上形成的。游牧社会和游牧民族与自然融为一体,有相适应的固有机制和固有观念。他们的宗教信仰蕴含着环境道德理念:一些游牧民族曾有过自己的宗教信仰——萨满教,"长生天"、"万物有灵"是萨满教的核心思想,认为草原上的一草一木、飞禽走兽、山川河流是上天的赐予,都有灵性和神性,不能轻易扰动、射杀和破坏,否则将受到神灵的惩罚。牧民流传至今的"祭敖包"源于萨满教的祭拜"长生天"的宗教活动,祈求并感恩"长生天"保佑草原雨水丰沛、草原茂盛、五畜肥壮、人民安康。"牧人爱宇宙,宇宙赐给我们以幸福;牧人保护宇宙,苍天交给我们任务。"这首名为《十三匹骏马》的民歌,牧民们一直在广阔的草原上反复吟唱、世代相传,展现了游牧民族博大的胸怀和与自然和谐共处、"天人合一"的文明理念。在这种规范和法规中孕育了环境道德思想:保护草原是牧民的天然秉性,也逐步形成了约定俗成的规范和理性的法规。牧民爱草原就如同农民爱庄稼,牧民依赖大草原就像孩子依恋母亲一样。"游牧"并不是一种漫无边际的流动,而是有着自觉遵守的社会边界,这种边界是依赖于牧民部落长期以来形成的相互约定俗成的规范,传承着诚信和规范。成吉思汗《大札撒》规定,"禁草生而镬地"、

"禁遗火而撂荒"、"禁向河水溺尿";《阿勒坦汗法典》规定,"失火致人死亡者,罚牲畜三九,并以一人或一驼顶替",还列出了可捕杀的野生动物品种和季节,制定了违反规定的处罚制度,严重者甚至满门抄斩;《喀尔喀律令》规定,"从库伦边界到能分辨牲畜毛色的两倍之地内的活树不许砍伐,如果砍伐没收其全部财产"。这些俗成的规范和法规,反映了游牧民族注重和谐、敬畏自然、崇尚自然、自觉保护生态的环境道德和生态文明意识。这种生产、生活方式包含着环境道德的行为:游牧民族在广阔的草原上世世代代赶着马、牛、羊群,逐水草而迁徙,采用周期性、循环性的"倒场"方式,实现了"人—畜—草"的生态系统平衡,决不"竭泽而渔、焚林而猎"。尤其在牧草生长期,每一个放牧点的时间不超过14天。这是因为,一是14天的吃草周期,不但不会消耗过多的牧草,反而会激发草的生长,二是防止因羊群出入圈对蒙古包周边草场的踩踏。这种古朴的生产、生活方式客观上形成了牧人与自然环境的同生共存的现实,体现了环境道德的意识:游牧民族"视天为父、视地为母",认为苍天是圆的、大地是圆的,因而搭建的蒙古包蕴含了"天父地母"的内涵,酷有"天似穹庐、笼盖四野"的神韵。在他们的风俗习惯中,每次喝酒吃肉前总会取一点酒、割一小块肉,走出蒙古包洒向天空大地,敬献给"天父地母"和养育了他们的草原。游牧民族的传统葬礼也充满了回归自然的特质。比如,有的采用"野葬",将尸体放在勒勒车上,随车行走丢弃,把肉体还给禽兽,返璞归真;有的采用"火葬",将骨灰撒向草原,与大地融为一体;有的采用"深葬",将尸体深埋九尺以下,移上草皮,恢复草场,还给自然。总之,游牧民族认为,他们是自然之子,回归自然、敬畏自然是他们亘古不变的信念。草原上的骏马是游牧民族狩猎、放牧、迁徙、征战时不可缺少的亲密伙伴,马背承载了游牧民族的期望,成就了游牧民族的事业和梦想,因而游牧民族又被誉为"马背上的民族"。"在我很小很小的时候,有一只神奇的摇篮,那是一副雕花的马鞍,伴我度过金色的童年。当阿爸将我扶上马背,阿妈发出亲切的呼唤,马背给我草原的胸怀,马背给我牧人的勇敢……"这首在草原上传唱的《雕花的马鞍》,表达了牧人对骏马的独特情怀。游牧民族与马的战友关系成为人类与动物和谐相处的一个典范和缩影。

游牧民族把自己的行为与大自然的生命紧紧相依,游牧文化孕育了丰富的环境道德理念。正是由于这种道德理念的世代相传,使游牧民族世世代代拥有辽阔的草原,使游牧文化虽绵延数千年依然历久弥新,这是不是根深蒂固的环境道德之魅力?回味历史,目的是学习和借鉴,以更宽广的视角、更丰富的思想来审视我们走过的发展历程,更重要的是把古朴的环境道德和生态文明的理念,如何"古为今用",如何传承和发扬。2014年10月13日,习近平总书记在主持中共中央政治局第十八次集体学习时强调,历史是人民创造的,文明也是人民创造的。对绵延5000多年的中华文明,我们应该多一份尊重,多一份思考。对古代的成功经验,我们要本着择其善者而从之、其不善者而去之的科学态度,牢记历史经验、牢记历史教训、牢记历史警示,为推进国家治理体系和治理能力现代化提供有益的借鉴。习近平总书记治国理政的新理念,体现了对历史经验、古朴文明的学习和运用,这是一种强大的胸怀和非凡的智慧,为我们加快推进生态文明建设指明了方向,鼓舞了士气。我们必须站在新的历史起点上,坚持在传承中汲取精华,在借鉴中丰富发展,进一步树立环境道德意识,加强环境道德教育,注重人与自然的和谐发展,以时不我待的精神加快推进生态文明建设。

一、提高环境道德意识,构建人与自然和谐的生态系统

提高环境道德意识,首先要正确理解和把握好两个要素。一是环境要素,即与人息息相关的自然生态系统;二是道德要素,即人们在实际生活中根据人们的需求而逐步形成的一种自觉遵守又具有普遍约束力的行为规范和行为准则。在此基础上,我们要进一步认识和了解环境道德的基本特征和基本要求。其基本特征是:保护环境和维护生态系统平衡是全人类、全社会共同的责任,应共同遵守环境道德,履行保护环境的义务,形成必须长期坚持的行为准则。其基本要求是:要尊重自然、顺应自然、保护自然;要科学合理地开发利用资源,尤其是珍惜和节制非再生资源的使用与开发,不以牺牲环境和过度消耗自然资源作为发展的代价;要珍惜与善待自然生命,特别是动物生命和濒危

物种的生命，维护生物多样性和生态平衡；要有节制地消费自然资源，改善和建设生态环境，促进生态系统的良性循环。

环境道德意识如何，直接影响着环境道德行为如何。判断环境道德行为的善恶标准，则是以人类的整体利益为出发点。因此，改变传统的经济增长方式，不以牺牲环境资源满足人们获取巨大财富的需求，维护人类的持续生存，才是我们应该遵循的人与自然和谐共荣的道德准则。随着我国经济社会的快速发展，生态环境急剧恶化所带来的危害，迫使人们要以新的价值体系和行为方式，来重新认识人与自然的关系，正确处理好经济建设、社会发展同环境保护、自然生态的关系。事实上，能否改善人与自然和谐共荣的形态，提高经济社会发展水平，在很大程度上取决于社会公众特别是领导干部的环境道德意识如何，取决于是否把生态文明建设融入经济社会发展的全过程。因此，将环境道德渗透到全社会的各个阶层，提高社会公众和各级领导干部的环境道德意识，是解决我国的环境问题、推进生态文明建设的一种新视角和新思路，是事关各民族永续发展的长久之计。

在树立思想理念上，要使环境道德理念成为指导和改变我们生产方式和生活方式的行动指南。要用科学发展观取代"竭泽而渔"的传统增长观念，要求我们在合理继承工业文明的基础上，用更加文明与理智的态度对待自然生态环境，摒弃轻视生态和征服自然的思想，反对野蛮开发和过度消费自然资源，要改变不计生态后果盲目追求经济发展的思想，要把自然看作人类生命的源泉和价值的源泉。学会尊重自然、保护自然，在重视经济效益的同时，要注重社会效益和生态效益，努力保护和建设良好的生态环境，改善人与自然的关系，使生产和生活方式做到合理和科学，使人与自然的关系达到和谐状态，实现人的全面发展。

在确定生产方式上，一是要转变经济增长方式，按照可持续发展和生态文明建设的总要求，从根本上转变高投入、高消费、高污染的粗放型工业化方式，建立以生态技术为基础的节约和综合利用自然资源的新机制，走节水、节材、节地的发展之路，促进经济社会与资源环境协调发展。二是大力发展循环经济，通过"资源—产品—消费—再生资源"的物质反复循环流动和资源的不断循环使用，来带动经济的效益型增长，以消除对自然资源过度开发的危害，减少环境污染。三是走低碳经济之路，引领我们超越传统化石能源的发展思路，使工业文明转向生态文明。四是大力倡导清洁生产，最大限度地节约原材料、能源并减少排放物排放，减少整个生产周期对人的健康和自然生态的损害。

要建立低碳节俭的生活理念，崇尚低碳的生活方式。要摒弃追求物质财富的过度享受，因为过度消费和奢华浪费对自然资源造成了巨大的消耗，同时造成了资源的巨大浪费和环境污染，使人类的消费速度大大超过了自然界的承载能力，给生态环境造成巨大的压力。提倡节俭、适度消费，是以满足基本需要为标准，而不是鼓励对物质资源无止境地占有。不仅要满足当代人的物质生活需要，也要给子孙后代留下持续生存与发展的资源，这也是环境道德的一项基本要求。节俭是一种传统美德，消费方式也应该是节俭的。节俭强调物尽其用，怜物惜物，本质上蕴含着人与自然的和谐一致。物质消费是人类赖以生存的基础，但物质消费不是唯一的。人类是一种拥有精神需求的动物，应人力倡导在适度消费的同时，积极参与有利于环保的精神消费。绿色消费是当代人消费道德的一种新境界。我们要积极倡导购买在生产和使用过程中对环境友好以及对健康无害的绿色产品。绿色消费不仅有利于环境保护，还有利于我们的身体健康。生态文明也意味着人们的行为应遵守适度、简约、平衡的原则，以自然环境的生态承载力为生态行为的道德底线。

总之，我们要着眼于民族、国家、人类的长远利益，进一步提高环境道德意识，全力推进生态文明建设，促进人与自然的和谐共融。

二、注重环境道德教育，实现中华民族永续发展

人无德不立，国无德不兴。作为一个有着几千年文明底蕴的国度，我国古代的德治思想十分丰富。儒法并用，德刑相辅，是我国历史上常用的社会治理方式。法是他律，德是自律，自律和他律结合才能达到最佳效果，只有思想教育手段和法制手段并用才能相得益彰。我们党也一贯强调，既要坚持依法治国,还要注重以德治国。习近平总书记曾指出,要坚持依法治国和以德治国相结合,把法治建设和道德建设紧密结合起来,把他律和自律紧密结合起来,做到法治和德治相辅相成、相互促进。当今,环境危机的实质不仅是科学技术的问题,更是人们的价值取向问题,是环境伦理道德问题,是人类对自己生产生活方式的选择问题。环境道德教育要求我们重新定位人与自然的关系,把正确认识与理解人与自然的关系作为人类道德的基本要求,其目标就是要实现人们的价值观的根本变革,唤起公众的环境意识和生态良知。它是一种深层次的素质教育,是保护环境、实施可持续发展战略、迈向生态文明的灵魂教育。

为什么要重视环境道德教育呢?解决生态问题,不是一朝一夕的事,也不是单靠经济的、政治的、科技的手段就能解决的。开展环保教育是治本之策,是一条重要的途径。环境道德教育是我们党在新的历史时期执政理念的需要,是推动生态文明建设的需要,是实现中华民族永续发展的需要。开展环境道德教育以提高人们的环境意识、生态文明意识为目标,以全社会成员为对象,是面向全社会的多角度、多层次、开放式的教育,是人的终身教育,具有整体性、持续性的特征。只有使全社会成员接受环境道德教育,并按环境道德的要求去身体力行,全社会环境道德水平才会有显著提高。这对于建设一个生产发展、生活富裕、生态良好的资源节约型和环境友好型社会是至关重要的。我们所倡导的"真"、"善"、"美"的统一与"人的全面发展",不但应涵盖人际道德还应包含环境道德,二者兼有才是完整的道德教育体系。环境道德教育旨在弘扬环境伦理思想,提高人们的环境道德素养,转变过度消费环境资源的价值取向,调整经济社会发展与资源环境的关系,树立并推动生态文明价值观的形成和发展,促使人们养成尊重自然、顺应自然、保护自然的生态意识,引导人们崇尚"天人合一"、人是自然界的一部分的道德境界,最终达到人与自然和谐共荣、经济社会与资源环境相协调发展。

实施环境道德教育,找准途径和对象是关键。一是学校作为青少年接受科学知识、自然知识教育的主要场所,是环境道德教育的基础,对于提升环境道德品质发挥着重要作用。环境道德教育要从青少年抓起,在德育教学中,要注重学生环境道德理念、品质的培养,要让青少年在实践中感知和理性认识大自然的奥妙,培养他们敬畏自然、感恩自然、回馈自然和节俭生活的生态文明理念,珍惜和爱护资源环境,反对奢侈浪费,养成良好的生态文明行为方式和生活方式。二是各级党校、行政学院要开展环境道德和生态文明理念的宣传教育,进一步提升各级领导干部的环境意识。各级领导干部无论从其特殊地位和作用,还是肩负的岗位责任来讲,都是环境教育必须重视的一个群体。党的十八大报告中明确要求,要加强生态文明宣传教育,增强全民节约意识、环保意识、生态意识,形成合理消费的社会风尚,营造爱护生态环境的良好风气。因此,各级党校、行政学院是加强各级领导干部环境道德和生态文明教育的主阵地。把生态环保教育作为各级党校、行政学院的一门公共课、必修课,以此提高领导干部的环境与发展综合决策能力,以及依法行政水平。三是需要增强现代企业的环境道德意识。企业环境教育是我国环境教育体系中的关键。近年来,由于发展理念和发展方式的偏差,发展红利越来越集中到少数富裕阶层,环境污染则越来越集中到弱势群体,形成了富人在富裕过程中制造污染却不承受污染,也不支付治理污染的成本的状况,这就是典型的环境不公平。分配不公导致环境不公,环境不公又加重了社会不公,一些企业老板往往以牺牲环境、消耗大量的资源为代价,赚个盆满钵满后,拍屁股走人,把污染治理转嫁给社会,形成了"企业排污、百姓受害、政府买单、环保担责"的诟病。长此以往,这种恶性循环不仅使资源环境难以承受,也导致了社会矛盾此起彼伏,进而严重影响了社会的安定团结。企业既是环境问题的制造者,也理所当然应该是环境问题的治理者,因而在依法严格管控企业排污行为的同时,加强对企业的环境道德的教育,提高企业负责人的环境意识、生态文明意识、守法意识就显得尤为迫切和重要。促使企业守法生产经营的同时,以环境道德、社会公德为行为准则,在自觉自律的保护环境、珍爱自然的前提下,发展生产,创造财富,这才是开展环境道德教育的根本所在,这也是构建和谐社会过程中对现代企业的基本要求。四是发挥新闻媒体的引导作用,开展全民环境道德教育。以什么样的理念和态度认识自然、对待自然、尊重生命,人与自然是否和谐共存,实际上是一个社会公德问题,也是衡量一个社会文明程度的重要标志。解决这一问题的关键在于培养社会公众最基本的环境道德意识。新闻媒体具有受众面大、普及率广的独特优势,因此应当注重宣传和普及环保生态的知识,引导人们摒弃不理性、不环保的生产方式和生活方式,增强全体公民保护生态环境的意识,倡导绿色生活方式,树立起可持续发展的环境伦理道德观,以自觉自愿的行动投身在现代化的建设中。

和谐社会作为人类永恒的主题和价值追求,是一种信仰,是一种理论,是一种文化,是一种实践。今天,我国政府团结和带领全体人民以壮士断腕的决心和勇气"向污染宣战","用重典","出重拳",还老百姓蓝天碧水和优美的生活环境,就是"执政为民"的具体实践,是建设和谐社会的本质要求。作为一名基层环保工作者,尽管力量微薄,但笔者愿尽其所能,为保护环境、实践生态文明建设、实现中华民族永续发展奉献自己所有的力量。

参考文献

1. 党的十八大报告
2. 十八届三中全会《中共中央关于全面深化改革若干重大问题的决定》
3. 十八届四中全会《中共中央关于全面推进依法治国若干重大问题的决定》
4. 2014年政府工作报告
5. 国务院《关于落实科学发展观加强环境保护的决定》（国发〔2005〕39号）
6. 《中华人民共和国环境保护法》（1979年试行版、1989年实施版、2014年修订版）
7. 国务院《关于加强环境保护重点工作的意见》（国发〔2011〕35号）
8. 国务院《关于印发大气污染防治行动计划的通知》
9. 中共中央组织部《关于改进地方党政领导班子和领导干部政绩考核工作的通知》
10. 《最高人民法院、最高人民检察院关于办理环境污染事件案件适用法律若干问题的解释》
11. 周生贤《推进生态文明建设美丽中国——在中国环境与发展国际合作委员会2012年年会上的讲话》
12. 周生贤《以中央领导同志重要指示精神为统领开创生态文明建设示范

区工作新局面》

13. 周生贤《我国环境保护的发展历程与成效》

14. 周生贤在2015年全国环保工作会议上的讲话

15. 《重点流域水污染防治专项规划实施情况考核暂行办法》

16. 《重金属污染综合防治"十二五"规划实施考核办法》

17. 《关于持久性有机污染物的斯德哥尔摩公约》附件所列物质

18. 国家环保总局《环境信息公开办法（试行）》

19. 《中华人民共和国环境影响评价法》

20. 环保部《建设项目环境影响评价政府信息公开指南（试行）》

21. 环保部《关于推进环境保护公众参与的指导意见》

22. 《环境影响评价公众参与暂行办法》

23. 最高人民法院《关于全面加强环境资源审判工作为推进生态文明建设提供有力司法保障的意见》

24. 《公众参与环境影响评价暂行办法》

25. 环保部、中宣部、教育部《关于做好新形势下环境宣传教育工作的意见》

26. 《中国环境年鉴》（2005年至2013年）

27. 《中国环境宏观战略研究》

后　记

　　在认真学习李克强总理2014年政府工作报告的时候，当听到我国政府庄严宣誓要"向污染宣战"的那一刻，作为环保人，笔者百感交集，备感振奋，一种使命感与责任感催生出一股动力，于是便萌生了想写一点东西的念头。在千折百回的构思过程中，笔者又看到网络和有关刊物上人们在热烈讨论《环保法》的修订，有认识的汇集、观点的碰撞，有激烈的争论、殷切的期望，可谓"百花齐放、百家争鸣"。在这种背景下，笔者作为有20年基层环保工作经验的亲历者，有责任和义务参与其中，因而写作的念头更加强烈，立意和主题也就变得更加清晰。本书力图把党中央、国务院关于新时期加强环境保护的方针政策、法律法规、行政规章、重大措施和近年来突出的环境污染、环境纠纷事件带来的社会问题以及环保工作实践中遇到的一些阻力、困惑、实践体会融合在一起，诠释为什么"向污染宣战"，"向污染宣战"什么，怎样"向污染宣战"。其出发点是让读者能有所启迪，进一步增强全社会保护环境的使命感与责任感，期望通过社会公众的共同努力，早日实现广大百姓对蓝天碧水的期盼，早日迈入生产发展、生活富裕、生态优美的文明社会。

　　谁曾想，提起笔来，便一发不可收拾。有时尽管早一点收工躺在床上，但满脑子都是无尽的思绪，赶不走又放不下的文字总是浮现在眼前，遂只好找笔记录，唯恐一觉醒来忘得一干二净，这种辛劳只有自己品尝和体味！事实上，要把自己的想法、感悟和实践写明白、说清楚，是一件很不容易的事情，需要学习、阅读大量的文献，需要查找大量的资料，需要核实大量的数据，还需要进行对比和分析。尤其是把大量的资料分类、作标记、整理归类，最终形成资料目录，不仅很费精力，还很费时间。资料中夹的标记纸条，因多次翻阅，有时不知飞向何处，还得重新再找，很是心烦和懊恼，但时间长了，心境也就平和了许多。笔者同时也深感做好一件事，需要耐力和坚持，再多的辛劳也就不觉得了。

写作需要大量的时间，而工作也不敢怠慢，不能耽误，最多最好的时间便是节假日和晚上，因而有无数个静静的夜晚伴随着键盘的敲击声。笔者在时而沉默凝思、时而奋笔疾书、时而字斟句酌、时而删减粘贴的过程中，度过了一个又一个不眠之夜。有时写累了，觉得自己没事找事，产生放弃的念头，但转念一想，这不是自己的风格，也不是自己秉承的信念。要做就要做好，是笔者多年来对自己的要求，也是笔者做人做事的准则，更是笔者努力工作的座右铭。于是，还是咬着牙，挺起腰杆，加快敲击键盘的速度，决心早日把这本书呈现给读者，算是一位基层环保工作者应尽的使命与责任吧！

第一次尝试大篇幅的写作，在此过程中得到了许多领导、同事、同学的帮助、鼓励和支持，书稿中还参考和借鉴了许多作者的文献资料，在此，一并表示感谢！

尽管想用心写好，但难免有疏漏之处，敬请读者批评指正。

2014年12月